应用型本科信息大类专业"十三五"规划教材

微控制器原理
及应用技术

主　编◎韩兴国　罗文军

副主编◎秦展田　邹爱成　陈　志　覃金昌　王　灿　王为庆

华中科技大学出版社
http://press.hust.edu.cn
中国·武汉

内 容 简 介

本书主要针对工科类本科专业应用型人才培养编写,内容强调理论与实际的结合,突出学以致用,特别适合以培养应用型人才为目标的学校使用。

本书分为 11 章,第 1 章主要介绍微控制器及应用技术的历史、现状和发展,微控制器的特点和应用;第 2 章主要介绍 80C51 微控制器的基本概念、组成结构及工作原理;第 3 章主要介绍微控制器的指令系统;第 4 章主要介绍汇编语言的程序设计思路和常用程序结构;第 5 章主要介绍 MSC-51 微控制器定时/计数器和中断系统及其应用;第 6 章主要介绍 80C51 微控制器串口通信的概念及其编程应用;第 7 章主要介绍 80C51 微控制器的系统扩展;第 8 章主要介绍 80C51 微控制器的模拟量接口;第 9 章主要介绍 80C51 微控制器的人机接口;第 10 章主要介绍微控制器系统 C51 语言的程序设计方法;第 11 章主要介绍微控制器的应用系统设计方法。此外,要求学生学会 Keil 软件的程序调试、Proteus 仿真软件的应用及仿真仪的使用和开发。

本书可以作为本科电子信息、自动化、电气工程、通信、机电类、计算机应用等专业的教材,也可供高等专科院校、高等职业技术学院及中等职业技术学校等院校的计算机专业学生使用,同时,可作为广大计算机爱好者和相关技术人员的自学参考书。

为了方便教学,本书配有电子课件等教学资源包,任课教师可以发送邮件至 hustpeiit@163.com 索取。

图书在版编目(CIP)数据

微控制器原理及应用技术/韩兴国,罗文军主编. —武汉:华中科技大学出版社,2017.8(2025.2重印)
应用型本科信息大类专业"十三五"规划教材
ISBN 978-7-5680-1716-9

Ⅰ.①微… Ⅱ.①韩… ②罗… Ⅲ.①微控制器-高等学校-教材 Ⅳ.①TP332.3

中国版本图书馆 CIP 数据核字(2016)第 088200 号

微控制器原理及应用技术 韩兴国 罗文军 主编
Weikongzhiqi Yuanli ji Yingyong Jishu

策划编辑:康 序
责任编辑:刘 静
责任监印:朱 玢
出版发行:华中科技大学出版社(中国·武汉)   电话:(027)81321913
　　　　　武汉市东湖新技术开发区华工科技园   邮编:430223
录　排:武汉正风天下文化发展有限公司
印　刷:武汉邮科印务有限公司
开　本:787mm×1092mm　1/16
印　张:17
字　数:442 千字
版　次:2025 年 2 月第 1 版第 7 次印刷
定　价:48.00 元

前言

PREFACE

微控制器诞生于 20 世纪 70 年代中期,经过数十年的发展,其成本越来越低,而性能越来越强大,这使其应用已经无处不在,遍及各个领域,例如电机控制、条码阅读器/扫描器、游戏设备、电话、HVAC(采暖通风与空调)、楼宇安全与门禁控制系统、工业控制与自动化系统和白色家电(洗衣机、微波炉)等。

近年来,随着计算机技术日新月异,微控制器的档次不断提高,应用领域不断扩大,特别是在工业测量与控制、智能仪器仪表、日用家电等领域技术,应用更为普遍。为了尽快推广微控制器应用技术,使技术人员在微控制器软、硬件的应用与开发方面打下坚实的基础,我们编写本书,旨在向读者介绍有代表性的主流机型——MCS-51 系列单片机。它作为微控制器大家庭中的一员,所拥有的用户最多、应用最广、功能最完善。本书详细地介绍了 MCS-51 系列单片机的硬件结构、工作原理、指令系统、接口电路、中断系统、定时/计数器、串口通信及单片机各功能部件的组成和应用,各章提供了大量的应用实例,以方便读者进一步熟悉和掌握单片机应用与开发的基本方法和技巧。

本书由桂林航天工业学院的韩兴国、罗文军担任主编,桂林航天工业学院的秦展田、邹爱成、陈志、覃金昌、王灿、王为庆担任副主编。全书由桂林航天工业学院的韩兴国负责统一审核。

在本书编写过程中,得到了华中科技大学出版社领导及相关编辑的大力支持及帮助;同时也得到了桂林航天工业学院机械工程学院领导和同人的关心,他们提出了极好的建议;还得到了桂林航天工业学院各级领导的关心及支持。在此,一并致以真诚的谢意。

为了方便教学,本书配有电子课件等教学资源包,任课教师可以发送邮件至 hustpeiit@163.com 索取。

由于编者水平有限,不当之处在所难免,恳请广大读者批评指正。

编者

2024 年 5 月

目录 CONTENTS

1

第❶章 绪　论

内容概要

　　本章主要介绍微型计算机的组成,计算机由运算器、控制器、存储器、输出设备和输入设备组成的计算机经典结构;介绍微控制器的发展过程及趋势、常用微控制器的型号;介绍80C51系列微控制器,80C51系列微控制器应用广泛、生产量大,在控制领域有重要影响,但目前世界各大芯片制造公司的产品多样化,朝高性能和多品种方向发展;介绍微控制器的特点及微控制器的应用和开发;介绍数值和编码的概念。通过对本章的学习,同学们应对微控制器有一个初步的感性认识。

1.1　电子计算机概述

1.1.1　电子计算机的结构

　　1946年2月,电子计算机ENIAC(electronic numerical integrator and computer)问世,是20世纪最伟大的技术发明之一。ENIAC是电子管计算机,使用1.7万多只电子管,重达28吨,功耗为170 kW,运算速度为每秒5 000次加法运算或400次乘法运算。它的出现标志着人类从繁重的脑力劳动中解放了出来,加快了人类社会向信息化社会迈进的步伐,可以说是科学技术上的一次飞跃。

　　美籍匈牙利数学家冯·诺依曼在ENIAC研制过程中做出了重要的贡献。1946年,冯·诺依曼在20世纪30年代提出的抛弃十进制、采用二进制作为数字计算机的数制基础的理论上,进一步提出存储程序原理,把程序本身当作数据来对待,预先编制计算程序,然后由计算机按照人们事前制订的计算顺序来执行数值计算工作。他在"二进制运算"和"程序存储"思想的基础上,进一步构建了计算机由运算器、控制器、存储器、输出设备和输入设备组成的计算机经典结构,这一经典结构又被称为冯·诺依曼结构,如图1-1所示。

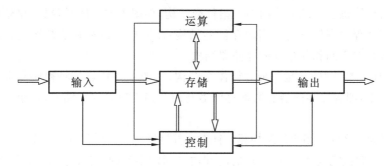

图 1-1　冯·诺依曼结构

　　半个多世纪以来,计算机制造技术发生了巨大变化,计算机运算速度也发生了质的变化,但冯·诺依曼结构仍然沿用至今。

电子计算机的发展经历了电子管计算机、晶体管计算机、中小规模集成电路计算机、大规模和超大规模集成电路计算机四个发展阶段。它从早期单一的数学计算发展到人类社会的各个领域,引发了深刻的社会变革。

按照用途、运算速度、存储容量,可以将电子计算机分为超级计算机、网络计算机、工控机、个人计算机和嵌入式系统。

1.1.2 微型计算机的组成

伴随着大规模集成电路技术的迅速发展,芯片集成密度越来越高,运算逻辑部件、寄存器部件和控制部件可以集成在一个半导体芯片上,这种具有中央处理器功能的大规模集成电路器件,被统称为微处理器。微处理器本身并不等于微型计算机,仅仅是微型计算机的中央处理器。

集成微处理器、存储器芯片与I/O接口(输入/输出接口,也称I/O(端)口)的电路芯片构成微型计算机。组成微型计算机的各部分通过各种总线相连,如图1-2所示。

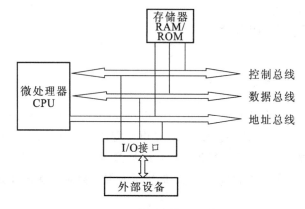

图 1-2   微型计算机结构

1.1.3 微控制器及其结构

微控制器(microcontrollers)俗称单片机,是将微型计算机的主要部分集成在一个芯片上的微型计算机。微控制器实质上是计算机的一个特例,一般针对与控制有关的数据处理而设计。

一般通用计算机在系统上采用冯·诺依曼结构,如图1-3(a)所示,冯·诺依曼结构采用数据存储空间和程序存储空间共用的存储器结构;而微控制器在系统结构上采用将程序存储空间和数据存储空间相互分开的存储器结构。

哈佛结构(见图1-3(b))是一种并行体系结构,它的主要特点是将程序和数据存储在不同的存储空间中,即程序存储器和数据存储器是两个相互独立的存储器,每个存储器独立编址、独立访问。

微控制器为什么要采用哈佛结构呢? 针对微控制器在应用时往往是为某一特定对象服务的,程序在编写、调试完成后,在相当长的时间内是固定不变的,将程序固化在微控制器内,不仅可以省去每次通电后的程序重新写入,还可以有效地防止因意外掉电或干扰引起的错误。同时将程序总线和数据总线分离,可允许在一个机器周期内同时获取来自程序存储器的指令字和来自数据存储器的操作数,从而提高了执行速度,使数据的吞吐率提高了一倍。

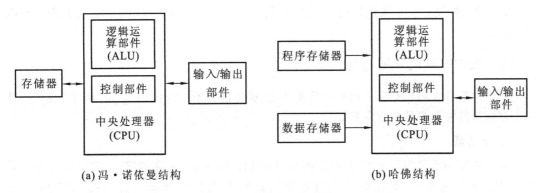

(a) 冯·诺依曼结构　　　　　　　　　(b) 哈佛结构

图 1-3　计算机系统结构

 ## 1.2　微控制器的发展过程及趋势

1.2.1　微控制器的发展过程

微控制器的发展历史并不长。它按照其操作处理时的二进制位数可以分为 4 位、8 位、16 位以及 32 位微控制器。微控制器的发展历史大致可以分为四个阶段。

1. 第一阶段(1974 年至 1976 年):4 位微控制器的发展阶段

1975 年,美国德仪公司的 4 位微控制器 TMS-1000 问世。在这一阶段,微控制器技术成为计算机技术的一个重要分支,各国相继推出 4 位微控制器。此阶段的产品,功能比较简单,主要用于家用电器和电子玩具,至今还有一定的市场需求。

2. 第二阶段(1976 年至 1978 年):低性能 8 位微控制器的发展阶段

在这一阶段,以 Intel 公司的 MCS-48、GI 公司的 PIC1650 等为代表的产品相继推出,是在工业控制领域的探索。片内具有 8 位微处理器,有 I/O 接口,有 8 位定时/计数器,具有简单的中断功能,有有限容量的存储器。

3. 第三阶段(1978 年至 1983 年):高性能 8 位微控制器的发展阶段

集成电路技术的发展,为高性能的 8 位微控制器的出现提供了技术支持。典型的产品有 Motorola 公司的 6800 系列,Intel 公司的在 MCS-48 系列基础上推出的 MCS-51 系列。片内有 8 位微处理器,带有串行 I/O 接口、16 位定时/计数器,具有多级的中断功能,片内存储器容量增大。这类微控制器由于性价比相当高,得到了广泛的使用。目前高性能的 8 位微处理器依然占据一定的市场份额,应用于工业控制和消费类的产品,比如汽车领域用得非常多。

4. 第四阶段(1983 年至今):16 位和 32 位微控制器发展阶段

随着工业控制领域和电子消费品领域要求的提高,开始出现了 16 位微控制器,以 Intel 公司的 MCS-96 系列、NEC 公司的 783 系列为代表。MCS-96 系列微控制器带有 16 位微处理器,8 KB ROM,232 B RAM(寄存器堆),主频为 12 MHz,性能较 MCS-51 有很大提高,可用于高速复杂的控制系统,但因性价比不高并未得到广泛应用。可以说,16 位微控制器一直受到 8 位和 32 位微控制器的挤压,市场份额不大。

近年来,32 位微控制器面世并快速发展,随着 Intel i960 系列特别是 ARM 平台的广泛应用,32 位微控制器迅速取代高端 16 位微控制器,进入高端市场,应用于图像处理和汽车电子产品。

1.2.2　微控制器的发展趋势

目前世界各大芯片制造公司的产品多样化,从 4 位、8 位、16 位到 32 位,数不胜数,但基本上都朝高性能和多品种方向发展。

1. 低功耗

早期微控制器采用高密度短沟道 MOS 工艺(HMOS),具有高速度、高密度的特点。随着半导体技术的发展,现在的微控制器应用系统采用互补金属氧化物的 HMOS 工艺(CHMOS 或 HCMOS)。CHMOS(或 HCMOS)工艺是 CMOS 和 HMOS 的结合,既保持了HMOS 的特点,又实现了 CMOS 的低功耗。

2. 采用 FLASH 存储器

片内的程序存储器现在普遍采用 FLASH 存储器。FLASH 存储器能在+5 V 下读/写,既有静态 RAM 的读/写操作简便的优点,又有掉电时数据不会丢失的优点。使用片内FLASH 存储器,微控制器可不用片外扩展程序存储器,大大简化了其应用系统结构。

3. 大容量、高价格化与小容量、低价格化

为满足复杂控制场合,采用大容量、计算能力强的微控制器。同时一些智能家电等产品广泛采用 4 位、8 位的低端微控制器。

4. 外围电路内装

随着微控制器集成度的提高,除了必要的 ROM、RAM、中断系统外,为适应测控功能更高的要求,片内集成 A/D 转换器、D/A 转换器、DMA 控制器等。

5. 互联网化

微控制器技术与 Internet 技术融合,使微控制器在工业探测系统、智能仪器、安防设备、智能家居和智能汽车等方面得到广泛应用。

1.3　51 系列微控制器

微控制器芯片现在可谓是产品繁多,代表厂商有:Intel 公司、Atmel 公司、TI 公司、ST公司、MicroChip 公司、Infineon 公司和国内的深圳宏晶科技有限公司。

在众多产品中,以 Intel 公司在 1980 年推出的 8 位 MCS-51 微控制器最为基础和经典。

1.3.1　MCS-51 微控制器按容量配置分类

MCS-51 系列微控制器按照片内存储器的容量配置可以分为基本型和增强型。

1. 基本型

芯片型号的最后一位数字以"1"作为标识。典型产品有 8031、8051、8751 等,它们之间的区别仅在于片内程序存储器不同,而在结构和功能上基本一致。

8031 片内没有程序存储器,需要片外扩展程序存储器,但其价格低廉,易于开发。

8051 片内有 4 KB ROM,程序由芯片厂商固化,适于大批量生产。

8751 片内有 4 KB EPROM,开发者可以把代码通过编码器写入,需要修改时,先用紫外

线擦除器清除,再写入新的程序。

2. 增强型

芯片型号的最后一位数字以"2"作为标识。典型产品有 8032、8052、8752 等。相对于基本型而言,片内 RAM 容量由 128 B 增加到 256 B,片内存储器扩展到 8 KB ROM,定时/计数器增加到 3 个,中断源个数增加到 6 个。

MCS-51 系列微控制器片内硬件资源如表 1-1 所示。

表 1-1　MCS-51 系列微控制器片内硬件资源

类型	型号	片内程序存储器	片内数据存储器容量/B	I/O 接口线/位	定时/计数器个数/个	中断源个数/个
基本型	8031	无	128	32	2	5
	8051	4 KB ROM	128	32	2	5
	8751	4 KB EPROM	128	32	2	5
增强型	8032	无	256	32	3	6
	8052	8 KB ROM	256	32	3	6
	8752	8 KB EPROM	256	32	3	6

1.3.2　MCS-51 微控制器按芯片的制造工艺分类

MCS-51 微控制器按芯片的制造工艺可以分为 HMOS 工艺型和 CHMOS 工艺型。芯片以字母 C 来区别,例如 8051 采用 HMOS 工艺,80C51 采用 CHMOS 工艺。CHMOS 器件较 HMOS 器件多两种节电的工作方式,即空闲方式和掉电方式。在掉电方式下,消耗的电流可低于 10 μA。

1.3.3　与 MCS-51 微控制器兼容的微控制器

Intel 公司在 51 系列微控制器发展起来后,将核心技术广泛授权,使 51 系列微控制器兼容机型不断推出。51 单片机是对所有兼容 Intel 8031 指令系统的单片机的统称。该系列单片机的始祖是 Intel 公司的 8004 单片机,后来随着 FLASH ROM 技术的发展,8004 单片机取得了长足的发展,成为应用最广泛的 8 位单片机之一,其代表型号是 Atmel 公司的 AT89 系列,它广泛应用于工业测控系统之中。很多公司都有 51 系列的兼容机型推出,并在很长的一段时间内占有大量市场。51 单片机不仅是基础入门的一种单片机,还是应用最广泛的一种。目前与 80C51 兼容的主要微控制器有:Atmel 公司的 AT89 系列;Philips 公司的 80C51 系列;ADI 公司的 ADC8×× 系列;深圳宏晶科技有限公司的 STC 系列等。其中,AT89 系列是 Atmel 公司在 20 世纪 90 年代率先将 FLASH 技术与 MCS-51 系列产品内核相结合研制的产品,与 51 系列完全兼容,同时增加了看门狗、ISP(在线编程)等技术。STC 系列是深圳宏晶科技有限公司具有自主知识产权的产品,完全兼容 51 系列微控制器,其抗干扰性强,加密性强,功耗超低,可以远程升级。

51 系列兼容机在采用 8051 的核心技术的基础上,增加一些功能模块,集成度更高,使得今后很长一段时间内 8051 仍将占有大量市场。同时,多年的应用实践表明,51 系列微控制器结构合理、技术成熟、性价比高。由此,本书以 80C51 为对象阐述其控制的原理与应用。

1.4 微控制器的特点及应用

1.4.1 微控制器的特点

1. 易于使用和普及

微控制器技术是一门较为容易使用的技术,工程技术人员能较快地掌握其应用和设计技术。同时,各厂商在设计开发微控制器产品时,充分考虑到了减少微控制器用户的开发工作量。

2. 控制能力强

微控制器为"控制"而生,虽然结构简单,但具备足够的控制功能,其系统结构和片上外设愈加完善,一个微控制器就是一个应用系统。

3. 性价比高

由于微控制器的硬件结构简单、开发周期短、控制功能强、可靠性高,同时,微控制器及其外设成本持续下降,在达到同样功能的条件下,采用微控制器控制系统性价比高。

4. 可靠性高

第一,微控制器把各功能部件集成为一个芯片,内部采用总线结构,减少了各芯片之间的连线,提高了微控制器的可靠性与抗干扰能力。第二,微控制器体积小,易于采取措施屏蔽强磁场环境,适合在恶劣环境下工作。第三,微控制器自身极低的故障率可以确保系统故障率低。

1.4.2 微控制器的应用

微控制器具有良好的性价比和可靠性,以及易于嵌入等特性,以微控制器为核心的控制系统渗透到各个应用领域。微控制器广泛用于工业控制、智能仪器仪表、汽车电子、智能家居、专用设备等的智能化管理和过程控制。

1. 工业控制

用微控制器可以对工业生产进行控制、数据采集和数据传输。微控制器可以方便地实现电流、电压、温度、转速等物理参数的采集;根据被控对象的指标,采用某些算法和优化方法,实现预期目标。典型应用如机械手的控制、电机的转速控制。在复杂的工厂管理、电梯控制等综合管理系统中,微控制器常作为设备层的控制系统,对现场信息实时测控,并与上位机进行通信,构成二级控制系统,实现远程控制和分层控制。

2. 智能仪器仪表

目前智能仪器仪表的使用要求是自动化、智能化和数字化。微控制器应用于智能仪器仪表中,通过对信息的检测处理,提高了智能仪器仪表的功能性和精确度,同时简化了其硬件结构,减小了其体积,提高了其可靠性。

3. 汽车电子

为了适应汽车特殊环境和特性要求,在通用微控制器的基础上开发出了汽车专用微控制器。它具有运算快速、精度很高、抗震性强、耐湿性好、防尘能力高等特性。各种形式的微控制器已十分广泛地应用于汽油机控制系统、柴油机共轨电控系统、发动机增压器电控系统、汽车巡航运行控制系统、汽车车身电子控制系统、空调自动控制系统、安全气囊协调控制系统、轮胎压力检测系统、汽车车载网络及通信控制系统等。

4. 智能家居

由于微控制器具有成本低、可靠性强、体积小等优点,现在市面上的家电基本上都采用了微控制器控制,如洗衣机、空调、安防设备、电冰箱、智能照明设备、电子玩具等。智能家电是微控制器的一个重要应用领域。随着智能家居的实现,微控制器的前景十分广阔。

5. 专用设备

微控制器在一些专用设备领域中的应用相当广泛:在医用设备中,如呼吸机、监护仪、分析仪以及病床呼叫系统等;在武器领域,如飞机、坦克、导弹、航天器等。

6. 其他领域

如打印机、复印机等终端设备,调制解调器、交换机、手机等通信设备,都采用了微控制器。

1.5 数制与编码

1.5.1 数制的常用类型

数制,是人们用一组规定的符号和规则来表示数的方法。人们通常使用的是按进位原则来进行计数的数制,即进位计数制。在进位计数制中,处于不同位上的数的符号所代表的数值是不同的。常用的数制有以下几种。

1. 十进制

十进制(decimal system)是人们日常生活中普遍使用的计数制。在十进制中,数用0,1,2,…,8,9来表示,计数规则为"逢十进一"。

2. 二进制

二进制(binary system)是计算机中使用的计数制。在二进制中,数用0,1来描述,计数规则为"逢二进一"。

二进制的运算规则简单,降低了计算机中运算部件的压力。同时,二进制只有1,0两个数,可以方便地描述和控制各种只有两种不同稳定物理状态的元件,如各类开关的通与断、灯的亮与不亮、电位的高与低等。另外,二进制可以进行逻辑运算,判断"真"与"假"。但是,二进制数位较多,书写冗长,不方便人们阅读和理解。

3. 十六进制

十六进制(hexadecimal system)是在计算机指令代码和数据书写与软件工具的显示中经常使用的数制,同我们日常生活中的表示法不一样。它由0~9,A~F组成,字母不区分大小写。它与十进制的对应关系是:0~9对应0~9;A~F对应10~15。计数规则为"逢十六进一"。由于4位二进制数可以直观地用1位十六进制数表示,所以二进制的代码或数据可以用十六进制来缩写。

4．八进制

八进制(octal system)数使用的数码有 8 个,即 0,1,2,3,4,5,6,7。计数规则为"逢八进一"。

为了区分数的不同进制,可以在数的结尾加一个字母来标示。十进制数结尾用字母 D (或不带字母),如 11D;二进制数结尾用字母 B,如 0101B;十六进制数结尾用字母 H,如 1AH;八进制数结尾用字母 O,如 10O。

常用计数制表示数的方法如表 1-2 所示。

表 1-2 常用计数制表示数的方法

十　进　制	二进制（B）	八进制(O)	十六进制（H）
0	0	0	0
1	1	1	1
2	10	2	2
3	11	3	3
4	100	4	4
5	101	5	5
6	110	6	6
7	111	7	7
8	1000	10	8
9	1001	11	9
10	1010	12	A
11	1011	13	B
12	1100	14	C
13	1101	15	D
14	1110	16	E
15	1111	17	F
16	10000	20	10

1.5.2 数制的转换

人们在生活中习惯使用十进制数,而计算机只能识别二进制数,所以需要把二进制转换成十进制。计算机运算出来的结果是二进制数,需要转换成十进制数显示,以方便人们阅读。同时,二进制数书写冗长、易错,故经常使用十六进制数来表示,需要进行二进制与十六进制的转换。下面介绍几种常用的数制转换。

1．十进制与二进制的转换

1）十进制转换成二进制

对于十进制整数,人们通常采用"除二取余法"来转换成二进制数,即用 2 去除该十进制整数,得商和余数,此余数为二进制代码的最低位数值;再用 2 去除商数,得商和余数,此余数为第二低位数值;以此计算,直至商数为 0。

例 1-1 　将十进制数 25 转换成二进制数。

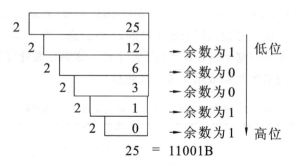

$$25 = 11001B$$

对于十进制纯小数,人们通常采用"乘二取整法"来转换成二进制数。

2) 二进制转换成十进制

将二进制数转换成十进制数时,通常是将二进制整数各位的数值乘以 2 的幂次,小数各位的数值乘以 2 的负幂次,然后相加。

例 1-2 　将二进制数 10 1001.1100B 转换成十进制数。

$10\ 1001.1100B = 1 \times 2^5 + 0 \times 2^4 + 1 \times 2^3 + 0 \times 2^2 + 0 \times 2^1 + 1 \times 2^0 + 1 \times 2^{-1} + 1 \times 2^{-2} + 0 \times 2^{-3} + 0 \times 2^{-4} = 32 + 0 + 8 + 0 + 0 + 1 + 0.5 + 0.25 + 0 + 0 = 41.75$

$$10\ 1001.1100B = 41.75$$

2. 二进制与十六进制的转换

由于 $2^4 = 16$,即 4 位二进制数可以直观地用 1 位十六进制数表示,因此二进制与十六进制的转换相对比较简单。

1) 二进制转换成十六进制

对于二进制整数,从小数点自右向左将每 4 位二进制数分为 1 组,不足 4 位时,在左侧添 0;对于二进制小数,从小数点自左向右将每 4 位二进制数分为 1 组,不足 4 位时,在右侧添 0;将每 4 位二进制数转换成相应的十六进制数。

例 1-3 　将二进制数 10 1001.1100B 转换成十六进制数。

0010	1001	.	1100	B
↓	↓		↓	
2	9		C	H

$$10\ 1001.1100B = 29.CH$$

2) 十六进制转换成二进制

十六进制转换成二进制时,只需将每 1 位十六进制数用 4 位相应的二进制数表示即完成转换。

1.5.3　编码

计算机处理的信息多种多样,如字符、字符串、标点符号、文字,甚至图形,而计算机只能识别 0 和 1,所以需要对这些信息进行编码。换句话说,众多的信息只有按照一定的规则进行二进制编码后,才能在计算机中表示和识别。

常用的编码有字符的编码(ASCII 码)、二-十进制编码(BCD 码)、带符号数的编码。

1. ASCII 码

ASCII 码(American standard code for information interchange),即美国标准信息交换代码。ASCII 码是用 7 位二进制数码表示字符的,7 位二进制数码共有 128 种组合状态(见表 1-3)。其中,32 个表示控制字符,96 个是图形字符。该码在微处理机外设(CRT 显示器、键盘、终端等)和通信设备的数据表示中被广泛使用。

表 1-3　美国标准信息交换代码 ASCII 码(7 位代码)

行	列	0	1	2	3	4	5	6	7
	位 765→ ↓4321	000	001	010	011	100	101	110	111
0	0000	NUL	DLE	SP	0	@	P	、	p
1	0001	SOH	DC1	!	1	A	Q	a	q
2	0010	STX	DC2	"	2	B	R	b	r
3	0011	ETX	DC3	#	3	C	S	c	s
4	0100	EOT	DC4	$	4	D	T	d	t
5	0101	ENQ	NAK	%	5	E	U	e	u
6	0110	ACK	SYN	&.	6	F	V	f	v
7	0111	BEL	ETB	'	7	G	W	g	w
8	1000	BS	CAN	(	8	H	X	h	x
9	1001	HT	EM	)	9	I	Y	i	y
10	1010	LF	SUB	*	:	J	Z	j	z
11	1011	VT	ESC	+	;	K	[	k	{
12	1100	FF	FS	,	<	L	\	l	|
13	1101	CR	GS	—	=	M	]	m	}
14	1110	SO	RS	.	>	N	↑	n	~
15	1111	SI	US	/	?	O	↓	o	DEL

2. BCD 码

十进制是人们在生活中最习惯的数制,但计算机只识别二进制,所以需要一种既能被计算机识别,又符合人们十进制习惯的二进制编码。为此,提出一种比较符合十进制规律的二进制编码,即二-十进制编码(BCD 码)。

十进制有十个不同的数码 0~9,可以用 4 位二进制数来表示。最常用的 8421 BCD 码,取了 4 位二进制数顺序编码的前十种 0000~1001 十个码表示十进制数 0~9,1010~1111 没有使用。表 1-4 列出了标准的 8421 BCD 码对应的十进制数、二进制数。

表 1-4 标准的 8421 BCD 码对应的十进制数、二进制数

十 进 制 数	8421 BCD 码	二 进 制 数
0	0000	0000
1	0001	0001
2	0010	0010
3	0011	0011
4	0100	0100
5	0101	0101
6	0110	0110
7	0111	0111
8	1000	1000
9	1001	1001
10	0001 0000	1010
11	0001 0001	1011
12	0001 0010	1100
13	0001 0011	1101
14	0001 0100	1110
15	0001 0101	1111

3. 带符号数的表示

1）机器数及真值

一个数在计算机中所表示的二进制形式称为机器数，而这个数的本身则称为该机器数的真值。

2）原码

数的值用绝对值表示，最高位为符号位，0 或 1 表示数的正负，这种表示方法称为数的原码表示法。举例如下。

正数：+19，原码为 0001 0011B。

负数：−19，原码为 1001 0011B。

3）反码

正数的反码与原码相同，符号位为 0；负数的反码符号位为 1，其余位取反。举例如下。

正数：+19，原码为 0001 0011B，反码为 0001 0011B。

负数：−19，原码为 1001 0011B，反码为 1110 1100B。

4）补码

负数的反码不能适应计算机运算的要求，若带符号位参加运算，得不到正确的结果，因此它仅作为求取负数补码的中间过程而存在。计算机中带符号的运算均采用补码。

正数的补码与其原码相同；负的补码是将其原码除符号位外，其余各位取反，然后加 1。举例如下。

正数：+19，原码为 0001 0011B，反码为 0001 0011B，补码为 0001 0011B。

负数：−19，原码为 1001 0011B，反码为 1110 1100B，补码为 1110 1101B。

补码的优点是，可以将减法运算转换成单纯的加法运算，且符号位可以连同数制一起运算，使运算简化。

典型的带符号数的 8 位编码如表 1-5 所示。可见，单字节表示的带符号数的范围是 +127～−128。

表 1-5　数的原码、反码、补码表示方法

十 进 制 数	二 进 制 数	原　　码	反　　码	补　　码
+0	+0000000	00000000	00000000	00000000
+1	+0000001	00000001	00000001	00000001
⋮	⋮	⋮	⋮	⋮
+126	+1111110	01111110	01111110	01111110
+127	+1111111	01111111	01111111	01111111
−0	−0000000	10000000	11111111	00000000
−1	−0000001	10000001	11111110	11111111
⋮	⋮	⋮	⋮	⋮
−127	−1111111	11111111	10000000	10000001
−128	−10000000	无法表示	无法表示	10000000

1.6　微控制器应用系统开发简述

1.6.1　微控制器应用系统开发介绍

微控制器应用系统开发时,需要设计应用系统的硬件并在特定的应用软件中编写程序。微控制器应用系统能否达到预期设计的目标,与硬件设计和程序设计相关。完成微控制器硬件设计与程序编写的过程称为微控制器应用系统的开发。

微控制器是一块集成了微型计算机基本部件的集成电路芯片。与通用的微机相比,微控制器本身没有开发功能,必须借助开发工具来排除应用系统的硬件故障和软件错误。在硬件设计完成后,将调试好的程序借助开发器固化到微控制器的芯片中,完成整体的开发过程。

1.6.2　μVision 集成开发环境简介

μVision 集成开发环境是美国 Keil 公司的产品,支持数百种主流的嵌入式处理器,是目前最流行的软件之一,支持汇编语言、C 语言等程序开发语言,并具有录入、编辑、编译、调试等功能。目前最新版本为 Keil μVision5,但国内仍有大量开发者使用 μVision2。μVision2 的界面如图 1-4 所示。

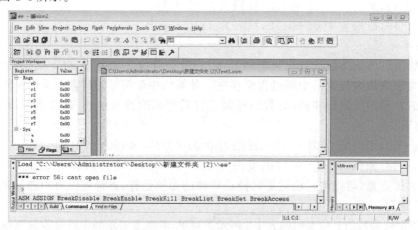

图 1-4　μVision2 的界面

本 章 小 结

　　冯·诺依曼在"二进制运算"和"程序存储"思想的基础上,进一步构建了由运算器、控制器、存储器、输出设备和输入设备组成计算机的计算机经典结构。

　　随着芯片集成密度越来越高,逻辑运算部件、寄存器部件和控制部件可以集成在一个半导体芯片上,这种具有中央处理器功能的大规模集成电路器件被统称为微处理器。集合微处理器、存储器芯片与I/O接口的电路芯片构成微型计算机。微控制器(microcontrollers)是将微型计算机的主要部分集成在一个芯片上的微型计算机。

　　80C51系列微控制器应用广泛、生产量大,在控制领域有重要影响。但目前世界各大芯片制造公司的产品多样化,朝高性能和多品种方向发展。

　　微控制器具有良好的性价比和可靠性,以及易于嵌入等特性,被广泛应用于工业控制、智能仪器仪表、汽车电子、智能家居、专用设备等的智能化管理和过程控制。

　　微控制器本身没有开发功能,必须借助开发工具完成开发。μVision集成开发环境可以帮助我们学习和使用微控制器。

习　　题

1. 计算机问世的意义是什么?
2. 根据冯·诺依曼提出的经典结构,计算机由哪几部分组成?
3. 微处理器与微控制器的区别是什么?
4. 什么是微控制器? 其主要特点有哪些?
5. 微控制器的应用领域有哪些?
6. 微控制器的开发工具有哪些?

第2章 80C51 的基本结构和工作原理

本章主要介绍 80C51 单片机的内部结构及工作原理。80C51 具有 1 个 8 位的 CPU,4 KB 内部(片内)程序存储器(8031 无),128 B 内部(片内)数据存储器,可寻址 64 KB 的外部(片外)程序存储器和 64 KB 外部(片外)数据存储器,4 个 8 位并行 I/O 口,2 个 16 位的可编程定时/计数器,1 个可编程全双工串行 I/O 口,还具有 5 个中断源和 2 个优先级的中断系统。本章重点掌握以下内容。

(1) 80C51 单片机的组成框图和主要引脚功能。

(2) 程序存储器和数据存储器的概念,片内 RAM、片内 ROM 和片外 RAM、片外 ROM 的存储空间范围,工作寄存器 R0~R7、位寻址区、特殊功能寄存器的含义和编址方法。

(3) 并行 I/O 口与地址总线和数据总线的关系。

(4) 80C51 的工作时序和复位状态。

2.1 80C51 的基本结构

在上一章中,我们简单了解了 51 系列微控制器的分类和片内硬件资源情况,下面我们学习 51 系列微控制器中最经典的 80C51(CHMOS 型的 8051)。

51 系列微控制器主要性能如下。

(1) 具有 1 个 8 位 CPU,含布尔处理器。

(2) 具有片内振荡器,振荡频率 f_{osc} 范围为 1.2~12 MHz,可供时钟输出。

(3) 具有 128 B 的片内数据存储器(RAM)。

(4) 具有 4 KB 的片内程序存储器(ROM)。

(5) 具有 64 KB 的片外程序存储器寻址能力。

(6) 具有 64 KB 的片外数据存储器寻址能力。

(7) 具有 21 个字节专用寄存器。

(8) 具有 4 个 8 位并行 I/O 口(简称并行口,P0、P1、P2、P3)。

(9) 具有 1 个全双工串行 I/O 口(简称串行口,UART),可实现多机通信。

(10) 具有 2 个 16 位定时/计数器。

(11) 具有中断系统,有 5 个中断源,2 个优先级。

(12) 采用总线结构。

(13) 采用单一的 +5 V 电源。

2.1.1 80C51 的结构简图

80C51 微控制器结构简图如图 2-1 所示,微控制器内除了集成 CPU、存储器、4 个 8 位的并行 I/O 接口电路外,还包含 1 个串行口、2 个 16 位定时/计数器、1 个中断系统及时钟电路等部件。80C51 是第二代微控制器阶段的代表作品,是单片机中的主流机型。在今后相当长的时间内,51 单片机的主流地位不会改变。

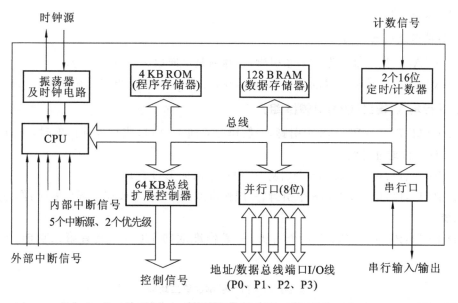

图 2-1　80C51 结构简图

2.1.2　80C51 的外部引脚

80C51 微控制器芯片采用 40 脚双列直插封装(DIP40)、44 脚方形扁平式封装(QFP44)等封装方式。这里仅介绍最常用的有总线扩展引脚的 DIP40 封装,如图 2-2 所示。

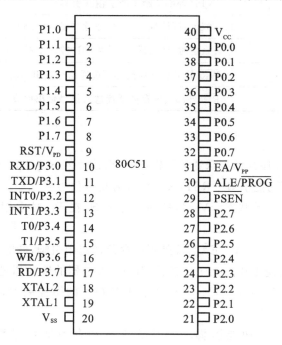

图 2-2　80C51 DIP40 封装引脚图

对图 2-2 中各引脚功能分别说明如下。

1. 电源引脚(2 个)

(1) V_{CC}:接+5 V 电源。

（2）V_{SS}：接地。

2. 时钟电路引脚（2 个）

（1）XTAL1：接外部晶振的一个引脚，在片内是反向放大器输入引脚。

（2）XTAL2：接外部晶振的另一个引脚，在片内是反向放大器输出引脚。

3. 并行输入/输出（I/O）引脚（4 组）

（1）P0 口：P0.0～P0.7，8 个引脚，一般作准双向 I/O 口，或在外部扩展时，作为双向数据总线和低 8 位地址总线。

（2）P1 口：P1.0～P1.7，8 个引脚，一般作准双向 I/O 口。

（3）P2 口：P2.0～P2.7，8 个引脚，一般作准双向 I/O 口，或在外部扩展时，作为高 8 位地址总线。

（4）P3 口：P3.0～P3.7，8 个引脚，一般作准双向 I/O 口，具有第二功能，如表 2-1 所示。

表 2-1　P3 口各引脚的第二功能

引　脚	第　二　功　能
P3.0	RXD（串行输入口）
P3.1	TXD（串行输出口）
P3.2	$\overline{INT0}$（外部中断 0 请求输入引脚）
P3.3	$\overline{INT1}$（外部中断 1 请求输入引脚）
P3.4	T0（定时/计数器 T0 计数脉冲输入引脚）
P3.5	T1（定时/计数器 T1 计数脉冲输入引脚）
P3.6	$\overline{WR}$（外部数据存储器写选通信号输出引脚）
P3.7	$\overline{RD}$（外部数据存储器读选通信号输出引脚）

4. 控制线（4 个）

（1）$\overline{PSEN}$：片外程序存储器选通信号输出引脚；读片外 ROM 时，低电平有效。

（2）RST/V_{PD}：双功能引脚。RST（RESET）为复位信号输入引脚，高电平有效，实现复位后，微控制器恢复到初始状态。V_{PD} 为备用电源引脚，在 V_{CC} 掉电期间，向芯片供电，以保护 RAM 数据。

（3）$\overline{EA}$/V_{PP}：双功能引脚。$\overline{EA}$ 为片外程序存储器选用引脚，低电平有效，当引脚处于高电平时，微控制器首先使用片内程序存储器，而一旦存储器的地址超过片内程序存储器地址空间，会自动转向片外程序存储器。对于含有 EPROM 的微控制器，在编程期间，V_{PP} 作为 21 V 编程电源的输入引脚。

（4）ALE/$\overline{PROG}$：双功能引脚。ALE 为地址锁存有效信号输出引脚。对于含有 EPROM 的微控制器，在编程期间，$\overline{PROG}$ 作为编程脉冲输入引脚，低电平有效。

2.2　80C51 的 CPU

80C51 微控制器由 CPU、存储器和 I/O 接口组成，下面我们将详细学习 80C51 微控制器的基本结构和工作原理。80C51 微控制器内部逻辑结构如图 2-3 所示。

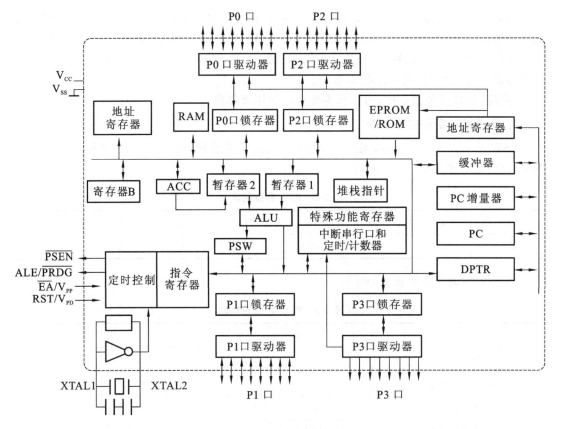

图 2-3   80C51 内部逻辑结构

CPU(中央处理器)是微控制器内部的核心部件,它的作用是读取并分析指令,根据指令的功能,控制微控制器的各功能部件执行特定的操作。CPU 是一块超大规模的集成电路,是一台计算机的运算核心(core)和控制核心(control unit)。它的功能主要是解释计算机指令以及处理计算机软件中的数据。CPU 决定微控制器的主要性能,从功能上可以分为运算器、控制器和其他寄存器。

2.2.1 运算器

运算器由算术/逻辑运算单元 ALU(arithmetic logic unit)、累加器 ACC(accumulator)、寄存器 B、程序状态字寄存器 PSW(program status word)等组成。它的作用是完成算术/逻辑运算、位变量处理和数据传送等。

1. ALU

ALU 单元实现 8 位数据的加、减、乘、除算术运算,完成与、或、异或等逻辑运算。同时 ALU 单元还具有位处理功能(即布尔处理器)。

2. 累加器 ACC

累加器 ACC 是最常用的 8 位寄存器,用来存放操作数和运算结果,用 A 作为累加器在指令系统中的助记符。在 CPU 执行某种运算前,两个操作数中的一个通常应放在累加器 A 中,运算完成后从累加器 A 中便可得到运算结果。

3. 寄存器 B

寄存器 B 在乘、除指令中用来存放一个操作数,也用来存放部分运算结果。乘法运算的两个操作数分别取自累加器 A 和寄存器 B,其结果的低 8 位存放在累加器 A 中,高 8 位存放在寄存器 B 中;在除法运算中,被除数取自累加器 A,除数取自寄存器 B,商的整数部分存储在累加器 A 中,余数存放在寄存器 B 中。

寄存器 B 在其他指令中,可以作为普通的通用寄存器。

4. 程序状态字寄存器 PSW

PSW 是一个 8 位寄存器,用来保存 ALU 的运算结果和 CPU 的状态,并供程序查询和判别,其各位的含义如表 2-2 所示。

表 2-2　PSW 各位的含义

D7	D6	D5	D4	D3	D2	D1	D0
CY	AC	F0	RS1	RS0	OV	F1	P

PSW 各位的功能如表 2-3 所示。

表 2-3　PSW 各位的功能

功　能	标　志	地　址　值
进位标志	CY	PSW.7
辅助进位标志	AC	PSW.6
用户标志	F0	PSW.5
寄存器区选择 MSB	RS1	PSW.4
寄存器区选择 LSB	RS0	PSW.3
溢出标志	OV	PSW.2
保留(未定义)	F1	PSW.1
奇偶标志	P	PSW.0

CY:进位标志位,运算结果的最高位 D7 有进位(加法)或借位(减法)时,CY=1;否则 CY=0;

AC:辅助进位标志位,运算结果的低 4 位有进位(加法)或借位(减法)时,AC=1;否则 AC=0。AC 常用于十进制调整。

F0:用户标志位,由用户自己定义。

RS1、RS0:工作寄存器组选择位。

OV:溢出标志位,一般用于补码计算。当有符号数运算时,若运算结果不能用 8 位二进制数表示,则 OV=1,否则 OV=0。对于补码运算,有如下结论:两整数相加,若其和为负,则溢出,OV=1;两负数相加,若其和为正,则溢出,OV=1。

P:奇偶标志位,每执行一条指令,微控制器根据累加器 ACC 中"1"个数的奇偶对 P 置位或清零,"1"的个数为奇数时,P=1;"1"的个数为偶数时,P=0。

2.2.2　控制器

控制器是微控制器的神经中枢。其功能是,控制指令的读取、译码、执行,并协调各功能部件正常工作。控制器由指令寄存器 IR、指令译码器 ID 和控制逻辑电路组成。

控制器的工作过程是：先把包含地址码和操作码信息的指令从程序存储器送到指令寄存器 IR，地址码形成实际的操作数地址，操作码送往指令译码器 ID 进行译码并形成相应指令的电平信号，CPU 根据电平信号使控制电路产生执行该指令的控制信号，完成各类操作。

2.2.3 其他寄存器

1. 程序计数器 PC

PC(program counter)是 CPU 最基本的寄存器，是一个独立的 16 位计数器，总是存放下一个要执行的指令地址，寻址范围可达 64 KB。每读取一条指令时，PC 中的内容自动执行加 1 跳转操作，得到下一条指令的地址。当前一条指令执行完毕，CPU 再根据 PC 取出下一条指令的地址，并得到再下一条指令的地址，依次执行每一条指令。

PC 没有地址，是不可寻址的，不能通过 MOV 指令来操作，但可以通过跳转、调用等指令来改变内容，实现程序的转移。当微控制器上电或复位时，PC 初始化，即 PC 装入地址 0000H。

2. 堆栈指针 SP

堆栈实际上是内部 RAM 的一个特殊区域，其主要功能是暂时存放数据和地址。

堆栈是一种数据项按序排列的数据结构，只能在一端（栈顶）对数据项进行插入和删除，即不能按字节任意访问，遵循"先进后出，后进先出"原则。遵循该原则的堆栈具体有两个功能，即断点保护和现场保护。

（1）断点保护。在子程序调用和中断服务程序调用操作中，执行子程序或中断服务程序后最终都要返回主程序，因此把称为断点的主程序打断的地址压入堆栈中保护，以便程序能正常返回。

（2）现场保护。微控制器的一些寄存器单元可能是子程序与主程序共用的，在执行子程序期间会破坏共用寄存器的原有数据，所以在执行子程序之前，需要将有关寄存器的原有数据保存起来，压入堆栈。

堆栈的操作需要指针指示，为此专门设了一个堆栈指针 SP，并且有专门的操作指令（PUSH、POP）来对数据进行压栈/弹栈操作。SP 是一个始终指向栈顶的 8 位专用寄存器。数据入栈时，SP 先加 1，再把数据压入 SP 指向的存储单元；数据出栈时，先把 SP 指向的存储单元中的数据弹出，SP 再减 1。当微控制器上电或复位时，SP 初始化，初始值为 07H。

3. 数据指针 DPTR

数据指针 DPTR 是一个 16 位的专用寄存器，用于存放地址。它由 2 个 8 位的寄存器 DPH(高 8 位)和 DPL(低 8 位)组成，既可以作为 16 位寄存器使用，也可以作为 2 个独立的 8 位寄存器独立使用。数据指针 DPTR 可以用间接寻址方式(MOVX A,@DPTR 或 MOVX @DPTR,A)来访问 64 KB 的外部数据存储空间，也可以用变址寻址方式(MOVC A,@A+DPTR)来访问 64 KB 的外部程序存储空间。

4. 端口寄存器 P0～P3

端口寄存器是指 4 个 8 位并行端口的锁存器，通过对锁存器进行读/写，可以实现对相应端口数据的读/写。

5. 串行数据缓冲寄存器 SBUF

串行数据缓冲寄存器 SBUF 是两个同名、同地址的专用寄存器，其中一个用于存放待发送的数据,另一个用于存放接收到的数据,分别称为发送数据缓冲寄存器和接收数据缓冲寄存器。发送数据的指令是"MOV SBUF,A";接收数据的指令是"MOV A,SBUF"。

6. 工作寄存器组 R0~R7

工作寄存器组 R0~R7 共分为 4 组,每组 8 个单元,即共占用 32 个内部 RAM 单元。

2.3 80C51 的存储器

存储器是微控制器的主要部件之一,其功能是存储程序信息和数据信息。

存储器按照存取方式可以分为两大类,一类是随机存储器(RAM),另一类是只读存储器(ROM)。

RAM,常被称为数据存储器,在 CPU 运行过程中能随时读/写其中的数据,但在掉电后,其所存储的信息将丢失。所以,它只能用来存放暂时性的数据、运算结果或用作堆栈。

ROM,常被称为程序存储器,是一种写入信息后不能改只能读的存储器。掉电后,ROM 中的信息保留不变,所以 ROM 用来存放固定的程序或数据,如系统监控程序、常数表格等。

从物理地址空间看,存储器可以分为内部 ROM、外部 ROM、内部 RAM、外部 RAM,如图 2-4 所示。

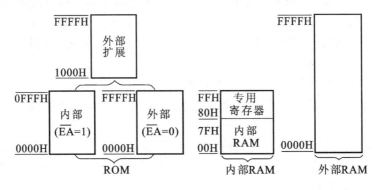

图 2-4　80C51 存储器地址空间

2.3.1　80C51 的 ROM

ROM 称为只读存储器,所存数据一般是装入整机前事先写好的,整机工作过程中只能读出,而不像随机存储器那样能快速地、方便地加以改写。ROM 所存数据稳定,断电后也不会改变。ROM 结构较简单,读出较方便,因而常用于存储各种固定程序和数据。

80C51 的程序存储器 ROM 分为内部和外部两个部分。内部 ROM 有 4 KB 的存储空间,地址为 0000H~0FFFH。当内部 ROM 的存储空间不够时,用户可以在外部扩展程序存储器。

1. 内部 ROM 与外部 ROM 的选择

微控制器根据$\overline{EA}$引脚上的电平来确定是运行内部 ROM 还是外部 ROM。

(1) $\overline{EA}=1$,即$\overline{EA}$引脚接高电平,微控制器的 CPU 从内部程序存储器中开始取指令,即从 0000H 开始取指令。当 PC 值没有超出 0FFFH(0000H~0FFFH 为内部程序存储器的地址范围)时,CPU 只访问内部程序存储器。当 PC 值超出 0FFFH 时,CPU 会自动读取外部程序存储器(地址为 1000H~FFFFH)内的程序。

(2) $\overline{EA}=0$,即$\overline{EA}$引脚接低电平,微控制器只读取外部程序存储器(地址范围为 1000H~

FFFFH)中的程序。CPU 不读取 4 KB(地址范围为 0000H~0FFFH)内部程序存储器内的程序。

2. 程序存储器低端的特殊单元

程序存储器低端的一些地址被固定用作特殊的入口地址。

0000H:上电或复位后的程序入口地址。

0003H:外部中断 0 的中断服务程序入口地址。

000BH:定时/计数器 T0 的中断服务程序入口地址。

0013H:外部中断 1 的中断服务程序入口地址。

001BH:定时/计数器 T1 的中断服务程序入口地址。

0023H:串行口的中断服务程序入口地址。

002BH:增强型定时/计数器 T2 溢出或 T2EX 负跳中断服务程序入口地址。

上述 7 个单元的地址相互离得很近,容纳不下太大的程序段,所以在编写程序代码的时候,往往在其中加写一条无条件转移指令,以转到程序的起始地址或者对应的中断程序服务的入口地址。

2.3.2 80C51 的 RAM

微控制器数据存储器空间分为内部和外部两部分。对于 80C51 微控制器,内部 RAM 地址空间为 128 B,地址范围为 00H~7FH;外部 RAM 地址空间为 64 KB,地址范围为 0000H~FFFFH。与程序存储器地址空间不同的是,外部 RAM 的低 128 B 与内部 RAM 的地址相同,即 00H~7FH 是重复的,所以需要不同的指令来加以区分。访问内部 RAM 时,使用 MOV 指令;访问外部 RAM 时,使用 MOVX 指令,并且 $\overline{RD}/\overline{WR}$(外部数据存储器读/写选通信号输出引脚)有效。

1. 工作寄存器区

地址为 00H~1FH 的 32 个单元是 4 组通用工作寄存器区,每组有 8 个寄存器,编号为 R7~R0。

寄存器 0 组:地址 00H~07H。

寄存器 1 组:地址 08H~0FH。

寄存器 2 组:地址 10H~17H。

寄存器 3 组:地址 18H~1FH。

某一时间只能使用其中一组寄存器组,其他组不工作。当前用哪一组工作寄存器,需要通过对程序状态字寄存器(PSW)中 RS1 和 RS0 进行设置来决定,其对应关系如表 2-4 所示。

表 2-4　RS1、RS0 的设置与工作寄存器组的选择

组　号	RS1	RS0	R7	R6	R5	R4	R3	R2	R1	R0
0	0	0	07H	06H	05H	04H	03H	02H	01H	00H
1	0	1	0FH	0EH	0DH	0CH	0BH	0AH	09H	08H
2	1	0	17H	16H	15H	14H	13H	12H	11H	10H
3	1	1	1FH	1EH	1DH	1CH	1BH	1AH	19H	18H

CPU 通过设置 RS1 和 RS0 就可以任选一个工作寄存器组。当切换工作寄存器组时,原来工作寄存器组的各寄存器数据被保护起来,这个特点能使用户程序快速保护现场。微控制器复位后,默认选择工作寄存器组 0。

2. 位寻址区

微控制器的内部 RAM 的低 128 位单元中有一个区域是寻址区,字节地址为 20H～2FH,共有 16 个字节,位地址范围为 00H～7FH。通常把程序状态标志、位控制变量设在位寻址区内。位寻址区内的单元未被使用时,也可以作为一般数据缓冲区。80C51 位地址与字节地址的关系如表 2-5 所示。

表 2-5　80C51 位地址与字节地址的关系

字节地址	位 地 址							
	D7	D6	D5	D4	D3	D2	D1	D0
2FH	7FH	7EH	7DH	7CH	7BH	7AH	79H	78H
2EH	77H	76H	75H	74H	73H	72H	71H	70H
2DH	6FH	6EH	6DH	6CH	6BH	6AH	69H	68H
2CH	67H	66H	65H	64H	63H	62H	61H	60H
2BH	5FH	5EH	5DH	5CH	5BH	5AH	59H	58H
2AH	57H	56H	55H	54H	53H	52H	51H	50H
29H	4FH	4EH	4DH	4CH	4BH	4AH	49H	48H
28H	47H	46H	45H	44H	43H	42H	41H	40H
27H	3FH	3EH	3DH	3CH	3BH	3AH	39H	38H
26H	37H	36H	35H	34H	33H	32H	31H	30H
25H	2FH	2EH	2DH	2CH	2BH	2AH	29H	28H
24H	27H	26H	25H	24H	23H	22H	21H	20H
23H	1FH	1EH	1DH	1CH	1BH	1AH	19H	18H
22H	17H	16H	15H	14H	13H	12H	11H	10H
21H	0FH	0EH	0DH	0CH	0BH	0AH	09H	08H
20H	07H	06H	05H	04H	03H	02H	01H	00H

3. 堆栈区或数据缓冲区

位寻址区之后的 30H～7FH 共 80 个字节用作堆栈区或数据缓冲区。这一区域的操作指令非常丰富,数据处理方便灵活。

微控制器在实际应用中,常需要设置堆栈。堆栈区不是固定的,但一般设在 RAM 区的 30H～7FH 的范围内。栈顶的位置由堆栈指针 SP 指示。

2.3.3　80C51 的特殊功能寄存器(SFR)

80C51 微控制器主要有四大功能模块,分别是 I/O 模块、中断模块、定时/计数模块、串行 I/O 模块,这些功能的实现与特殊功能寄存器(special function register,SFR)直接相关。

80C51 微控制器共设置了 21 个特殊功能寄存器,与内部 RAM 统一编址,分散地分布在 80H～FFH,所以访问时需要用不同的寻址方式来加以区别。访问特殊功能寄存器只能使用直接寻址方式。特殊功能寄存器的位地址与字节地址表如表 2-6 所示,大部分特殊功能寄存器的应用将在后面相关章节中详细学习,这里仅作简介。

表 2-6　特殊功能寄存器的位地址与字节地址表

SFR	位地址/位符号								字 节 地 址
B	F7H	F6H	F5H	F4H	F3H	F2H	F1H	F0H	F0H
	B.7	B.6	B.5	B.4	B.3	B.2	B.1	B.0	
A	E7H	E6H	E5H	E4H	E3H	E2H	E1H	E0H	E0H
	A.7	A.6	A.5	A.4	A.3	A.2	A.1	A.0	
PSW	D7H	D6H	D5H	D4H	D3H	D2H	D1H	D0H	D0H
	CY	AC	F0	RS1	RS0	OV	F1	P	
IP	BFH	BEH	BDH	BCH	BBH	BAH	B9H	B8H	B8H
	/	/	/	PS	PT1	PX1	PT0	PX0	
P3	B7H	B6H	B5H	B4H	B3H	B2H	B1H	B0H	B0H
	P3.7	P3.6	P3.5	P3.4	P3.3	P3.2	P3.1	P3.0	
IE	AFH	AEH	ADH	ACH	ABH	AAH	A9H	A8H	A8H
	EA	/	/	ES	ET1	EX1	ET0	EX0	
P2	A7H	A6H	A5H	A4H	A3H	A2H	A1H	A0H	A0H
	P2.7	P2.6	P2.5	P2.4	P2.3	P2.2	P2.1	P2.0	
SBUF	/	/	/	/	/	/	/	/	99H
SCON	9FH	9EH	9DH	9CH	9BH	9AH	99H	98H	98H
	SM0	SM1	SM2	REN	TB8	RB8	TI	RI	
P1	97H	96H	95H	94H	93H	92H	91H	90H	90H
	P1.7	P1.6	P1.5	P1.4	P1.3	P1.2	P1.1	P1.0	
TH1	/	/	/	/	/	/	/	/	8DH
TH0	/	/	/	/	/	/	/	/	8CH
TL1	/	/	/	/	/	/	/	/	8BH
TL0	/	/	/	/	/	/	/	/	8AH
TMOD	GATE	C/$\overline{\text{T}}$	M1	M0	GATE	C/$\overline{\text{T}}$	M1	M0	89H
TCON	8FH	8EH	8DH	8CH	8BH	8AH	89H	88H	88H
	TF1	TR1	TF0	TR0	IE1	IT1	IE0	IT0	
PCON	SMOD	/	/	/	GF1	GF0	PD	IDL	87H
DPH	/	/	/	/	/	/	/	/	83H
DPL	/	/	/	/	/	/	/	/	82H
SP	/	/	/	/	/	/	/	/	81H
P0	87H	86H	85H	84H	83H	82H	81H	80H	80H
	P0.7	P0.6	P0.5	P0.4	P0.3	P0.2	P0.1	P0.0	

（1）与运算器相关的寄存器（3 个）：累加器 A，寄存器 B，程序状态字寄存器 PSW。

（2）指针类寄存器（3 个）：堆栈指针 SP，数据指针 DPTR(DPH＋DPL)。

（3）与通信相关的寄存器（7 个）：并行 I/O 口 P0～P3，串行数据缓冲寄存器（SBUF），串行口控制寄存器（SCON），串行通信波特率倍增寄存器（PCON）。

（4）与中断相关的寄存器（2 个）：中断允许控制寄存器（IE）、中断优先级控制寄存器（IP）。

（5）与定时/计数相关的寄存器（6 个）：定时/计数器 T0 的 TL0（低 8 字节）、TH0（高 8 字节），定时/计数器 T1 的 TL1（低 8 字节）、TH1（高 8 字节），定时/计数器的工作方式寄存器（TMOD），定时/计数器的控制寄存器（TCON）。

其中，A、PSW、P0～P3、IP、IE、TCON、SCON 可按字节和位寻址，其余寄存器只能按字节寻址。

2.4 80C51 的并行 I/O 端口

在"2.1.2 80C51 的外部引脚"的介绍中我们知道，80C51 微控制器有 4 个双向的 8 位并行 I/O 口（P0～P3）。各口均由输出驱动器、锁存器和输入缓冲器组成。4 个端口的每一根 I/O 线都能独立地用作位输入/输出口。P0 可作为数据总线口，它可以对外部存储器低 8 位进行读/写。P2 口也可以作为系统扩展时的高 8 位地址。P3 口除了 I/O 口功能外，还有第二功能，即 P3.0—串行输入口 RXD，P3.1—串行输出口 TXD，P3.2—外部中断 0 请求输入引脚 $\overline{\text{INT0}}$，P3.3—外部中断 1 请求输入引脚 $\overline{\text{INT1}}$，P3.4—定时/计数器 T0 计数脉冲输入引脚 T0，P3.5—定时/计数器 T1 计数脉冲输入引脚 T1，P3.6—外部数据存储器写选通信号输出引脚 $\overline{\text{WR}}$，P3.7—外部数据存储器读选通信号输出引脚 $\overline{\text{RD}}$。P1 口是唯一的单功能口，位结构是最简单的，因此我们从 P1 口开始学习。

2.4.1 P1 口

P1 口只能用作通用的数据输入/输出端口，字节地址为 90H。P1 口的位电路结构如图 2-5 所示。

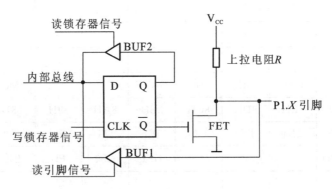

图 2-5　P1 口的位电路结构

1. P1 口的位电路结构

P1 口位电路由以下 3 部分组成。

（1）1 个输出寄存器即锁存器，用于输出数据位的锁存。

（2）2 个三态输入缓冲器（BUF1、BUF2），分别用于读引脚信号和读锁存器数据。

（3）输出驱动电路,由 1 个场效应管(FET)和 1 个引脚上拉电阻组成。

2. P1 口的功能

P1 口有输出、输入和端口操作 3 种工作方式。

1）输出工作方式

计算机执行写 P1 口的指令时,P1 口工作于输出工作方式。此时数据送入锁存器锁存。如果某位的数据为 1,则该位锁存器输出端 $Q=1,\overline{Q}=0$,使场效应管截止,从而在引脚 P1.X 上出现高电平,即 P1.$X=1$;反之,如果某位的数据为 0,则 $Q=0,\overline{Q}=1$,使场效应管导通,引脚 P1.X 上出现低电平,即 P1.$X=0$。

2）输入工作方式

计算机执行读 P1 口的指令时,P1 口工作于输入工作方式。控制器发出读信号,BUF1 打开,引脚 P1.X 上的数据经 BUF1 进入芯片的内部总线,并送到累加器 A。

在执行输入操作时,如果锁存器原来寄存的数据 $Q=0$,那么 $\overline{Q}=1$,使场效应管导通,引脚始终处于低电平上。为此,用作输入前,必须先置 $Q=1$,使场效应管截止。

3）端口操作工作方式

端口操作的执行过程分"读—修改—写"三步,即先读端口,后执行相关指令,再把运算后的数据送回端口。例如,逻辑与指令(ANL P1,A),将 P1 口的数据和累加器 A 的数据做逻辑与运算,再将运算结果送回 P1 口。

2.4.2 P2 口

P2 口的位电路结构如图 2-6 所示。

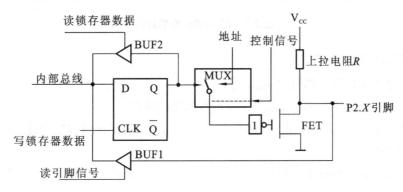

图 2-6 P2 口的位电路结构

1. P2 口的位电路结构

P2 口位电路由以下 4 部分组成。

（1）1 个输出寄存器即锁存器,用于输出数据位的锁存。

（2）2 个三态输入缓冲器(BUF1、BUF2),分别用于读引脚信号和读锁存器数据。

（3）输出驱动电路,由 1 个场效应管(FET)和 1 个引脚上拉电阻组成。

（4）相对 P1 口,P2 口还有 1 个转换开关 MUX,它的一个输入端连接锁存器的 Q 端,另外一个输入端是地址的高 8 位。

2. P2 口的功能

P2 口有两种用途,即作通用 I/O 口和高 8 位地址总线,由被内部控制信号控制的多路转换开关 MUX 实现转换,如图 2-6 所示,此时 MUX 连接 Q 端,P2 口的作用是作通用 I/O 口;若 MUX 连接地址端,则 P2 口的作用是作高 8 位地址总线。

1) 通用 I/O 口

P2 口作准双向通用 I/O 口使用时,其功能与 P1 口相同,有输入、输出及端口操作 3 种工作方式。

2) 地址总线

微控制器从外部 RAM 中取指令,或者执行外部 RAM、外部 ROM 的指令时,P2 口作为高 8 位地址,与 P0 口的低 8 位地址一起构成 16 位地址,可以寻址 64 KB 的地址空间。

2.4.3　P3 口

P3 口是一个双功能口,字节地址为 B0H。P3 口的位电路结构如图 2-7 所示。

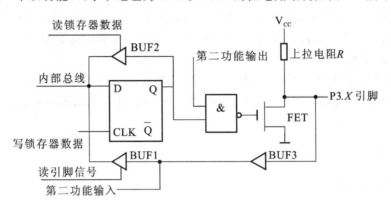

图 2-7　P3 口的位电路结构

1. P3 口的位电路结构

P3 口位电路由以下 3 部分组成。

(1) 1 个输出寄存器即锁存器,用于输出数据位的锁存。

(2) 3 个三态输入缓冲器(BUF1、BUF2、BUF3),分别用于读引脚信号、读锁存器数据和读第二功能数据。

(3) 输出驱动电路,由 1 个场效应管(FET)、1 个引脚上拉电阻和 1 个与非门组成。

2. P3 口的功能

P3 口有两种用途,即作通用 I/O 口和第二功能(见表 2-1)。

1) 通用 I/O 口

P3 口作准双向通用 I/O 口使用时,其功能与 P1 口相同,有输入、输出及端口操作 3 种工作方式。

当 P3 口用作输入时,P3.X 位的锁存器和第二功能输出均应置 1,场效应管截止,P3.X 引脚信息通过输入 BUF3 和 BUF2 进入内部总线,完成读引脚信号操作。当 P3 口用作输出时,第二功能输出端应保持高电平,与非门处于开启状态。CPU 输出"1"时,Q=1,场效应管截止,P3.X 引脚输出为"1";CPU 输出"0"时,Q=0,场效应管导通,P3.X 引脚输出为"0"。

2) 第二功能

P3 口用作第二功能时,锁存器 Q 端必须为高电平,即置"1",与非门处于开启状态。当第二功能输出端为"1"时,场效应管截止,P3.X引脚输出为"1";当第二功能输出端为"0"时,场效应管导通,P3.X引脚输出为"0"。

当选择第二功能时,该位的锁存器和第二功能输出端均应置"1",保证场效应管截止,P3.X引脚的信息由三态输入缓冲器BUF3的输出获得。

2.4.4 P0口

P0口是一个双功能的8位并行端口,字节地址为80H。P0口的位电路结构如图2-8所示。

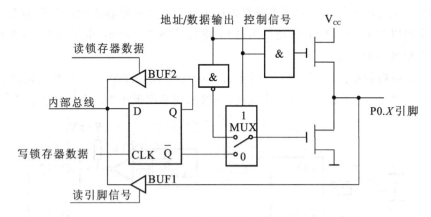

图2-8 P0口的位电路结构

1. P0口的位电路结构

P0口位电路由以下4部分组成。

(1) 1个输出寄存器即锁存器,用于输出数据位的锁存。

(2) 2个三态输入缓冲器(BUF1、BUF2),分别用于读引脚信号和读锁存器数据。

(3) 输出驱动电路,由2个场效应管(FET)和1个引脚上拉电阻组成,2个场效应管(FET)用于数据输出的控制和驱动。

(4) 1个多路转换开关MUX,用以实现通用I/O口和地址/数据复用总线功能的转换。

2. P0口的功能

1) 通用I/O口

多路转换开关MUX连接$\overline{Q}$端,P0口用作通用I/O口。多路转换开关MUX连接$\overline{Q}$端时,与门被锁,上方的场效应管截止,因此输入时先在P0口锁存器中写入一个"1",使两个场效应管皆截止。在这种情况下,它能用作一个高阻输入。此时,P0口与P1口的功能相同。

2) 地址/数据复用总线功能

多路转换开关MUX连接反相器接端,P0口用作地址/数据复用总线,与门打开。当输出的地址/数据信息为"1"时,与门输出为"1",上方的场效应管导通,下方的场效应管截止,P0.X引脚输出为"1";当输出的地址/数据信息为"0"时,上方的场效应管截止,下方的场效应管导通,P0.X引脚输出为"0"。可见,P0.X引脚的输出状态随地址/数据状态的变化而变化。

2.5 时钟电路和复位电路

2.5.1 时钟电路

80C51 单片机芯片内设有一个由反相放大器所构成的振荡电路,XTAL1 和 XTAL2 分别是振荡电路的输入端和输出端。时钟可以以内部方式产生,也可以以外部方式产生。

内部方式的时钟电路如图 2-9(a)所示。在 XTAL1 和 XTAL2 引脚上外接定时元件,内部振荡器就产生自激振荡。定时元件通常采用由石英晶体和电容组成的并联谐振回路。晶体振荡频率可以在 1.2~12 MHz 范围内选择,电容值在 5~30 pF 范围内选择,电容值的大小可对频率起微调的作用。

外部方式的时钟电路如图 2-9(b)所示,XTAL1 接地,XTAL2 接外部振荡器。对外部振荡信号无特殊要求,只要求保证脉冲宽度,一般采用频率低于 12 MHz 的方波信号。

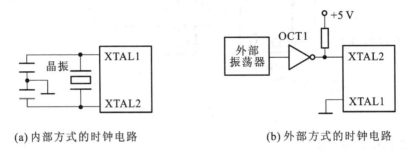

(a) 内部方式的时钟电路   (b) 外部方式的时钟电路

图 2-9　时钟电路

片内时钟发生器把振荡频率两分频,产生一个两相时钟 P1 和 P2,供单片机使用。P1 在每一个状态 Si 的前半部分有效,P2 在每一个状态 Si 的后半部分有效。

2.5.2 复位电路和复位状态

1. 复位电路

80C51 单片机的复位电路如图 2-10 所示。在 RST(即 RESET)输入端出现高电平时实现复位和初始化。在振荡器工作的情况下,要实现复位操作,必须使 RST 引脚保持至少 2 个机器周期(即 24 个振荡周期)的高电平。CPU 在第二个机器周期内执行内部复位操作,以后每个机器周期重复 1 次,直至 RST 端的电平变为低电平。

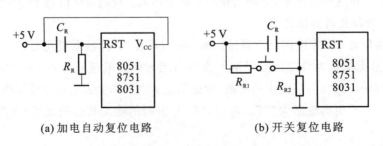

(a) 加电自动复位电路   (b) 开关复位电路

图 2-10　复位电路

2. 复位状态

复位期间不产生 ALE 和 $\overline{\text{PSEN}}$ 信号。进行内部复位操作时，堆栈指针 SP 为 07H，各端口都为 1（即 P0～P3 口的内容均为 FFH），专用寄存器都复位为 0，但不影响片内 RAM 的内容。RST 引脚返回低电平以后，CPU 从 0000H 地址开始执行程序。复位后，特殊功能寄存器内容状态如表 2-7 所示。

表 2-7　特殊功能寄存器复位之后的内容状态

寄　存　器	内　　容	寄　存　器	内　　容	寄　存　器	内　　容
PC	0000H	P0～P3	FFH	TL0	00H
ACC	00H	IP	×××00000B	TH1	00H
B	00H	IE	0××00000B	TL1	00H
PSW	00H	TMOD	00H	SCON	00H
SP	07H	TCON	00H	SBUF	不定
DPTR	0000H	TH0	00H	PCON	0×××××××B

图 2-10(a) 所示为加电自动复位电路。加电瞬间，RST 端的电位与 V_{CC} 相同，随着 RC 电路充电电流的减小，RST 端的电位逐渐降低，最终到达 0 电位。只要 RST 端维持 10 ms 以上的高电平，就能使 80C51 单片机有效地复位。复位电路中的 RC 参数通常通过实验调整。当振荡频率选用 6 MHz 时，C_R 选 22 μF，R_R 选 1 kΩ，便能可靠地实现加电自动复位功能。若采用 RC 接斯密特电路的输入端的方法，则斯密特电路的输出端接单片机和外围电路的复位端，也能使系统可靠地同步复位。

图 2-10(b) 所示的电路增加了人工按键复位功能。该电路既具有上电复位功能，又具有外部复位功能。一般 C_R 选 22 μF，R_{R1} 选 200 Ω，R_{R2} 选 1 kΩ。上电瞬间，C_R 与 R_{R2} 构成充电电路，其功能相当于图 2-10(a) 所示的加电自动复位电路。当按下复位按钮时，出现 5 V×(1 kΩ/1.2 kΩ)＝4.2 V 的电平，使单片机复位。

本 章 小 结

本章主要介绍了 80C51 单片机的内部结构及工作原理。80C51 具有 1 个 8 位的 CPU，4 KB 内部程序存储器（8031 无），128 B 内部数据存储器，可寻址 64 KB 的外部程序存储器和 64 KB 外部数据存储器，4 个 8 位并行 I/O 口，2 个 16 位的可编程定时/计数器，1 个可编程全双工串行 I/O 口，具有 5 个中断源和 2 个优先级的中断系统。

CPU 中的运算单元可进行算术和逻辑运算，CPU 的布尔处理器具有独特的位处理功能，特别适用于控制领域。128 B 数据存储器分为 3 个区：①00～1FH 是工作寄存器区，共包含 4 个寄存器组，每组有 8 个寄存器 R0～R7；②20H～2FH 为位寻址区，这 16 个单元的每一位都有 1 个位地址，位地址范围为 00H～7FH；③其余可作为堆栈区或数据缓冲区。特殊功能寄存器（SFR）是指并行 I/O 口、定时/计数器、串行口、中断系统等的数据和控制寄存器，它们的地址分布在 80H～FFH 空间内。凡字节地址能被 8 整除的 SFR 都有位地址。

80C51 单片机的 4 个 8 位并行 I/O 口除具有输入/输出的功能外，还可作为地址线、数据线、控制线用。P0 可作为低 8 位地址/8 位数据总线分时复用用，P2 可作为高 8 位地址总线用，P3 的第二功能使它可作为控制线用。

习 题

1．MCS-51 单片机内 128 B 的数据存储器可分为几个区？分别作什么用？

2．程序状态字寄存器 PSW 的作用是什么？其各位的定义及作用是什么？

3．特殊功能寄存器 SP 的作用是什么？系统复位后，它指向何处？如何调整它的位置？

4．MCS-51 单片机片内 RAM 中位寻址区的字节地址区间是什么？位地址区间又是什么？试说明位地址 20H 具体在片内 RAM 的什么位置。

5．MCS-51 单片机的指令周期、机器周期分别与振荡周期有什么关系？

6．MCS-51 单片机有几种复位方式？系统复位后，对各特殊功能寄存器有何影响？对片内 RAM 有何影响？

7．选择题

（1）PC 的值是（　　）。

    A. 当前指令前一条指令的地址　　　　B. 当前正在执行的指令的地址

    C. 下一条指令的地址　　　　D. 控制器中指令寄存器的地址

（2）MCS-51 单片机在复位过程中 RST 引脚应为（　　）。

    A. 高电平　　　　B. 低电平

    C. 脉冲输入　　　　D. 高阻态

（3）80C51 单片机的定时/计数器的控制寄存器是（　　）。

    A. PSW　　　　B. SBUF

    C. TMOD　　　　D. TCON

（4）80C51 单片机定时/计数器 T0 溢出中断的中断服务程序入口地址是（　　）。

    A. 0003H　　　　B. 000BH

    C. 0013H　　　　D. 001BH

（5）单片机复位后，堆栈指针 SP 的内容是（　　）。

    A. 00H　　　　B. 07H

    C. FFH　　　　D. 31H

（6）80C51 单片机内部 RAM 的工作寄存器区范围是（　　）。

    A. 00H～1FH　　　　B. 20H～2FH

    C. 30H～7FH　　　　D. 00H～7FH

第3章 MCS-51 微控制器的指令系统

内容概要

指令是 CPU 按照人们的意图来完成某种操作的命令,一台计算机的 CPU 所能执行的全部指令的集合称为这个 CPU 的指令系统。MCS-51 系列单片机的指令系统共有 111 条指令。按照它们的操作性质又可划分为数据传送类、算术操作类、逻辑操作类、程序转移类和位操作类等 5 大类。

51 单片机指令系统具有以下特点。

(1)执行时间短。单机器周期指令有 64 条,双机器周期指令有 45 条,而四机器周期指令仅有 2 条(即乘法和除法指令)。

(2)指令编码字节少。单字节的指令有 49 条,双字节的指令有 45 条,三字节的指令仅有 17 条。

(3)位操作指令丰富,这使得 51 单片机的控制方便灵活。

3.1 指令系统概述

3.1.1 指令的书写格式

指令是计算机按人的要求执行某种操作的命令,计算机所执行的全部指令的集合称为指令系统,指令系统功能决定计算机的智能化水平。一般来说,指令系统越丰富,计算机的功能越强。在计算机中,指令是以二进制代码的形式表示和存放的,二进制代码称为指令代码或机器码,一条指令对应一组二进制代码。一条指令表示计算机所完成的某种操作,指令通常包含操作码和操作数两个部分,操作码用来规定要执行的操作性质,操作数表示该指令操作的对象。

通常,单片机的汇编语言指令表示格式包括标号、操作码、操作数和注释 4 个部分:

[标号:]操作码[操作数][;注释]

其中,操作码是指令中唯一不可缺少的部分,而方括号中的内容是否必要取决于具体指令和实际应用需要。

1. 标号

标号是程序员根据编程需要给指令设定的符号地址,相当于指令操作码在存储器中的物理地址,可有可无。

标号由 1~8 个字符组成,第一个字符必须是英文字母,而不能是数字或其他符号,且不允许与保留的符号(如指令中的助记符)重名。

标号后必须用冒号。

在程序中,标号不可以重复使用。

完整程序的第一条指令一般要设置标号,便于程序调用。当一条指令作为其他转移指令的目的指令时,也应为其设置标号。

另外,对作为检索用的表格首地址,也需要为其设置标号。

2. 操作码

操作码规定了指令的具体操作功能,是指令最重要的组成部分。为便于编程使用,操作码用指令功能的英文缩写表示,常被称为助记符。例如,MOV 表示数据传送指令。

3. 操作数

指令格式中有无操作数、有几个操作数视不同的指令而异,通常有如下 4 种情况。

(1) 无操作数指令:NOP(空操作)、RET(子程序返回)和 RETI(中断返回)3 条指令没有操作数。

(2) 单操作数指令:指令中只有一个操作数,如指令 INC A(累加器数据增 1)和 CLR A(对累加器清零)。

(3) 双操作数指令:双数操作指令有源操作数和目的操作数两个操作数,书写时目的操作数出现在先,源操作数紧跟在其后,如指令 MOV A,R0(将寄存器 R0 中的数据传送到累加器 A),A 为目的操作数,R0 为源操作数。

(4) 三操作数指令:如 CJNE A,♯20H,LOOP(比较转移指令)中有 3 个操作数。

> **注意:**有多个操作数时,操作数和操作数之间必须用逗号分开。

4. 注释

注释其实是指令功能的解释说明。编程时应为主要指令加上注释,以便于程序的阅读、理解和维护。

注释必须以";"(分号)和指令分开。

编程时要严格按照指令格式书写,各部分之间还要加上规定的分隔符。标号以冒号结束,表示指令操作码的助记符与操作数之间用空格分开,操作数与操作数之间用逗号分隔,注释前用分号作引导。

3.1.2 指令符号

指令系统中定义了一些用于表示寄存器、存储单元、数据和地址等信息的符号。在符号指令及其注释中常用的符号及其含义约定如下。

A:累加器 ACC。

B:B 寄存器,主要用于乘、除法指令,也可作为通用寄存器使用。

C:进位标志 CY,在位操作中作为位运算的累加器,也称为布尔累加器。

Rn(n=0~7):当前选中的工作寄存器组中的寄存器 R0~R7 中的一个。

Ri(i=0~1):当前选中的工作寄存器组中的寄存器 R0 或 R1。

@:间接寻址方式中,作为间接寻址寄存器的前缀。

$:当前指令地址。

♯data:8 位立即数。

♯data16:16 位立即数。

direct:8 位直接地址,表示片内低 128 个 RAM 单元的地址及 SFR 地址。

addr11:11 位的目的地址。

addr16:16 位的目的地址。

rel:以补码形式表示的 8 位相对偏移地址,其值在－128～ ＋127 范围内。

bit:片内 RAM 或特殊功能寄存器 SFR 中某一可寻址位的位地址。

/:位操作数的取反操作前缀符号。

(x):表示 x 地址所对应的单元或寄存器中的内容。

((x)):表示以 x 单元或寄存器内容为地址间接寻址单元的内容。

←:将箭头右边的内容送入箭头左边的单元中。

←→:表示交换。

3.1.3 指令的字节数

在指令的二进制形式中,指令不同,指令的操作码和操作数也不相同,51 单片机机器语言指令根据其指令编码长短的不同,可分为单字节指令、双字节指令和三字节指令 3 种。

1. 单字节指令(49 条)

单字节指令的指令码只有 1 个字节,由 8 位二进制数组成,这类指令共有 49 条,其操作码中包含了操作数的信息。单字节指令可以分为 2 种形式,一种是无操作数单字节指令,另一种是含有操作数所在寄存器编号的单字节指令。

1)无操作数单字节指令

这种指令的指令码的 8 位全表示操作码,没有专门指示操作数的字段,操作数是隐含在操作码中的。例如,空操作指令 NOP,其机器码为 0000 0000。

2)含有操作数所在寄存器编号的单字节指令

这种指令的指令码的 8 位中既包含操作码字段,也包含专门用来指示操作数所在寄存器编号的字段。例如:8 位数传送指令

　　　　MOV　A,Rn;　A←Rn

这条指令的功能是把寄存器 Rn(n＝0,1,2,3,4,5,6,7)中的内容送到累加器 A 中去。其机器码为 11101(操作码) Rn(寄存器编号)。假设 n＝0,则寄存器编码为 Rn＝000,则指令"MOV　A,R0"的机器码是 E8H,其中,操作码 11101 表示执行将寄存器中的数据传送到 A 中的操作。

2. 双字节指令(45 条)

双字节指令的指令码含有两个字节,可以分别存放在两个存储单元中,操作码字节在前,操作数字节在后,其中,操作数字节可以是立即数(指令码中的数),也可以是操作数所在的片内 RAM 地址。例如:

　　　　MOV　A,♯data　　　　　　;A←data

这条指令的功能是将立即数 data 送到累加器 A 中。假设立即数 data＝60H,则其机器码为

　　　　第一字节　操作码:0111 0100

　　　　第二字节　操作数(立即数 60H):0110 0000

3. 三字节指令(17 条)

这类指令的指令码的第一个字节为操作码,第二个和第三个字节为操作数或操作数地址。例如:

　　　　MOV　direct,♯data

这条指令是将立即数 data 送到地址为 direct 的单元中去。假设(direct)＝78H,data＝

85H,则"MOV　78H,♯85H"指令的机器码为

第一字节　操作码:0111 0100

第二字节　第一操作数(目的地址):0111 1000

第三字节　第二操作数(立即数 85H):1000 0101

用二进制形式表示的机器语言指令由于不便阅读理解和记忆,因此在微机控制系统中采用汇编语言(用助记符和专门的语言规则表示指令的功能和特征)指令来编写程序。

1 条汇编语言指令中最多包含四个区段,如下所示。

[标号:]　操作码助记符　[目的操作数][,源操作数][;注释]

例如,把立即数 F0H 送入累加器 A 中的指令为

START：　MOV　A,♯0F0H　；立即数 F0H→A

标号字段由用户定义的符号组成,必须以大写英文字母开始。标号字段可省略。若一条指令中有标号字段,标号代表该指令第一个字节所存放的存储器单元的地址,故标号又称为符号地址,汇编时,把该地址赋值给标号。

操作码字段是指令要操作的数据信息。根据指令的不同功能,操作数可以有 3 个、2 个、1 个或没有。操作数表示参加操作的数本身或操作数所在的地址。

在操作数的表示中,有以下几种情况需要注意。

(1) 十六进制、二进制和十进制形式的操作数表示。

在大多数情况下,操作数或操作数地址是采用十六进制形式表示,只有在某些特殊场合才采用二进制或十进制的表示形式。

若操作数采用十六进制形式,则需加后缀"H"。

若操作数采用二进制形式,则需加后缀"B"。

若操作数采用十进制形式,则加后缀"D",也可省略。

若十六进制的操作数以字符 A～F 中的某个开头,则需在它前面加一个"0",以便在汇编时把它和字符 A～F 区别开来。

(2) 工作寄存器和特殊功能寄存器的表示。

当操作数在某个工作寄存器或特殊功能寄存器中时,操作数字段允许用工作寄存器和特殊功能寄存器的代号来表示,也可用其地址来表示。

注释字段也可省略,对程序功能无影响,只是用于对指令或程序段做简要的说明,以便于以后查阅,调试程序时也会带来诸多方便。

通常,指令字节数越少,其执行速度越快,所占存储单元越少,因此,在程序设计中应尽可能优先选用指令字节数少的指令。

3.2　51 单片机的寻址方式

寻找操作数的方法称为寻址方式,是指在指令中说明操作数所在地址的方法。51 单片机的寻址方式有 7 种,即寄存器寻址方式、直接寻址方式、立即寻址方式、寄存器间接寻址方式、基址加变址寻址方式、相对寻址方式、位寻址方式。

3.2.1　寄存器寻址方式

寄存器寻址方式就是以某一寄存器的内容作为操作数的方式。可采用寄存器寻址方式的寄存器有 R0～R7 以及累加器 A、寄存器 B、数据指针 DPTR 等。例如:

```
MOV    A,R0            ;(R0)→A
MOV    P1,A            ;(A)→P1
ADD    A,R1            ;(A)+(R1)→A
```

例 3-1   若(R0)=30H,执行 MOV   A,R0 后,(A)=30H,如图 3-1 所示。

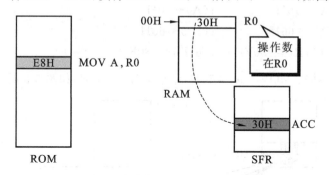

图 3-1   MOV   A,R0 指令执行过程示意图

3.2.2   直接寻址方式

指令中直接给出操作数所在单元的有效地址的方式,称为直接寻址方式,此时,指令中操作数部分是操作数所在地址。在 80C51 中,使用直接寻址方式可访问片内 RAM 的 128 B 单元以及所有的特殊功能寄存器(SFR)。对于特殊功能寄存器,既可以使用它们的地址,也可以使用它们的名字。例如:

```
MOV    A,40H           ;(40H)→A
```

这条指令的功能是把片内 RAM 中 40H 单元的内容送累加器 A。

```
MOV    A,P1            ;(P1)→A
```

这条指令的功能是把 P1 口的内容送到 A,它也可写成

```
MOV    A,90H
```

其中,90H 是 P1 口的地址。

例 3-2   若(50H)=3AH,执行 MOV   A,50H 后,(A)=3AH,如图 3-2 所示。

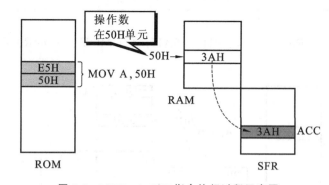

图 3-2   MOV   A,50H 指令执行过程示意图

3.2.3   立即寻址方式

若操作数是常数,可在指令中直接给出。通常把出现在指令中的操作数称为立即数。当指令被翻译成机器代码后,立即数以指令字节形式存放在程序存储器中,CPU 读指令时,

即将操作数读取。

采用立即寻址方式的指令一般为双字节指令,第一个字节为操作码,第二个字节为立即数。立即数前面加上前缀符号"#",就表示该数为立即数。立即数在指令中只能作为源操作数。例如:

MOV A,#10H   ;(A)←10H

MOV R4,#66H   ;(R4)←66H

MOV DPTR,#280FH ;DPTR←280FH

例 3-3   执行 MOV A,#50H,结果为(A)=50H,如图 3-3 所示。

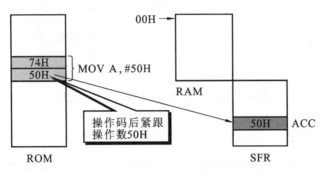

图 3-3   MOV A,#50H 指令执行过程示意图

3.2.4 寄存器间接寻址方式

寄存器间接寻址方式就是以某一寄存器的内容作为参与操作的数据的地址的方式。操作数的地址要事先放在指定的寄存器中,80C51 规定 R0 或 R1 为间址寄存器,用来存放被访问操作数的地址,可访问片内 RAM 的 128 B 单元。也可用数据指针(DPTR)作间址寄存器,访问 64 KB 片外存储空间。例如,将片内 RAM 65H 单元内容 47H 送 A,可执行指令

MOV A,@R0

在执行前,R0 的内容应为 65H,65H 的内容应为 47H。

注意:不能用寄存器间接寻址方式访问特殊功能寄存器(SFR)。

例 3-4   若(R0)=30H,(30H)=5AH,执行 MOV A,@R0 后,(A)=5AH,如图 3-4 所示。

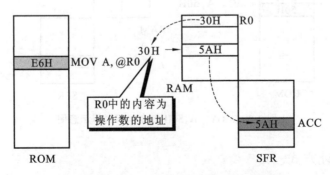

图 3-4   MOV A,@R0 指令执行过程示意图

3.2.5 基址加变址寻址方式

基址加变址寻址方式以 DPTR 或 PC 作为基址寄存器,以累加器 A 作为变址寄存器(存放地址偏移量),并以两者内容相加形成的 16 位数作为程序存储器地址,以达到访问数据表格或得到程序转移地址的目的。

采用这种寻址方式的指令有:

MOVC A,@A+DPTR   ;A ←((A)+(DPTR))
MOVC A,@A+PC   ;PC ←(PC)+1,A ←((A)+(PC))
JMP @A+DPTR   ;PC ←(A)+(DPTR)

例 3-5 (A)=0FH,(DPTR)=2400H,执行 MOVC A,@A+DPTR"后,(A)=88H,如图 3-5 所示。

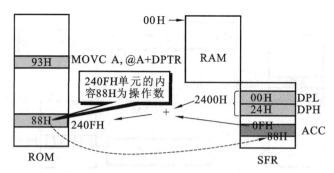

图 3-5 MOVC A,@A+DPTR 指令执行过程示意图

3.2.6 相对寻址方式

相对寻址仅出现在转移指令中,执行转移指令的相对寻址时,是以当前 PC 值为基准,再加上指令给出的偏移量(rel),来形成有效的转移地址的。相对偏移量(rel)是一个带符号的 8 位二进制数,以补码形式出现。所以程序转移范围是:以 PC 的当前值为起始地址,相对转移量在+127~-128 之间选取。例如:

        JC rel

设 rel=75H,CY=1,这是一条以进位标志 CY 为条件的转移指令。因为该指令为双字节指令,当程序取出指令的第二个字节时,PC 当前值为(PC)+2,由于 CY=1,因此程序转向 PC(原值)+2+75H 单元去执行。

例 3-6 若 rel 为 75H,PSW.7 为 1,JC rel 存于 1000H 开始的单元。执行 JC rel 指令后,程序将跳转到 1077H 单元取指令并执行,如图 3-6 所示。

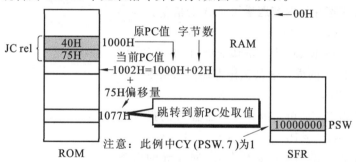

图 3-6 JC rel 指令执行过程示意图

3.2.7 位寻址方式

MCS-51 系列单片机设有独立的位处理器。进行位操作时,它可对内部 RAM 的位寻址区和特殊功能寄存器的位地址单元进行位寻址,即 20H～2FH 的 16 个单元的 128 位和能被 8 整除的特殊功能寄存器可采用位寻址方式。位地址可用下列两种方式表示。

(1) 直接使用位地址表示。MCS-51 系列单片机共有 211 个位地址,可直接用 00H～7FH 表示片内 RAM 的位地址,用 80H～FFH 中部分位地址直接表示特殊功能寄存器的位地址。

(2) 用寄存器名加位数表示。用于特殊功能寄存器,例如 PSW.3,P1.0 等。

例 3-7 位地址 00H 内容为 1,执行 MOV C,00H 后,位地址 PSW.7 的内容为 1,如图 3-7 所示。

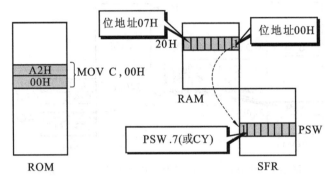

图 3-7 MOV C,00H 指令执行过程示意图

3.3 数据传送类指令

数据传送类指令共有 29 条,是指令系统中数量最多、使用最多的指令。它可以进一步细分为 7 个小类:以累加器 A 为一方的传送指令(6 条);不以累加器 A 为一方的传送指令(5 条);用立即数置数的指令(5 条);访问片外 RAM 的传送指令(4 条);基址寄存器加变址寄存器间址指令(2 条);交换指令(5 条)和进栈出栈指令(2 条)。

3.3.1 以累加器 A 为一方的传送指令

本小类指令共有 6 条,可以用来进行以累加器 A 为一方,以某工作寄存器、某片内 RAM 单元或某专用寄存器为另一方的数据传送。

(1) 将某工作寄存器内容送累加器 A 的指令。

    MOV A, Rn ;A←(Rn)

其中,Rn 在片内 RAM 中的确切地址由 PSW 的 RS1、RS0 设定。

(2) 将累加器 A 的内容送某工作寄存器的指令。

    MOV Rn, A   ;Rn←(A)

(3) 将某片内 RAM 单元内容送累加器 A 的指令。

    MOV A, @Ri ;A←((Ri))

(4) 将累加器 A 的内容送某片内 RAM 单元的指令。

    MOV @R(i), A   ;(Ri)←(A)

（5）将某片内 RAM 单元(低 128 字节)内容或某专用寄存器内容送累加器 A 的指令。

    MOV A， direct   ;A←(direct)

（6）将累加器 A 的内容送某片内 RAM 单元(低 128 字节)或专用寄存器的指令。

    MOV direct， A   ;(direct)←(A)

3.3.2 不以累加器 A 为一方的传送指令

本小类指令共有 5 条,可用来实现以直接寻址字节为一方,以某工作寄存器、某片内 RAM 单元或某专用寄存器为另一方的直接数据传送。直接寻址不需经累加器过渡,使许多数据传送任务变得更为简便、快捷。

（1）将某工作寄存器内容送某片内 RAM 单元(低 128 字节)或某专用寄存器的指令。

    MOV direct， Rn ;(direct)←(Rn)

（2）将某片内 RAM 单元(低 128 字节)内容或某专用寄存器内容送工作寄存器的指令。

    MOV Rn， direct   ;Rn←(direct)

（3）将某片内 RAM 单元内容送另一片内 RAM 单元(低 128 字节)或专用寄存器的指令。

    MOV direct2， direct1 ;(direct2)←(direct1)

（4）将某片内 RAM 单元内容送另一片内 RAM 单元(低 128 字节)或专用寄存器的指令。

    MOV direct， @Ri ;(direct)←((Ri))

（5）将某片内 RAM 单元(低 128 字节)或专用寄存器的内容送另一片内 RAM 的指令。

    MOV @Ri， direct   ;(Ri)←(direct)

3.3.3 用立即数置数的指令

本小类指令共有 5 条,可用立即数分别对累加器 A、某工作寄存器、某片内 RAM 单元、某直接寻址字节以及数据指针专用寄存器置数。

（1）立即数送累加器的指令。

    MOV A， #data   ;A←data

（2）立即数送某工作寄存器的指令。

    MOV Rn， #data   ;Rn←data

（3）立即数送某片内 RAM 单元的指令。

    MOV @Ri， #data   ;(Ri)←data

（4）立即数送某直接寻址字节的指令。

    MOV direct， #data   ;(direct)←data

（5）16 位立即数送数据指针寄存器的指令。

    MOV DPTR， #data16   ;DPTR←data16

3.3.4 访问片外 RAM 的传送指令

访问片内 RAM 时规定用 MOV 指令,访问片外 RAM 时则规定用 MOVX 指令。本小类指令也都是以累加器 A 为一方的传送指令。由片外 RAM 向累加器 A 传送数据的指令,其实质是对片外 RAM 进行读操作;自累加器 A 向片外 RAM 传送数据的指令,其实质是对片外 RAM 进行写操作。MOVX 类指令共有 4 条。其中 2 条通过工作寄存器间址对片外

RAM 进行操作,寻址范围为 256 B,另外 2 条通过数据指针间址对片外 RAM 进行操作,寻址范围可达 64 KB。

（1）将某片外 RAM 单元（8 位地址）内容送累加器的指令。

    MOVX A,   @Ri ;A←((Ri))

（2）将累加器内容送某片外 RAM 单元（8 位地址）的指令。

    MOVX @Ri, A   ;(Ri)←(A)

（3）将某片外 RAM 单元（16 位地址）内容送累加器的指令。

    MOVX A, @DPTR   ;A←((DPTR))

（4）将累加器内容送片外 RAM 单元（16 位地址）的指令。

    MOVX @DPTR, A   ;(DPTR)←(A)

例 3-8　设(R0)=12H,(R1)=34H,则

    MOVX A,@R0   ;将片外 RAM 的 12H 单元内容送累加器 A

    MOVX @R1, A   ;将累加器 A 的内容送片外 RAM 的 34H 单元

本小类第一、三条指令是读某片外 RAM 单元的内容,第二、四条指令是将累加器内容写到某片外 RAM 单元中去。若某接口芯片的端口地址占用着片外 RAM 某一单元的地址,则读、写该单元的指令实质上就是输入、输出指令,该接口芯片就成为 P0、P1、P2 和 P3 口之外的扩展 I/O 接口。

3.3.5　基址寄存器加变址寄存器间址指令

本小类指令共有 2 条,专用于访问程序存储器。

（1）以数据指针寄存器与累加器内容的和为地址从程序存储器读取内容,并传送给累加器的指令。

    MOVC A, @A+DPTR   ;A←((A)+(DPTR))

（2）以程序计数器与累加器内容的和为地址从程序存储器读取内容,并传送给累加器的指令。

    MOVC A, @A+PC   ;PC←(PC)+1,A←((A)+(PC))

3.3.6　交换指令

交换指令共有 5 条。

（1）将某工作寄存器内容与累加器内容交换的指令。

    XCH A,Rn ;(A)←→(Rn)

（2）将某片内 RAM 单元内容与累加器内容交换的指令。

    XCH A, @Ri ;(A)←→((Ri))

（3）将某片内 RAM 单元（低 128 字节）内容或专用寄存器内容与累加器内容交换的指令。

    XCH A, direct   ;(A)←→(direct)

（4）将某片内 RAM 单元内容的低字节与累加器内容的低字节交换的指令。

    XCHD A, @Ri ;A$_{0\sim3}$←→R$i_{0\sim3}$

（5）将累加器内容的低字节与高字节交换的指令。

    SWAP A   ;A$_{0\sim3}$←→A$_{4\sim7}$

例 3-9 设（R0）＝20H，（A）＝3FH，片内 RAM 中的（20H）＝75H，则

XCH　A，@R0　　　　　　　　;A＝75H，（20H）＝3FH

3.3.7　进栈出栈指令

进栈出栈指令又称堆栈操作指令，共 2 条。

（1）将某直接寻址字节内容送堆栈的指令。

PUSH　direct　　　　　　　;SP←(SP)＋1，(SP)←(direct)

（2）将堆栈内容送某直接寻址字节的指令。

POP　direct　　　　　　　;(direct)←(SP)，SP←(SP)－1

数据传送类指令汇总如表 3-1 所示。在表 3-1 中，机器码中的一个 n 表示一位十六进制数，两个 n 构成一个字节。没有下注脚的两个 n 表示 8 位立即数，$nn_{高}$ 与 $nn_{低}$ 分别表示 16 位立即数的高字节与低字节，$nn_{地}$ 表示直接寻址字节的直接地址，$nn_{地源}$ 与 $nn_{地目}$ 分别表示源直接地址与目的直接地址。

表 3-1　数据传送类指令汇总一览表

助　记　符	操　作　功　能	机　器　码	字节数	指令周期
MOV　A,Rn	寄存器内容送累加器	E8～EF	1	1
MOV　Rn,A	累加器内容送寄存器	F8～FF	1	1
MOV　A,@Ri	片内 RAM 内容送累加器	E6、E7	1	1
MOV　@Ri,A	累加器内容送片内 RAM	F6、F7	1	1
MOV　A,direct	直接寻址字节内容送累加器	E5 $nn_{地}$	2	1
MOV　direct,A	累加器内容送直接寻址字节	F5 $nn_{地}$	2	1
MOV　direct,Ri	寄存器内容送直接寻址字节	88～8F $nn_{地}$	2	2
MOV　Rn,direct	直接寻址字节内容送寄存器	A8～AF $nn_{地}$	2	2
MOV　direct,@Ri	片内 RAM 内容送直接寻址字节	86、87 $nn_{地}$	2	2
MOV　@Ri,direct	直接寻址字节内容送片内 RAM	A6、A7 $nn_{地}$	2	2
MOV　direct,direct	直接寻址字节内容送另一个直接寻址字节	85 $nn_{地源}$ $nn_{地目}$	3	2
MOV　A,#data	立即数送累加器	74 nn	2	1
MOV　Rn,#data	立即数送寄存器	78～7Fnn	2	1
MOV　@Ri,#data	立即数送片内 RAM	76、77nn	2	1
MOV　direct,#data	立即数送直接寻址字节	75 $nn_{地}$ nn	3	2
MOV　DPTR,#data16	16 位立即数送数据指针寄存器	90 $nn_{高}$ $nn_{低}$	3	2
MOVX　A,@Ri	片外 RAM 内容送累加器（8 位地址）	E2、E3	1	2
MOVX　@Ri,A	累加器内容送片外 RAM（8 位地址）	F2、F3	1	2
MOVX　A,@DPTR	片外 RAM 内容送累加器（16 位地址）	E0	1	2
MOVX　@DPTR,A	累加器内容送片外 RAM（16 位地址）	F0	1	2
MOVC　A,@A＋DPTR	相对数据指针内容送累加器	93	1	2
MOVC　A,@A＋PC	相对程序计数器内容送累加器	83	1	2

助 记 符	操 作 功 能	机 器 码	字节数	指令周期
XCH A,Rn	累加器与寄存器交换内容	C8～CF	1	1
XCH A,@Ri	累加器与片内 RAM 交换内容	C6、C7	1	1
XCH A,direct	累加器与直接寻址字节交换内容	C5 nn地	2	1
XCHD A,@Ri	累加器与片内 RAM 交换低字节内容	D6、D7	1	1
SWAP A	累加器交换高字节与低字节内容	C4	1	1
PUSH direct	直接寻址字节内容压入堆栈栈顶	C0 nn地	2	2
POP direct	堆栈栈顶内容弹出到直接寻址字节	D0 nn地	2	2

 ## 3.4 算术运算类指令

算术运算类指令共有 24 条,算术运算主要是加、减、乘、除法四则运算。另外,MCS-51指令系统中有相当一部分是进行加 1、减 1 操作,BCD 码的运算和调整,这些我们都归类为算术运算类指令。虽然 MCS-51 单片机的算术逻辑单元仅能对 8 位无符号整数进行运算,但利用进位标志 C,则可进行多字节无符号整数的运算。同时利用溢出标志,还可以对带符号数进行补码运算。需要指出的是,除加 1、减 1 指令外,这类指令大多数都会对 PSW(程序状态字)有影响。

3.4.1 加法指令

加法指令共有 8 条,均以累加器内容作为相加的一方,加法的和送回累加器中。

(1)将某工作寄存器内容与累加器内容相加的指令。

ADD   A,   Rn ;A←(A)+(Rn)

(2)将某片内 RAM 单元内容与累加器内容相加的指令。

ADD   A,   @Ri ;A←(A)+((Ri))

(3)将某直接寻址字节内容与累加器内容相加的指令。

ADD   A,   direct   ;A←(A)+(direct)

(4)将立即数与累加器内容相加的指令。

ADD   A,   #data   ;A←(A)+data

(5)将某工作寄存器内容与累加器内容带进位位相加的指令。

ADDC   A,   Rn ;A←(A)+(Rn)+C

(6)将某片内 RAM 单元内容与累加器内容带进位位相加的指令。

ADDC   A,   @Ri ;A←(A)+((Ri))+C

(7)将某直接寻址字节内容与累加器内容带进位位相加的指令。

ADDC   A,   direct   ;A←(A)+(direct)+C

(8)将立即数与累加器内容带进位位相加的指令。

ADDC   A,   #data   ;A←(A)+data+C

前 4 条指令用来进行 2 个操作数相加,而后 4 条指令用来进行 2 个操作数带进位位相加。

例 3-10　设(A)＝0C3H,(R0)＝0AAH,执行指令 ADDC A,R0 后,和为 6EH。其标志位 CY＝1,OV＝1,AC＝0。

设(A)＝0C3H,(R0)＝0AAH,则执行指令 ADD A,R0 后,和为 6DH。其标志位 CY＝1,OV＝1,AC＝0。

3.4.2　减法指令

减法指令有 4 条,均以累加器内容为被减数,减法的差送回累加器中。它们是除 2 个操作数外,还涉及进位(对减法实际是借位)位的减法指令。

(1) 将累加器内容减某工作寄存器与进位位内容的指令。

  SUBB　A,　Rn　　　　　　　　　;A←(A)-(Rn)-C

(2) 将累加器内容减某片内 RAM 单元与进位位内容的指令。

  SUBB　A,　@Ri　　　　　　　　;A←(A)-((Ri))-C

(3) 将累加器内容减某直接寻址字节与进位位内容的指令。

  SUBB　A,　direct　　　　　　　;A←(A)-(direct)-C

(4) 将累加器内容减立即数与进位位内容的指令。

  SUBB　A,　#data　　　　　　　;A←(A)-data-C

例 3-11　设(A)＝0C9H,(R2)＝54H,CY＝1,则执行指令 SUBB　A,R2 后,差为 74H,其标志位 CY＝0,OV＝1,AC＝0。

3.4.3　加 1 指令

加 1 指令有 5 条。

(1) 累加器内容加 1 指令。

  INC　A　　　　　　　　　　　;A←(A)+1

(2) 某工作寄存器内容加 1 指令。

  INC　Rn　　　　　　　　　　　;Rn←(Rn)+1

(3) 某片内 RAM 单元内容加 1 指令。

  INC　@Ri　　　　　　　　　　;Ri←((Ri))+1

(4) 某直接寻址字节内容加 1 指令。

  INC　direct　　　　　　　　;(direct)←(direct)+1

(5) 数据指针寄存器内容加 1 指令。

  INC　DPTR　　　　　　　　　;DPTR←(DPTR)+1

例 3-12　设(R0)＝7EH,片内 RAM 的(7EH)＝0FFH,则

  INC　@R0　　　　　　　　　;(7EH)＝0FFH+1H＝100H

3.4.4　减 1 指令

减 1 指令有 4 条。

(1) 累加器内容减 1 指令。

  DEC　A　　　　　　　　　　　;A←(A)-1

(2) 某工作寄存器内容减 1 指令。

  DEC　Rn　　　　　　　　　　　;Rn←(Rn)-1

（3）某片内 RAM 单元内容减 1 指令。

    DEC　@Ri　　　　　　　;(Ri)←((Ri))−1

（4）某直接寻址字节内容减 1 指令。

    DEC　direct　　　　　　;(direct)←(direct)−1

例 3-13　设(R0)=7EH,片内 RAM 的(7EH)=100H,则

    DEC　@R0　　　　　;(7EH)=100H−1H=0FFH

3.4.5　其他算术运算类指令

（1）累加器内容十进制调整指令。

    DA　　A

这一指令专门用于进行 BCD 码加法运算。

（2）乘法指令。

    MUL　AB

该指令将累加器 A 与寄存器 B 中的两个数相乘,乘积的字长将加倍,其高 8 位存放在 B 中,低 8 位存放在 A 中。

（3）除法指令。

    DIV　AB

该指令将放在累加器 A 中的被除数与寄存器 B 中的除数相除,商存放在 A 中,余数存放在 B 中。

算术运算类指令汇总如表 3-2 所示。

表 3-2　算术运算类指令汇总一览表

助　记　符	操作功能	机　器　码	字节数	机器周期数
ADD　A,Rn	寄存器内容与累加器内容相加	28~2F	1	1
ADD　A,@Ri	片内 RAM 单元内容与累加器内容相加	26、27	1	1
ADD　A,direct	直接寻址字节内容与累加器内容相加	25 nn地	2	1
ADD　A,#data	立即数与累加器内容相加	24 nn	2	1
ADDC　A,Rn	寄存器内容与累加器内容带进位位相加	38~3F	1	1
ADDC　A,@Ri	片内 RAM 单元内容与累加器内容带进位位相加	36、37	1	1
ADDC　A,direct	直接寻址字节内容与累加器内容带进位位相加	35 nn地	2	1
ADDC　A,#data	立即数与累加器内容带进位位相加	34 nn	2	1
SUBB　A,Rn	累加器内容减寄存器与进位位内容	98~9F	1	1
SUBB　A,@Ri	累加器内容减片内 RAM 单元与进位位内容	96、97	1	1
SUBB　A,direct	累加器内容减直接寻址字节与进位位内容	95 nn地	2	1
SUBB　A,#data	累加器内容减立即数与进位位内容	94 nn	2	12
INC　A	累加器内容加 1	04	1	1
INC　Rn	寄存器内容加 1	08~0F	1	1
INC　@Ri	片内 RAM 单元内容加 1	06、07	1	1
INC　direct	直接寻址字节内容加 1	05 nn地	2	1
INC　DPTR	数据指针寄存器内容加 1	A3	1	2

44

助 记 符	操 作 功 能	机 器 码	字节数	机器周期数
DEC A	累加器内容减 1	14	1	1
DEC Rn	寄存器内容减 1	18～1F	1	1
DEC @Ri	片内 RAM 单元内容减 1	16、17	1	1
DEC direct	直接寻址字节内容减 1	15 nn地	2	1
DA A	累加器内容十进制调整	D4	1	1
MUL AB	累加器内容乘寄存器 B 内容	A4	1	4
DIV AB	累加器内容除寄存器 B 内容	84	1	4

算术运算类指令对标志位的影响如表 3-3 所示。

表 3-3 算术运算类指令对标志位的影响

指 令	有影响的标志位		
	CY	OV	AC
ADD	×	×	×
ADDC	×	×	×
SUBB	×	×	×
MUL	0	×	
DIV	0	×	
DA	×		

表 3-3 中,0 表示置 0;×表示有影响。标志位是 0 还是 1,由指令执行的结果决定。

3.5 逻辑运算类指令

逻辑运算类指令共有 24 条,可进一步细分为与指令、或指令、异或指令和 A 操作指令 4 个小类。

3.5.1 与指令

与指令共有 6 条。

(1) 某工作寄存器内容和累加器内容相与的指令。

　　ANL   A,   Rn   ;A←(A)∧(Rn)

(2) 某片内 RAM 单元内容与累加器内容相与的指令。

　　ANL   A,   @Ri   ;A←(A)∧((Ri))

(3) 某直接寻址字节内容和累加器内容相与的指令。

　　ANL   A,   direct   ;A←(A)∧(direct)

(4) 累加器内容和某直接寻址字节内容相与的指令。

　　ANL   direct,   A   ;(direct)←(direct)∧(A)

(5) 立即数和累加器内容相与的指令。

```
        ANL    A,   #data            ;A←(A)∧data
```
(6) 立即数和直接寻址字节内容相与的指令。
```
        ANL    direct,   #data       ;(direct)←(direct)∧data
```

例 3-14　设(A)＝0C3H,(R0)＝0AAH,则
```
        ANL    A,R0                  ;A＝82H
```

3.5.2　或指令

或指令共有 6 条。

(1) 某工作寄存器内容和累加器内容相或的指令。
```
        ORL    A,   Rn               ;A←(A)∨(Rn)
```
(2) 某片内 RAM 单元内容与累加器内容相或的指令。
```
        ORL    A,   @Ri              ;A←(A)∨((Ri))
```
(3) 某直接寻址字节内容和累加器内容相或的指令。
```
        ORL    A,   direct           ;A←(A)∨(direct)
```
(4) 累加器内容和某直接寻址字节内容相或的指令。
```
        ORL    direct,   A           ;(direct)←(direct)∨(A)
```
(5) 立即数和累加器内容相或的指令。
```
        ORL    A,   #data            ;A←(A)∨data
```
(6) 立即数和直接寻址字节内容相或的指令。
```
        ORL    direct,   #data       ;(direct)←(direct)∨data
```

例 3-15　设(A)＝0C3H,(R0)＝055H,则
```
        ORL    A,   R0               ;A＝07DH
```

3.5.3　异或指令

异或指令共有 6 条。

(1) 某工作寄存器内容和累加器内容相异或的指令。
```
        XRL    A,   Rn               ;A←(A)⊕(Rn)
```
(2) 某片内 RAM 单元内容与累加器内容相异或的指令。
```
        XRL    A,   @Ri              ;A←(A)⊕((Ri))
```
(3) 某直接寻址字节内容和累加器内容相异或的指令。
```
        XRL    A,   direct           ;A←(A)⊕(direct)
```
(4) 累加器内容和某直接寻址字节内容相异或的指令。
```
        XRL    direct,   A           ;(direct)←(direct)⊕(A)
```
(5) 立即数和累加器内容相异或的指令。
```
        XRL    A,   #data            ;A←(A)⊕ data
```
(6) 立即数和直接寻址字节内容相异或的指令。
```
        XRL    direct,   #data       ;(direct)←(direct)⊕data
```

例 3-16　设(A)＝0C3H,(R0)＝0AAH,则
```
        XRL    A,   R0               ;A＝69H
```

3.5.4　A 操作指令

本小类指令共有 6 条。

（1）累加器内容取反的指令。

　　　CPL　A　　　　　　　　　;A←/A

（2）累加器内容清零的指令。

　　　CLR　A　　　　　　　　　;A←0

（3）累加器内容向左环移一位的指令。

　　　RL　A　　　　;$\boxed{A_7 \leftarrow A_0}$

（4）累加器内容向右环移一位的指令。

　　　RR　A　　　　;$\boxed{A_7 \rightarrow A_0}$

（5）累加器内容带进位位向左环移一位的指令。

　　　RLC　A　　　;$\boxed{CY} \leftarrow \boxed{A_7 \leftarrow A_0}$

（6）累加器内容带进位位向右环移一位的指令。

　　　RRC　A　　　;$\boxed{CY} \rightarrow \boxed{A_7 \rightarrow A_0}$

例 3-17　设(A)=5AH,C=1,则

　　　CPL　A　　　;A=A5H

　　　CLR　A　　　;A=0

　　　RL 　A　　　;A=B4H

　　　RR 　A　　　;A=2DH

　　　RLC　A　　　;A=B5H

　　　RRC　A　　　;A=ADH

　　在编程时,经常要用到如下结论:在没有溢出的情况下,使内容的各位逐位左移1位,相当于将原内容乘以2;使内容的各位逐位右移1位,相当于将原内容除以2。

　　逻辑运算类指令汇总如表3-4所示。

表 3-4　逻辑运算类指令汇总一览表

助　记　符	操　作　功　能	机 器 码	字节数	指 令 周 期
ANL　A,Rn	寄存器内容与累加器内容相与	58~5F	1	1
ANL　A,@Ri	片内 RAM 单元内容与累加器内容相与	56、57	1	1
ANL　A,direct	直接寻址字节内容与累加器内容相与	55 nn地	2	1
ANL　direct,A	累加器内容与直接寻址字节内容相与	52 nn地	2	1
ANL　A,#data	立即数与累加器内容相与	54 nn	2	1
ANL　direct,#data	立即数与直接寻址字节内容相与	53 nn地 nn	3	2
ORL　A,Rn	寄存器内容与累加器内容相或	48~4F	1	1
ORL　A,@Ri	片内 RAM 单元内容与累加器内容相或	46、67	1	1
ORL　A,direct	直接寻址字节内容与累加器内容相或	45 nn地	2	1
ORL　direct,A	累加器内容与直接寻址字节内容相或	42 nn地	2	1
ORL　A,#data	立即数与累加器内容相或	44 nn	2	1
ORL　direct,#data	立即数与直接寻址字节内容相或	43 nn地 nn	3	2

助 记 符	操 作 功 能	机 器 码	字节数	指令周期
XRL A,Rn	寄存器内容与累加器内容相异或	68～6F	1	1
XRL A,@Ri	片内 RAM 单元内容与累加器内容相异或	66,67	1	1
XRL A,direct	直接寻址字节内容与累加器内容相异或	65 nn地	2	1
XRL direct,A	累加器内容与直接寻址字节内容相异或	62 nn地	2	1
XRL A,♯data	立即数与累加器内容相异或	64 nn	2	1
XRL direct,♯data	立即数与直接寻址字节内容相异或	63 nn地nn	3	2
CPL A	累加器内容取反	F4	1	1
CLR A	累加器内容清零	E4	1	1
RL A	累加器内容向左环移一位	23	1	1
RR A	累加器内容向右环移一位	03	1	1
RLC A	累加器内容带进位位向左环移一位	33	1	1
RRC A	累加器内容带进位位向右环移一位	13	1	1

3.6 控制转移类指令

控制转移类指令通过改变程序计数器 PC 中的内容,来改变程序执行的流向。控制转移类指令共有 16 条,分为无条件转移指令、条件转移指令、子程序调用指令、返回指令。控制转移类指令用于控制程序的流向,所控制的范围即为程序存储器区间。MCS-51 系列单片机的控制转移类指令相对丰富,有可对 64 KB 程序空间地址单元进行访问的长调用、长转移指令,也有可对 2 KB 字节进行访问的绝对调用和绝对转移指令,还有在一页范围内相对转移指令及其他无条件转移指令,这些指令的执行一般都不会对标志位有影响。另外,空操作指令(1 条)也归在此类中介绍。

3.6.1 无条件转移指令

无条件转移指令如表 3-5 所示。

表 3-5 无条件转移指令

汇编指令	机 器 码	功 能	代码长度/字节	指令周期
SJMP rel	80H,rel	PC←(PC)+2+rel	2	2
AJMP addr11	$a_{10}a_9a_8$00001B,$a_7 \sim a_0$	PC←(PC)+2, PC$_{10\sim0}$←addr11	2	2
LJMP addr16	02H,addr$_{15\sim8}$,addr$_{7\sim0}$	PC←addr16	3	2
JMP @A+DPTR	73H	PC←(A)+(DPTR)	1	2

1. 短转移指令 SJMP rel

短转移指令采用相对寻址方式,也称为相对转移指令。

偏移量 rel 是一个用补码表示的 8 位带符号的二进制数,其取值范围为 $-128 \sim +127$,

负数向低地址转移,正数向高地址转移。转移目标地址是:源地址＋2＋rel＝PC 当前值。

SJMP 指令以 PC 当前值(PC＋2)为起点,向低地址最大可以转移 128 字节,向高地址最大可以转移 127 字节。

编程用到 SJMP 指令时,不需要计算出偏移量来作为操作数,而是直接将目的指令的标号作为操作数。如"SJMP　LOOP"指令表示转到 LOOP 标号所在处的指令执行。

若偏移量 rel 为 FEH(－2 的补码),则转移目标地址就是源地址,即程序始终运行 SJMP 指令,相当于动态停机,这弥补了 80C51 没有专用停机指令的遗憾。动态停机的软件实现为

　　　　HERE:SJMP　HERE

或者写为

　　　　SJMP　＄;"＄"表示该指令首字节所在的地址,此时可省略标号

2. 绝对转移指令 AJMP addr11

AJMP 指令执行时,先将 PC 值加 2,得到 PC 当前值(即 AJMP 指令的下一条指令地址),再将 11 位目的地址 addr11 送入 PC 低 11 位,与 PC 当前值的高 5 位共同构成 16 位绝对地址 $PC_{15\sim11}a_{10}\sim a_0$,然后转到目的指令执行。

AJMP 指令的机器码中,操作码只占用了第 1 位字节的低 5 位(00001),而第 1 字节的高 3 位 $a_{10}a_9a_8$ 与第 2 字节的 $a_7\sim a_0$ 构成指令中提供的 11 位目的地址 addr11。

程序中一般是用目的指令的标号作为 AJMP 指令的操作数,并不需要分析目的地址 addr11。

由于目的地址与 PC 当前值的高 5 位相同,只有低 11 位不同,因此绝对转移的范围是 2 KB,可以向高地址转移,也可以向低地址转移。

转移目标地址必须和 AJMP 指令的下一条指令首字节处于同一 2 KB 区域内,且转移目标地址为:PC 当前值的高 5 位保持不变,低 11 位用 addr11 填充,形成的新的目标地址。

很明显,AJMP 指令向低地址转移的能力不如 SJMP 指令。

3. 长转移指令 LJMP addr16

LJMP 指令中直接提供 16 位目的指令的地址,能转到 64 KB 程序存储器的任意地址。为编程方便,书写指令时,addr16 一般用目的指令的标号表示。

由于 AJMP 指令向高、低地址转移的范围很小,所以较远的转移优先选用长转移指令。

　　　　LJMP　1F00H

　　　　LJMP　NXT

　　　　…

　　　　1F00H　　　NXT:MOV　A,2FH

标号为 NXT 的指令地址为 1F00H。虽然上述两条长转移指令功能相同,但编程时并不知道目的指令的地址,还会因程序的修改变动使目的指令的地址发生变化,因此最好采用第二种形式。

4. 间接转移指令 JMP @A＋DPTR

JMP 指令使用基址加变址寻址方式,由 A 和 DPTR 中的无符号数相加,形成目的指令的地址。指令以 DPTR 作为基址寄存器,通过改变 A 的值,实现程序的多分支。JMP 指令又称为散转指令。

例 3-18　将累加器 A 中的数 0～9 转到不同的功能程序段 KEY0～KEY9 执行。

```
        MOV   B,#3
        MUL   AB                  ;因 LJMP 指令占 3 字节,需对 A 乘以 3
        MOV   DPTR,#KTAB          ;散转表首地址送 DPTR
        JMP   @ A+DPTR            ;按 A 中的数转移到散转表的对应位置
  KTAB: LJMP KEY0                 ;实现散转功能
        LJMP KEY1
        LJMP KEY2
        ...
        LJMP KEY9
        ...
  KEY0: ...                       ;功能程序段 KEY0
  KEY9: ...                       ;功能程序段 KEY9
```

由于 JMP 指令多分支的范围不超过 256 字节,如果直接转到子程序,一般会超出寻址空间。程序中用 LJMP 集中为各子程序建立了入口,散转指令先转到各 LJMP 指令,再由 LJMP 指令转到各子程序。这样有效解决了 JMP 指令寻址能力不足的问题,使各子程序的长度及在存储器中的位置不受限制。由于 LJMP 指令长度为 3 字节,将 A 中的数据乘以 3,得到对应子程序入口距 KTAB 的偏移量。

3.6.2 条件转移指令

条件转移指令中有 1 个或 2 个操作数作为条件,当条件满足时,转移到目的地址;当条件不满足时,向下顺序执行。

所有条件转移指令均采用相对寻址方式,转移范围为 -128 B$\sim$127 B。

判定条件是否满足的方法主要有三种:判断累加器的内容是否为 0;判断两个数是否相等;判断减 1 是否为 0。

在执行条件转移指令时,PC 指针已经指向下一条指令的首地址(PC 当前值)。若条件满足,转移目标地址＝PC 当前值＋偏移量 rel;若条件不满足,目标地址＝PC 当前值。

1. 以累加器 A 为条件的转移指令

以累加器 A 为条件的转移指令如表 3-6 所示。

表 3-6　以累加器 A 为条件的转移指令

汇编指令	机 器 码	功　　能	代码长度/字节	指 令 周 期
JZ rel	60H,rel	若(A)＝00H,则 PC←(PC)＋2＋rel 若(A)≠00H,则 PC←(PC)＋2	2	2
JNZ rel	70H,rel	若(A)≠00H,则 PC←(PC)＋2＋rel 若(A)＝00H,则 PC←(PC)＋2	2	2

JZ/JNZ 指令以累加器 A 的内容是否为 0 作为转移的条件,JZ 是 A 为 0 时转移的转移指令,JNZ 是 A 不为 0 时转移的转移指令。

例 3-19　将外部数据存储器中 ADDR1 开始的一个数据块传送到内部数据存储器 ADDR2 开始的单元中,当遇到传送的数据为 0 时停止。

编程思路:对外部 RAM 单元的访问必须使用 MOVX 指令,其目的操作数为累加器 A,

即必须首先将外部 RAM 单元的值读入累加器 A 中,然后写入片内 RAM 中。根据题意,将外部 RAM 的值读入累加器 A 中后,需要利用判零条件决定是否要继续读片外 RAM 中的数据。

参考源程序如下。

```
        MOV   DPTR,#ADDR1        ;外部数据块首地址送 DPTR
        MOV   R1,#ADDR2          ;内部数据块首地址送 R1
NEXT: MOVX  A,@ DPTR            ;读外部 RAM 数据
HERE: JZ HERE                   ;(A)=0,动态停机
        MOV   @ R1,A             ;数据传送至内部 RAM 单元
        INC   DPTR              ;修改地址指针,指向下一地址单元
        INC   R1
        SJMP NEXT               ;取下一个数
```

从 HERE:JZ　HERE 可以看出,当(A)=0 时,程序转移到标号为 HERE 的地址,但是 HERE 还是本条语句,实现了数据为 0 时停止传送的目的。

2. 比较不等转移指令

比较不等转移指令如表 3-7 所示。

表 3-7　比较不等转移指令

汇编指令	机器码	功　能	代码长度/字节	指令周期
CJNE A, #data,rel	B4H,data,rel	若(A)=data,则 PC←(PC)+3 若(A)>data,则 PC←(PC)+3+rel,C←0 若(A)<data,则 PC←(PC)+3+rel,C←1	3	2
CJNE A, direct,rel,	B5H,direct,rel	若(A)=(direct),则 PC←(PC)+3 若(A)>(direct),则 PC←(PC)+3+rel,C←0 若(A)<(direct),则 PC←(PC)+3+rel,C←1	3	2
CJNE Rn, #data,rel	B6H+n,data,rel	若(Rn)=data,则 PC←(PC)+3 若(Rn)>data,则 PC←(PC)+3+rel,C←0 若(Rn)<data,则 PC←(PC)+3+rel,C←1	3	2
CJNE @Ri, #data,rel	B7H+i,data,rel	若((Ri))=data,则 PC←(PC)+3 若((Ri))>data,则 PC←(PC)+3+rel,C←0 若((Ri))<data,则 PC←(PC)+3+rel,C←1	3	2

比较不等转移指令是指令系统中仅有的 4 条三操作数指令,前 2 个操作数表示转移条件,第 3 个操作数是相对寻址偏移量。

当第 1 个操作数为 A 时,第 2 个操作数可以是立即数或直接寻址单元;当第 1 个操作数为工作寄存器或间址单元时,第 2 个操作数必须为立即数。

CJNE 是比较不等转移指令,其具体功能如下。

若第 1 个操作数=第 2 个操作数,则 PC←(PC)+3,向下顺序执行且 C=0。

若第 1 个操作数>第 2 个操作数,则 PC←(PC)+3+rel,转移且 C=0。

若第 1 个操作数<第 2 个操作数,则 PC←(PC)+3+rel,转移且 C=1。

CJNE 指令除了具有不相等转移功能外,还对进位标志 C 产生影响。

实际上,指令对 2 个条件的判断是通过第 1 个操作数减去第 2 个操作数这一减法运算实现的,当减法运算的结果不为 0 时,符合 2 个数不相等条件,转移。同时当第 1 个操作数小于第 2 个操作数时,会产生错位,使 C 置 1,否则将 C 清零。在 CJNE 指令执行过程中,表示条件的 2 个操作数不会发生变化。

例 3-20 如果(A)=00H,执行 SUB1 程序段;如果(A)=10H,执行 SUB2 程序段;如果(A)=20H,执行 SUB3 程序段。

其功能程序段如下。

```
            ...
            CJNE A,#00H,NEXT1      ;判断(A)是否等于 00H,若不等,则转 NEXT1
            SJMP SUB1             ;若相等,则转 SUB1
    NEXT1:CJNE A,#10H,NEXT2      ;判断(A)是否等于 10H,若不等,则转 NEXT2
            SJMP SUB2             ;若相等,则转 SUB2
    NEXT2:CJNE A,#20H,NEXT3      ;判断(A)是否等于 20H,若不等,则转 NEXT3
    SUB3:  ...
            ⋮
    SUB2:  ...
            ⋮
    SUB1:  ...
            ⋮
    NEXT3: ...
            ⋮
```

3. 减 1 不为 0 转移指令

减 1 不为 0 转移指令如表 3-8 所示。

表 3-8 减 1 不为 0 转移指令

汇编指令	机 器 码	功　　能	代码长度/字节	指令周期
DJNZ direct, rel	D5H,direct,rel	先 direct=(direct)−1,再判断 若(direct)≠00H,则 PC←(PC)+3+rel 若(direct)=00H,则 PC←(PC)+3	3	2
DJNZ Rn,rel	D8H+n,rel	先 Rn=(Rn)−1,再判断 若(Rn)≠00H,则 PC←(PC)+3+rel 若(Rn)=00H,则 PC←(PC)+3	2	2

DJNZ 指令执行时,先使操作数减 1,再判断结果是否为 0。若结果不为 0 则转移,若结果为 0 则顺序执行下一条指令。DJNZ 指令常用于循环次数已知的循环程序中,工作寄存器或直接寻址单元可用来存放循环次数。

例 3-21 编程将内部 RAM 以 40H 为起始地址的 30 个数据送片外 RAM 以 2000H 为起始地址的单元。

```
    SND: MOV R0,#40H       ;取数指针 R0 设初值,指向 40H
          MOV DPTR,#2000H    ;存数指针 DPTR 设初值,指向 2000H
          MOV R2,#1EH        ;计数器 R2 初值为 30
```

```
LOOP:MOV  A,@ R0      ;读数送入 A
     MOVX  @ DPTR,A   ;送到片外 RAM
     INC  R0          ;修改取数指针,指向下一单元
     INC  DPTR        ;修改存数指针,指向下一单元
     DJNZ R2,LOOP     ;未传送完循环
```

3.6.3 子程序调用指令

子程序调用指令如表 3-9 所示。

汇 编 指 令	机 器 码	功 能	代码长度/字节	指令周期
ACALL addr11	$a_{10} a_9 a_8 10001B, a_7 \sim a_0$	$PC \leftarrow (PC)+2$ $SP \leftarrow (SP)+1, (SP) \leftarrow (PC_{7 \sim 0})$ $SP \leftarrow (SP)+1, (SP) \leftarrow (PC_{15 \sim 8})$ $PC_{10 \sim 0} \leftarrow addr11$	2	2
LCALL addr16	$12H, addr_{15 \sim 8}, addr_{7 \sim 0}$	$PC \leftarrow (PC)+3$ $SP \leftarrow (SP)+1, (SP) \leftarrow (PC_{7 \sim 0})$ $SP \leftarrow (SP)+1, (SP) \leftarrow (PC_{15 \sim 8})$ $PC_{6 \sim 0} \leftarrow addr16$	3	2

在程序设计中,为了简化程序结构、减少程序所占的存储空间,往往将需要反复执行的某段程序编写成子程序,供主程序在需要时调用。

一个子程序可以在程序中反复多次调用。为了实现主程序对子程序的一次完整调用,必须有子程序调用指令和子程序返回指令。

子程序调用指令在调用程序中使用,而子程序返回指令则是被调用子程序的最后一条指令,子程序调用指令与子程序返回指令是成对使用的。

当执行子程序调用指令时,自动把程序计数器 PC 中的断点地址压入堆栈中,并自动将子程序入口地址送入程序计数器 PC 中;当执行子程序返回指令时,自动把堆栈中的断点地址恢复到程序计数器 PC 中。

1. 绝对调用指令 ACALL addr11

ACALL 指令的执行分为 3 步。

首先,将 PC 值加 2,得到断点地址。

然后,自动进行 2 次进栈操作,将 16 位断点地址压入堆栈保存。

最后,将 11 位目的地址送入 PC 低 11 位,与断点地址的高 5 位共同构成 16 位绝对地址,转到子程序执行(即调用子程序)。

ACALL 指令的机器码中,操作码 10001 只占用了第 1 字节的低 5 位,第 1 字节的高 3 位和第 2 字节为 11 位目的地址 addr11。

2. 长调用指令 LCALL addr16

LCALL 指令中直接提供被调用子程序的 16 位地址,能够调用 64 KB 程序存储器中任意位置的子程序。

LCALL 指令的执行分为 3 步。

首先,将 PC 值加 3,得到断点地址。

然后,自动通过 2 次进栈操作,实现断点保护。

最后,用指令中提供的 16 位目的地址重新对 PC 赋值,转到子程序(调用子程序)。

3.6.4 返回指令

返回指令如表 3-10 所示。

表 3-10　返回指令

汇 编 指 令	机 器 码	功　　　能	代码长度/字节	指 令 周 期
RET	22H	$PC_{15\sim8}\leftarrow((SP)),SP\leftarrow(SP)-1$ $PC_{7\sim0}\leftarrow((SP)),SP\leftarrow(SP)-1$	1	2
RETI	32H	$PC_{15\sim8}\leftarrow((SP)),SP\leftarrow(SP)-1$ $PC_{7\sim0}\leftarrow((SP)),SP\leftarrow(SP)-1$	1	2

返回指令的主要功能是,将堆栈中保存的断点地址弹出到 PC,使程序返回到断点继续进行。RET 指令作为子程序返回指令,通过两次出栈操作,将堆栈中保存的断点地址送入 PC,返回断点继续执行。RET 指令必须放在子程序的最后。

RETI 是中断服务程序返回指令,除使程序返回断点继续执行外,还具有清除相应中断优先级状态位,以允许响应该优先级的中断请求的功能。RETI 必须位于中断服务程序的最后。

3.6.5 空操作指令

空操作指令如表 3-11 所示。

表 3-11　空操作指令

汇 编 指 令	机 器 码	功　　　能	代码长度/字节	指 令 周 期
NOP	00H	$PC\leftarrow(PC)+1$	1	1

空操作指令执行时,CPU 不做任何工作,只是起到延时一个机器周期的作用。

空操作指令常用于软件延时或在程序可靠性设计中用来稳定程序。

程序转移类指令汇总如表 3-12 所示。其中,$nn_{相对}$表示相对地址值。

表 3-12　程序转移类指令汇总一览表

助　记　符	操作功能	机　器　码	字节数	指令周期
AJMP　addr11	绝对短转移(2 KB 地址内)	$01\sim Enn_{地}$	2	2
LJMP　addr16	绝对长转移(64 KB 地址内)	$02nn_{高}nn_{低}$	3	2
SJMP　rel	相对短转移(-128 B$\sim+127$ B 地址内)	$80nn_{相对}$	2	2
JMP　@A+DPTR	相对长转移(64 KB 地址内)	73	1	2

助 记 符	操 作 功 能	机 器 码	字节数	指令周期
JZ rel	累加器内容为零则转移	60nn相对	2	2
JNZ rel	累加器内容不为零则转移	70nn相对	2	2
CJNE A,direct,rel	累加器内容与直接寻址字节内容不等则转移	B5nn地 nn相对	3	2
CJNE A,#data,rel	累加器内容与立即数不等则转移	B4nn nn相对	3	2
CJNE R*n*,#data,rel	寄存器内容与立即数不等则转移	B8~BFnn nn相对	3	2
CJNE @R*i*,#data,rel	片内 RAM 单元内容与立即数不等则转移	B6、B7nn nn相对	3	2
DJNZ R*n*,rel	寄存器内容减 1 不为 0 则转移	D8~DFnn相对	2	2
DJNZ direct,rel	直接寻址字节内容减 1 不为 0 则转移	D5nn地 nn相对	3	2
ACALL addr11	绝对短调子程序(2 KB 地址内)	11~F1nn地	2	2
LCALL addr16	绝对长调子程序(64 KB 地址内)	12nn高 nn低	3	2
RET	子程序返主程序	22	1	2
RETI	中断服务程序返主程序	32	1	2
NOP	空操作	00	1	1

综上所述,控制转移类指令的功能是改变指令的执行顺序,转到指令指示的新的 PC 地址执行。MCS-51 单片机的控制转移类指令有以下几种类型。

(1) 无条件转移:无须判断,执行该指令就转移到目的地址。

(2) 条件转移:需判断标志位是否满足条件,若满足条件,则转移到目的地址,否则顺序执行。

(3) 绝对转移:转移的目的地址用绝对地址指示,通常为无条件转移。

(4) 相对转移:转移的目的地址用相对于当前 PC 的偏差(偏移量)指示,通常为条件转移。

(5) 长转移或长调用:目的地址距当前 PC 64 KB 地址范围内。

(6) 短转移或短调用:目的地址距当前 PC 2 KB 地址范围内。

(7) 空操作指令。

3.7 位操作类指令

位操作类指令共 17 条,可以进一步细分为位传送、位逻辑操作和位条件转移 3 个小类。

3.7.1 位传送指令

位传送指令有 2 条互送指令,可实现进位位 C 与某直接寻址位 bit 间内容的传递。

(1) 某直接寻址位内容送进位位 C 指令。

　　　　MOV C, bit　　;C←(bit)

(2) 进位位 C 内容送某直接寻址位指令。

　　　　MOV bit, C　　;(bit)←C

在指令中,直接寻址位 bit 可以有 4 种表示方式,以标志位 F0 为例,有

(1) 用位名称表示为 F0;

（2）用位地址表示为 D5H；

（3）用点表示为 PSW.5；

（4）用标号表示时，用户若用标志 FLAG 定义了 F0，则将 F0 表示为 FLAG。

例 3-22 设进位位 C＝1，则

MOV　P1.3，C　　;P1.3＝1

3.7.2　位逻辑操作指令

本小类指令共有 10 条。

（1）进位位取反指令。

CPL　C　　　　　　;C←/C

（2）进位位清零指令。

CLR　C　　　　　　;C←0

（3）进位位置 1 指令。

SETB　C　　　　　;C←1

（4）某直接寻址位取反指令。

CPL　bit　　　　　;(bit)←/(bit)

（5）某直接寻址位清零指令。

CLR　bit　　　　　;(bit)←0

（6）某直接寻址位置 1 指令。

SETB　bit　　　　;(bit)←1

（7）直接寻址位内容与进位位内容相与指令。

ANL　C,bit　　　　;C←C∧(bit)

（8）直接寻址位内容与进位位内容相或指令。

ORL　C,bit　　　　;C←C∨(bit)

（9）直接寻址位内容取反后与进位位内容相与指令。

ANL　C,/bit　　　;C←C∧/(bit)

（10）直接寻址位内容取反后与进位位内容相或指令。

ORL　C,/bit　　　;C←C∨/(bit)

例 3-23 设 P1 口的值为 01011101B，则

CPL　P1.1

CPL　P1.2　　　　;P1＝01011011B

例 3-24 设 CY＝0,P1.1＝1，则

ORL　C,P1.1　　　;CY＝1

3.7.3　位条件转移指令

本小类指令共有 5 条。和控制转移类指令中的条件转移指令一样，如果条件满足，则 PC 值改变，实现程序的转移；如果条件不满足，则 PC 值不改变，程序按顺序继续执行。

（1）进位位为 1 转移指令。

JC　rel　;PC←PC＋2,当 C＝1 时,PC←PC＋rel,否则,程序顺序执行。

（2）进位位不为 1 转移指令。

$\qquad$ JNC　rel　;PC←PC+2,当 C=0 时,PC←PC+rel,否则,程序顺序执行。

（3）某直接寻址位为 1 转移指令。

$\qquad$ JB　bit,rel　;PC←PC+3,当(bit)=1 时,PC←PC+rel,否则,程序顺序执行。

（4）某直接寻址位不为 1 转移指令。

$\qquad$ JNB　bit,rel　;PC←PC+3,当(bit)=0 时,PC←PC+rel,否则,程序顺序执行。

（5）某直接寻址位为 1 则转移,且将该位清零的指令。

$\qquad$ JBC　bit,rel　;PC←PC+3,当(bit)=1 时,(bit)←0,PC←PC+rel,否则,程序顺
$\qquad$;序执行

例 3-25　设 C=0,则

```
        JC LABEL1           ;因 C=0,故程序往下执行
            CPL  C          ;C=1
            JC LABEL2       ;因 C=1,故程序转向 LABEL2
    LABEL2:JNC  LABEL3      ;因 C=1,故程序往下执行
            CPL  C          ;C=0
            JNC  LABEL4     ;因 C=0,故程序转向 LABEL4
```

例 3-26　设(A)=56H,则

```
    JBC  ACC.3,LABEL1       ;因 ACC.3= 0,故程序往下执行
    JBC  ACC.2,LABEL2       ;因 ACC.2= 1,故程序转向 LABEL2,且 ACC.2←0
```

位操作类指令汇总如表 3-13 所示。其中,$nn_{位}$ 表示直接寻址位的位地址。

表 3-13　位操作类指令汇总一览表

助 记 符	操 作 功 能	机 器 码	字节数	指令周期
MOV　C,bit	直接寻址位内容送进位位	A2nn$_{位}$	2	1
MOV　bit,C	进位位内容送直接寻址位	92 nn$_{位}$	2	1
CPL　C	进位位取反	B3	1	1
CLR　C	进位位清零	C3	1	1
SETB　C	进位位置 1	D3	1	1
CPL　bit	直接寻址位取反	B2 nn$_{位}$	2	1
CLR　bit	直接寻址位清零	C2 nn$_{位}$	2	1
SETB　bit	直接寻址位置 1	D2 nn$_{位}$	2	1
ANL　C,bit	直接寻址位内容与进位位内容相与	82 nn$_{位}$	2	2
ORL　C,bit	直接寻址位内容与进位位内容相或	72 nn$_{位}$	2	2
ANL　C,/bit	直接寻址位内容取反后与进位位内容相与	B0 nn$_{位}$	2	2
ORL　C,/bit	直接寻址位内容取反后与进位位内容相或	A0 nn$_{位}$	2	2
JC　rel	进位位为 1 则转移	40 nn$_{相对}$	2	2
JNC　rel	进位位不为 1 则转移	50 nn$_{相对}$	2	2
JB　bit,rel	直接寻址位为 1 则转移	20 nn$_{位}$ nn$_{相对}$	3	2
JNB　bit,rel	直接寻址位不为 1 则转移	30 nn$_{位}$ nn$_{相对}$	3	2
JBC　bit,rel	直接寻址位为 1 则转移,且将该位清零	10 nn$_{位}$ nn$_{相对}$	3	2

本 章 小 结

本章主要介绍了 MCS-51 单片机的指令编码格式、寻址方式、指令系统。

(1) 指令编码有 3 种,即单字节指令、双字节指令和三字节指令。

(2) 寻址方式有 7 种,即立即寻址、直接寻址、寄存器寻址、寄存器间接寻址、基址加变址寻址、相对寻址和位寻址。

(3) 指令系统共有 111 条指令,分 5 大类。

① 数据传送与交换类(28 条)。数据传送可在芯片内部各单元之间、芯片内部与外部数据存储器之间、芯片内部与外部程序存储器之间三个区间进行。其特点是,除了用 POP 和 MOV 指令将数据直接传送到 PSW 或累加器 A 会影响标志位外,不影响 PSW 的标志位。

② 算术运算类(24 条),包含加、减、乘、除指令,其特点是执行结果会影响标志位的状态。

③ 逻辑运算类(25 条),包含与、或、异或、清零、取反、移位等指令。其特点是,除了将结果直接传送到累加器 A 会影响标志位外,执行结果不影响标志位。有单操作数和双操作数两种指令格式,与、或、异或指令为双操作数格式,其余为单操作数格式。

④ 子程序调用与控制转移类(17 条),包含无条件转移、条件转移、调用、返回和空操作指令,可实现短转移、相对转移、长转移的程序跳转功能。

⑤ 位操作类(17 条),包含位传送、位变量修改、位逻辑运算、位控制程序转移指令,是单片机指令系统的特色之一。

习　　题

1. 51 单片机的指令系统有何特点?

2. 访问特殊功能寄存器(SFR)可以用哪些寻址方式?

3. 试问 51 单片机有哪几种寻址方式? 相应的寻址空间在何处? 各有什么特点?

4. 片内 RAM 20H～2FH 中的 128 个位地址与直接地址 00H～7FH 形式完全相同,如何在指令中区分出位寻址操作和直接寻址操作?

5. 指出下列指令中标下划线的操作数的寻址方式以及指令的操作功能。

(1) MOV　A,♯55H

(2) MOV　A,55H

(3) MOV　A,R3

(4) DEC　@R1

(5) PUSH　ACC

(6) RR　A

(7) CPL　P1.7

(8) SETB　28H

6. 根据各题目要求,写出相应的指令。

(1) 将 R4 的内容送到 R7 中。

（2）将片内 RAM 单元 20H 的内容送给片外 3001H 单元。

（3）将单元 40H 的高 4 位与 41H 单元的低 4 位组合放在 42H 单元里。

（4）将地址单元 20H 与 30H 中的内容相减,结果存在 40H 中。

（5）将标号为 TABLE 的表中的首字节数取入累加器 A 中。

7. 试编写程序完成将内部 RAM 以 90H 为首地址的 20 个数据传送到外部 RAM 以 9000H 为首地址的区域。

8. 读程序,写出结果。

（1）指出以下程序段每一条指令执行后累加器 A 内的值,已知(R0)＝30H。

```
MOV    A,#0AAH        ;(A)＝_____
CPL    A              ;(A)＝_____
RL     A              ;(A)＝_____
CLR    C              ;(A)＝_____
ADDC   A,R0           ;(A)＝_____
```

（2）已知(A)＝58H,(30H)＝7FH,(P1)＝EAH,执行下列程序:

```
MOV    SP,#40H
PUSH   A
PUSH   30H
MOV    A,P1
MOV    30H,A
POP    30H
POP    A
```

执行后结果:SP＝_____,(A)＝_____,(30H)＝_____。

（3）已知(PSW)＝00H,(A)＝11H,(00H)＝22H,(01H)＝36H,(36H)＝33H,(33H)＝44H,分析下列程序的执行结果。

```
MOV    30H,A;
MOV    31H,R0;
MOV    32H,33H;
MOV    34H,@R1;
MOV    35H,#55H
```

分析结果如下:(30H)＝_____,(31H)＝_____,(32H)＝_____,(34H)＝_____,(35H)＝_____。

（4）设内部 RAM 中 40H 单元的内容为 60H。

```
MOV    A,40H
MOV    R0,A
MOV    A,#00H
MOV    @R0,A
MOV    A,#50H
MOV    61H,A
MOV    62H,#51H
```

写出当执行该程序段后,寄存器(A)=＿＿＿＿,(R0)=＿＿＿＿,(60H)=＿＿＿＿,
(61H)=＿＿＿＿。

(5) 设(R0)=11H,(R1)=22H,(R2)=33H,(R3)=44H,试在后面的空格中填入程序
执行后的结果。

```
ORG    1000H
CLR    C
MOV    A,R0
ADD    A,R2
MOV    R0,A
MOV    A,R1
ADDC   A,R3
MOV    R1,A
MOV    A,#0
ADDC   A,#0
MOV    R2,A
SJMP   $
END
```

执行后结果:(R0)=＿＿＿＿,(R1)=＿＿＿＿,(R2)=＿＿＿＿,(R3)=＿＿＿＿,(A)=
＿＿＿＿,(CY)=＿＿＿＿。

第 **④** 章　MCS-51 微控制器的汇编语言程序设计

内容概要

本章主要介绍汇编语言程序设计的基本概念以及使用 MCS-51 汇编语言编写程序的方法与技巧。在学习完本章后要求掌握以下内容：汇编语言程序设计的基本概念和格式；常用的伪指令；分支程序、循环程序、位操作程序、子程序和中断服务程序的特点和编程方法。

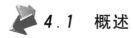

4.1　概述

计算机完成一项工作，必须按顺序执行各种操作。用计算机所能接受的语言把解决问题的步骤描述出来，就是程序设计。与其他微型计算机不同的是，单片机没有像监控系统或操作系统那样的软件系统，所有的单片机程序均需由用户设计。因此，程序设计就成为单片机应用不可缺少的内容。程序设计基础包括不同类型程序的设计方法和技巧，本章通过列举大量的程序设计实例，介绍几类典型程序的设计方法。目前，用于程序设计的语言基本上分为机器语言、汇编语言和高级语言 3 种。

4.1.1　程序设计语言

1. 机器语言

用二进制代码表示的指令、数字和符号简称为机器语言。它不易看懂，难记忆，容易出错。

2. 汇编语言

为了克服机器语言的缺点，用英文字符来代替机器语言，这些英文字符被称为助记符，用助记符表示的指令称为符号语言或汇编语言，用汇编语言编写的程序称为汇编语言程序。

汇编语言程序需转换成由二进制代码表示的机器语言程序，单片机才能识别并执行，通常把这一转换（翻译）过程称为汇编。汇编由专门的程序来完成，这种程序称为汇编程序。经汇编程序"汇编"得到的以"0""1"代码形式表示的机器语言程序称为目标程序，一般情况下是生成 HEX（十六进制）和 BIN（二进制）文件。原来的汇编语言程序称为汇编语言源程序。汇编语言的特点如下。

（1）是面向机器的语言，程序设计员须对 80C51 的硬件有相当深入的了解。

（2）助记符指令和机器指令一一对应，用汇编语言编写的程序效率高，占用存储空间小，运行速度快，用汇编语言能编写出最优化的程序。

（3）用汇编语言编写的程序能直接管理和控制硬件设备（功能部件），能处理中断，能直接访问存储器及 I/O 接口电路。

汇编语言和机器语言一样，都离不开具体机器的硬件，因此，这两种语言均是面向机器的语言，缺乏通用性。

3. 高级语言

高级语言是一种独立于计算机的通用程序设计语言,它基本上不依赖于计算机的结构,程序员对计算机的结构不用做具体的了解,就可以编写程序,而且编写的程序通用性好。一个高级语言程序只要做些"移植"工作(有时也可以不做),就可以应用在不同型号的计算机上。此外,高级语言是一种接近人的自然语言和常用数学表达式的计算机语言,语句功能强,编程效率高,易于掌握和交流。但是,计算机也不能直接识别高级语言源程序,它必须经过"翻译"(常称解释或编译)成为机器语言程序,才能被执行。用高级语言编写程序的不足之处是,通过翻译得到的机器语言程序,要比由完成同样任务的通过汇编程序汇编得到的机器语言程序长得多,由此造成程序执行时间长,所占存储空间大。目前,常用的高级语言种类较多,如 BASIC、FORTRAN、PASCAL、C 语言等,高级语言用于复杂的科学计算和数据处理时有着明显的优势。

图 4-1 所示的是三种语言程序处理过程的示意图。

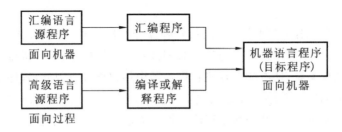

图 4-1　三种语言程序处理过程示意图

单片机通常应用于家用电器、仪器仪表、工业过程自动化中,处于这些应用场合下,要求计算机执行程序速度快、实时性强,要有灵活的接口处理技术。根据这些要求,显然应该优选汇编语言来进行程序设计。虽然许多单片机开发系统提供了高级语言,但目前被广泛采用的仍是汇编语言。现以 MCS-51 单片机为例来介绍汇编语言程序设计的基本方法。

4.1.2　汇编语言的格式

为了使汇编程序能将汇编语言源程序正确地翻译成机器语言程序,在进行程序设计时必须遵守一定的格式,这种格式也叫语法规则。汇编语言源程序的基本组成单位是汇编语句,因此,要研究汇编语言源程序的格式,研究汇编语句的格式即可。

一个汇编语句最多包括四个部分,也叫四个字段,其格式为

　　〔标号:〕　操作码　〔操作数〕　〔;注释〕

其中,有方括号的部分是可选择部分,可有可无,视需要而定。操作码字段是唯一不可缺少的字段。各个字段间用规定的分隔符隔开,标号之后用冒号":"与操作码隔开;操作码之后用空格与操作数隔开;两操作数之间用逗号","隔开;注释之前用分号";"与操作数隔开。例如:

　　LOOP:　　MOV　A,♯06H　　　　　　;立即数 06H→A

下面对各字段分别予以说明。

1. 标号字段

标号是指令的符号地址,一个标号的值是汇编这条指令时该指令代码第一个字节的地址。在程序的其他地方可以引用这个标号以代表这个特定的地址。不是每条指令都需要采

用标号,只有那些被其他语句(如转移、调用)引用的语句和数据,才需要赋予标号,以便实现控制程序的转移或调用。

标号的使用有以下规定。

(1)标号由作开头的大写英文字母和数字串组成,长度为 1～8 个字符,最后必须以冒号":"结束。

(2)不能使用指令助记符、CPU 的寄存器名以及伪指令等作为标号。

(3)同一程序内,标号必须互不相同。

(4)为便于阅读程序,最好使标号字符有一定含义。

2. 操作码字段

操作码用于规定指令执行的操作,它是指令的助记符或伪指令,是每一语句中不可缺少的部分,也是语句的核心部分,它的书写要符合指令系统的规定。

3. 操作数字段

操作数在操作码之后,两者之间用空格分开。操作数是指令的操作对象,可以是数据,也可以是地址。两个以上操作数之间用逗号","分隔。

4. 注释字段

注释字段不是语句的功能部分,它仅用来说明或解释指令或程序段所起的作用,其目的是使程序结构清楚,方便阅读、修改、维护与扩充。机器汇编时,注释字段不产生任何机器代码,但可以原文输出到显示器或打印纸上,供用户阅读和长久保存。不是每条指令都需加注释,可只在程序的关键处或对读懂程序有承上启下作用的指令处加上简洁的文字注释。注释必须以分号";"开头,一行不够写而需另起一行时也必须以分号";"开始。

4.1.3 伪指令

在汇编语言中,除了 MCS-51 指令系统所规定的指令外,还定义了一些伪指令。在汇编过程中,这些伪指令只是对汇编程序提供必要的控制信息,不产生任何指令代码。因此,伪指令不是单片机执行的指令。常用的伪指令有如下几条。

1. ORG(起始伪指令)

它指出程序段或数据块的起始地址。其格式为:

        ORG   nn

其中,nn 表示 16 位地址。程序中可多处使用 ORG 伪指令,以规定不同的程序段的起始地址。规定的起始地址的值须由小到大,而且不允许有重叠的地址空间。

例如,执行程序:

        ORG 2000H
        START:MOV   A,#77H
        MOV   40H,A

则后面源程序的目标代码在存储器中存放的起始地址是 2000H。

2. DB(定义字节伪指令)

它表示将指定的字节数存入从标号开始的 ROM 连续单元中,通常用于定义常数表。其格式为:

        [标号:]   DB   n1,n2,…,ni

其中，ni（$i=1\sim N$）为单字节数，或用单引号括起来的字符。

例如，执行程序：

ORG 0500H

TAB:DB 40H,'A'

则（0500H）＝40H,（0501H）＝41H。

3. DW（定义字伪指令）

它表示从标号地址开始，在 ROM 中存放若干字数据（每个字为两个字节，即要占用两个存储单元），规定高字节在低地址单元，低字节在高地址单元，通常用于定义地址表。其格式为：

〔标号:〕　DW　nn1,nn2,…,nni

其中，nni（$i=1\sim N$）为一个字（双字节数），也可是用户定义的地址符号。

例如，执行程序：

ORG 1000H

ADTAB:DW 1234H,88H,01H

则结果如表 4-1 所示。

表 4-1　程序执行结果

存储器地址	内　　容	存储器地址	内　　容
1000H	12H	1003H	88H
1001H	34H	1004H	00H
1002H	00H	1005H	01H

4. DS（定义存储区伪指令）

它表示在 ROM 中从标号地址开始，预留一定数量的字节单元供程序使用。其格式为：

〔标号:〕　DS　表达式

其中，表达式是指由常数、操作符、运算符组合而成的算式。

例如，执行以下程序：

ORG　1500H

BLOCK:DS 08H

则在 ROM 中从 1500H 开始，预留 8 个字节单元供程序使用。

5. EQU（等值伪指令）

它表示将一个数或特定的汇编符号赋予所定义的字符名。EQU 表示两边的量相等。其格式为：

字符名　EQU　数或汇编符号

例如，执行以下程序：

ADDR　EQU　22H

则 ADDR＝22H。

6. DATA（数据地址赋值伪指令）

它表示将表达式的值赋予所定义的字符名。表达式通常为数据地址或代码地址。其格式为：

字符名　DATA　表达式

例如,执行以下程序:

```
MOV    R0,ADR
MOV    R1,♯ADR
ADR    DATA    31H
```

则(31H)单元内容送到 R0,并且 R1=31H。

7. BIT(定义位地址符号伪指令)

它表示将指定的位地址赋予所定义的字符名。其格式为:

```
字符名    BIT    位地址
```

例如:

```
SSS    BIT    P1.0
```

8. END(汇编结束伪指令)

它告诉汇编程序,汇编语言源程序到此结束。其格式为:

```
END
```

 ## 4.2　汇编语言程序设计步骤

用汇编语言编写一个程序的过程可分为以下几个步骤。

1. 项目需求分析

对应用项目所要解决的问题进行分析,明确问题的要求,建立相关的数学模型。

2. 确定算法

根据实际问题的要求和指令系统的特点,决定所采用的计算公式和技术方法,也就是一般所说的算法。

3. 绘制程序流程图

根据所选的算法,制订出运算步骤和顺序,画出程序流程图。程序流程图是由特定的几何图形、指向线、文字说明来表示数据处理的步骤,形象描述逻辑控制结构以及数据流程的示意图。程序流程图具有简洁、明了、直观的特点。常用的程序流程图标准化符号如图 4-2 所示,符号意义说明如下。

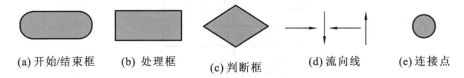

图 4-2　常用的程序流程图标准化符号

(a) 开始/结束框　(b) 处理框　(c) 判断框　(d) 流向线　(e) 连接点

椭圆框:开始/结束框,在程序流程图的开始和结束使用。

矩形框:处理框,表示要进行的各种操作。例如,执行一个或一组特定的操作,从而使信息的值、信息的形式或所在位置发生变化。矩形内可注明处理名称或其简要功能。

菱形框:判断框,表示条件判断,以决定程序的流向。菱形框内可注明判断的条件。它只有一个入口,但可以有若干个可供选择的出口,在对定义的判断条件求值后,有且仅有一个出口被选择。求值结果可在表示出口路径的流程线附近写出。

流向线:流程线,表示执行的流程。当流程自上向下或由左向右执行时,流程线可不带箭头,其他情况下应加箭头表示流向。

连接点:用于将画在不同位置的流程线连接起来。使用连接点,可以避免流程线的交叉或过长,使流程图清晰。

一般情况下,一个流程图包括以下几部分:表示相应操作的框;带箭头的流程线;框内外必要的文字说明。

4. 资源分配

依据项目总体规划合理分配单片机内并行端口、程序存储器、数据存储器、定时/计数器和中断源等硬件资源。其中,片内 RAM 是资源分配的重点。若片内资源不足以满足实际需要,就要考虑对资源进行扩展。

5. 编写汇编语言程序

根据程序流程图,编写汇编语言程序。

6. 程序调试、优化

利用单片机仿真器结合单片机目标硬件系统,对程序进行综合调试,直到程序没有错误。调试好的程序可以根据需求进行优化,优化以缩短程序量、减少运算时间和节省资源为原则。

4.3 基本程序结构

4.3.1 顺序程序

顺序程序是一种基本上按指令书写顺序从头至尾逐条执行的程序,程序中不包括分支程序、循环程序等,所以它又常称为简单程序。它是所有程序中最基本的一种,是程序设计的基础,它能解决某些实际问题,或成为复杂程序的某个组成部分。

 例 4-1 片内 RAM 的 21H 单元存放一个十进制数据十位的 ASCII 码,22H 单元存放该数据个位的 ASCII 码。编写程序将该数据转换成 BCD 码并存放在 20H 单元。

该程序流程图如图 4-3 所示。

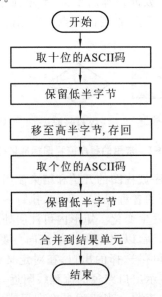

图 4-3 例 4-1 的程序流程图

程序如下。

```
          ORG  0040H
START:    MOV  A,21H          ;取十位 ASCII 码
          ANL  A,#0FH         ;保留低半字节
          SWAP A              ;移至高半字节
          MOV  20H,A          ;存于 20H 单元
          MOV  A,22H          ;取个位 ASCII 码
          ANL  A,#0FH         ;保留低半字节
          ORL  20H,A          ;合并到结果单元
          SJMP $
          END
```

例 4-2　假设有两个双字节无符号数,分别存放在 R1R0 和 R3R2 中,高字节在前,低字节在后。编程使两数相加,和数存回 R2,R1,R0 中。

程序如下。

```
          ORG   1000H
          CLR   C
          MOV   A,R0          ;取被加数低字节至 A
          ADD   A,R2          ;与加数低字节相加
          MOV   R0,A          ;存和数低字节
          MOV   A,R1          ;取被加数高字节至 A
          ADDC  A,R3          ;与加数高字节相加
          MOV   R1,A          ;存和数高字节
          MOV   A,#0
          ADDC  A,#0          ;加进位位
          MOV   R2,A          ;存和数进位位
          SJMP  $             ;原地踏步
          END
```

4.3.2　查表程序

所谓查表,就是根据某个数 x,进入表格中寻找 y,使之满足 $y=f(x)$。在很多情况下,查表比计算要简便得多,查表程序也较容易编制。

MCS-51 指令系统中,有以下两条查表指令,用于查找存放在程序存储器中的数据表格。

MOVC　A,@A+DPTR

MOVC　A,@A+PC

第一条指令是以 DPTR 作为基址寄存器,以累加器 A 中的内容作为无符号数,以两者相加后所得的 16 位数作为程序存储器的地址,取出该地址所对应的单元的内容送回到累加器 A 中。执行完这条指令后,DPTR 的内容不变。用 DPTR 的内容作为基址来查表,方法比较简单,通常可分为以下 3 步来完成。

(1) 将所查表格首地址存入 DPTR 中。

(2) 将所查表格项数送到累加器 A 中。

(3) 执行查表指令 MOVC　A,@ A+DPTR,把表中读取的数据送回累加器中。

第二条指令是以 PC 作为基址寄存器,以累加器 A 中的内容作为无符号数,以两者相加后所得的 16 位数作为地址,取出程序存储器相应单元的内容送回累加器 A 中,这条指令执

行完以后,PC 的内容不发生变化,仍指向下一条指令。用 PC 的内容作为基址来查表,由于 PC 的值并不表示表格首地址,因此操作有所不同,但也可分为以下 3 步来完成。

(1) 将所查表格的项数送到累加器 A 中。

(2) 在指令 MOVC　A,@A+PC 之前应加上指令 ADD A,♯data,data 值是指在执行指令 MOVC　A,@A+PC 后,从当前的 PC 值到表格首址之间的距离,即偏移量,data 值待定。

(3) 执行指令 MOVC　A,@A+PC 进行查表,查表结果送累加器 A 中。

例 4-3　用程序实现 $y=x^2$。

设 x 为 0~9 的十进制数,用 BCD 码(00H~09H)表示并存放在 R0 中,把 x 转换为平方值后,其结果 y 仍以 BCD 码的形式存放在 R1 中。

程序如下:

```
         MOV   DPTR,#SQR
         MOV   A,R0
         MOVC  A,@A+DPTR
         MOV   R1,A
         RET
    SQR:DB  00H,01H,04H,09H,16H
        DB  25H,36H,49H,64H,81H
```

上述查表程序的表格长度不能超过 256 个单元数,因此有很大的局限性。

例 4-4　一个十六进制数存放在 HEX 单元的低 4 位,将其转换成 ASCII 码并送回 HEX 单元。

程序如下:

```
          ORG   0100H
          HEX   EQU 30H
   HEXASC:MOV  A,HEX
          ANL   A,#00001111B
          ADD   A,#3              ;变址调整
          MOVC  A,@A+PC
          MOV HEX,A                ;2字节
          RET                      ;1字节
   ASCTAB:DB  30H,31H,32H,33H
          DB   34H,35H,36H,37H
          DB   38H,39H,41H,42H
          DB   43H,44H,45H,46H
          END
```

4.3.3 分支程序

分支程序是指根据对某种条件的判断结果决定程序的走向。分支程序具有分成单分支、双分支和多分支几种结构,如图 4-4 所示。实现分支程序需要注意以下的三个要点。

(1) 选一条置标志位的指令,如算术运算类指令、逻辑运算类指令、比较指令,如 SUBB、CJNE、ADD、INC、DEC、ANL。

(2) 根据标志位的状态,用条件转移指令实现转移,如 JC(JNC)、JZ(JNZ)、JB(JNB)、

CJNE、DJNZ。

（3）当各分支发生冲突时，需要用无条件转移语句隔离，如用 SJMP。

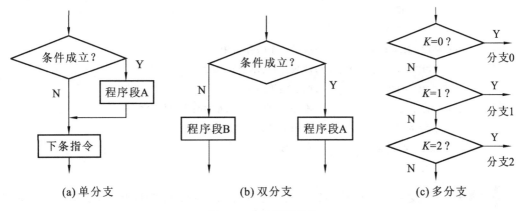

(a) 单分支   (b) 双分支   (c) 多分支

图 4-4　分支程序结构

下面对一般分支结构和多分支结构进行介绍。

1．一般分支结构

对于条件比较简单、所分支路也不多的情况，可以直接用判断分支条件的指令来完成条件分支。图 4-4 所示的单分支和双分支都属于一般分支结构。

例 4-5 求 R2 中补码绝对值，正数不变，负数变补。

```
        MOV  A,R2
        JNB  ACC.7,NEXT      ;为正数?
        CPL  A               ;负数变补
        INC  A
        MOV  R2,A
  NEXT: SJMP NEXT
        END                  ;结束
```

例 4-6 比较两个数大小。设两个 8 位无符号数分别存放在内部 RAM 40H 和 41H 单元中，找出较大数存放在内部 RAM 42H 单元中。

程序 1：采用 SUBB 指令。

```
        ORG  0000H
        LJMP B1
        ORG 1000H
  B1: CLR C               ; CY←0
        MOV  A,40H
        MOV  R3,A          ; 第一个数暂存于 R3
        MOV  A,41H         ; 取第二个数存 A 中
        SUBB A,R3          ; 两数比较
        JNC  BIG1          ;CY=0,第二个数大,转 BIG1
        XCH  A,R3          ;第二个数小,交换,使 A 中放大数
        SJMP BIG2          ;隔离
  BIG1: MOV  A,41H         ;恢复 A 中的数
  BIG2: MOV  42H,A         ;将 A 中的大数送 42H
        END
```

程序 2:采用 CJNE 指令。

```
        ORG  0000H
        LJMP B2
        ORG 2000H
B2:MOV  A,40H           ;取第一个数存 A 中
        CJNE A,41H,LOP   ;两数比较,不等转 LOP
        SJMP BIG         ;两数相等转 BIG
LOP:JNC BIG              ;不等,判断 CY=0,A 中数大,转 BIG
        XCH A,41H        ;否则交换,A 中放大数
BIG:MOV  42H,A           ;存大数
        END
```

例 4-7　设变量 x 以补码的形式存放在片内 RAM 的 30H 单元,变量 y 与 x 的关系是:当 x 大于 0 时,$y=x$;当 $x=0$ 时,$y=20H$;当 x 小于 0 时,$y=x+5$。编制程序,根据 x 的大小求 y 并送回原单元。

该题目的程序流程图如图 4-5 所示,程序如下。

```
        ORG  0040H
START: MOV  A,30H       ;取 x 至累加器
        JZ  NEXT         ;x=0,转 NEXT
        ANL  A,#80H      ;否,保留符号位
        JZ  DONE         ;x>0,转结束
        MOV  A,#05H      ;x<0,处理
        ADD  A,30H
        MOV  30H,A       ;x+05H 送 y
        SJMP  DONE
NEXT: MOV  30H,# 20H     ;x=0,20H 送 y
DONE: SJMP DONE
        END
```

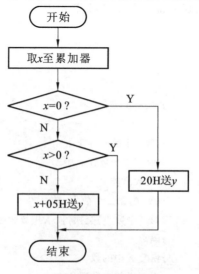

图 4-5　例 4-7 的程序流程图

例 4-8 设 30H 单元存放的是一元二次方程 $ax^2+bx+c=0$ 根的判别式 $\Delta=b^2-4ac$ 的值。试编制程序,将方程实数根的个数送入 31H 单元中。

解 Δ 值为有符号数,有三种情况,即大于零、等于零、小于零。程序流程图如图 4-6 所示,程序如下。

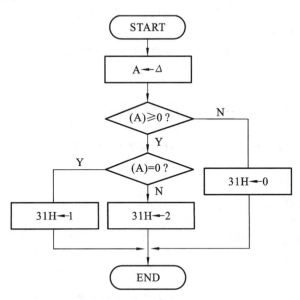

图 4-6 例 4-8 的程序流程图

```
        ORG   1000H
START:  MOV   A,30H        ;Δ值送 A
        JNB   ACC.7,YES    ;Δ=>0,转 YES
        MOV   31H,#0       ;Δ<0,无实根
        SJMP FINISH
YES:    JNZ TOW            ;Δ>0,转 TOW
        MOV   31H,#1       ;Δ=0,有相同实根
        SJMP FINISH
TOW:    MOV   31H,#2       ;有两个不同实根
FINISH: SJMP $
        END
```

2. 多分支程序

多分支程序也称为散转程序,它根据输入条件或运算结果来确定转向的处理程序。MCS-51 指令系统中有 1 条转移指令 JMP @A+DPTR,利用它可以方便地编制散转程序。利用该指令实现散转的方法有以下两种。

(1) DPTR 的内容固定,根据 A 的内容来决定分支程序的走向。

(2) A 清零,根据 DPTR 的值来决定程序转向的目标地址。DPTR 的内容可以通过查表或者其他方法获得。

例 4-9 根据 R7 的内容 x(转移序号)转向相应的处理程序。设 R7 内容为 0~4,对应的处理程序入口地址分别为 PP0~PP4。

程序流程图如图 4-7 所示,程序如下。

```
       START:MOV  R7,#3              ;以转移序号 3 为例
             ACALL JPNUM
             AJMP  START
       JPNUM:MOV  DPTR,#TAB          ;置分支入口地址表首址
             MOV   A,R7
             ADD   A,R7              ;乘以 2,调整偏移量
             MOV   R3,A
             MOVC  A,@A+DPTR         ;取地址高字节,暂存于 R3
             XCH   A,R3
             INC   A
             MOVC  A,@A+DPTR         ;取地址低字节
             MOV   DPL,A             ;处理程序入口地址低 8 位送 DPL
             MOV   DPH,R3            ;处理程序入口地址高 8 位送 DPH
             CLR   A
             JMP   @A+DPTR
       TAB:DW  PP0
           DW  PP1
           DW  PP2
           DW  PP3
           DW  PP4
       PP0: MOV  30H,#0             ;转移序号为 0 时,置功能号"0"于 30H 单元
            RET
       PP1: MOV  30H,#1             ;转移序号为 1 时,置功能号"1"于 30H 单元
            RET
       PP2: MOV  30H,#2             ;转移序号为 2 时,置功能号"2"于 30H 单元
            RET
       PP3: MOV  30H,#3             ;转移序号为 3 时,置功能号"3"于 30H 单元
            RET
       PP4: MOV  30H,#4             ;转移序号为 4 时,置功能号"4"于 30H 单元
            RET
            END
```

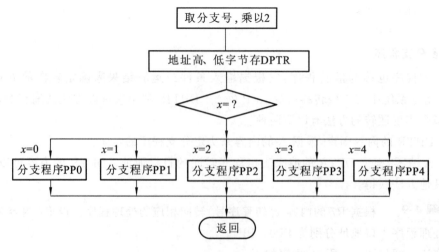

图 4-7　例 4-9 的程序流程图

例 4-10 编制 128 路分支程序,功能是根据 R3 的值(00H~7FH)转到 128 个目的地址。
程序如下。

```
JMP128: MOV  A,R3
        RL  A                    ;(A)×2
        MOV  DPTR,#PRGTBL        ;散转表首址送 DPTR
        JMP  @A+DPTR             ;散转
PRGTBL:AJMP  ROUT00
        AJMP  ROUT01
        ...
        AJMP  ROUT7F             ;128 个 AJMP 指令占 256 个字节
        END
```

4.3.4 循环程序

按某种控制规律重复执行的程序称为循环程序。循环程序有先执行后判断和先判断后
执行两种基本结构,如图 4-8 所示。循环程序由以下三个部分组成。

(1) 循环初态:在循环开始时,往往需要设置循环过程中工作单元的初始值,如工作单
元清零,计数器置初值等。

(2) 循环体:即要求重复执行的程序段部分。

(3) 循环控制部分:在循环程序中必须给出循环结束的条件,否则就成为死循环。循环
控制部分的作用就是,根据循环结束条件,判断是否结束循环。

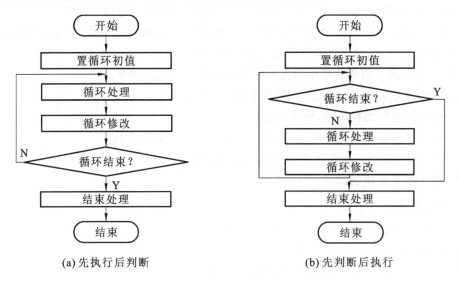

(a)先执行后判断   (b)先判断后执行

图 4-8 循环程序的基本结构

例 4-11 将内部 RAM 的 30H 至 3FH 单元初始化为 00H。
程序流程图如图 4-8(a)所示,程序如下。

```
MAIN:MOV  R0,#30H         ;置初值
     MOV  A,#00H
     MOV  R7,#16
LOOP:MOV  @R0,A           ;循环处理
     INC  R0
```

```
        DJNZ  R7,LOOP        ;循环修改,判断是否结束循环
        SJMP  $              ;结束处理
        END
```

例 4-12 将内部 RAM 起始地址为 60H 的数据串传送到外部 RAM 中起始地址为 1000H 的存储区域,直到发现'＄'字符停止传送。

程序流程图如图 4-8(b)所示,程序如下。

```
    MAIN:MOV  R0,#60H        ;置初值
        MOV   DPTR,#1000H
   LOOP0: MOV  A,@R0         ;取数据
        CJNE  A,#24H,LOOP1   ;循环结束?
        SJMP  DONE           ;是
   LOOP1:MOVX  @DPTR,A       ;循环处理
        INC   R0             ;循环修改
        INC   DPTR
        SJMP  LOOP0          ;继续循环
   DONE:SJMP DONE            ;结束处理
```

4.3.5 子程序

在设计程序时,如果要多次使用某一程序段,往往就把这个程序段设计成具有特定功能的子程序,当需要时就调用它,从而使程序设计更加灵活、简洁,减少编程中不必要的重复工作。顺便指出,在调用子程序时,必须注意参数传递和现场保护这两个问题。

在单片机应用系统设计中经常会遇到带有普遍性的问题,如数制的转换、数值的算术运算和逻辑运算等,程序设计中常把多次引用的相同程序段编写成一个独立的程序,当需要时调用。具有这种独立功能的程序称为子程序或过程。其优点如下。

(1) 不必重复书写同样的程序,提高了编程效率。

(2) 程序的逻辑结构简单,便于阅读。

(3) 缩短了源程序和目标程序的长度,节省了程序存储器空间。

(4) 使程序模块化、通用化,便于交流、共享资源。

(5) 便于按某种功能调试。

1. 子程序结构

(1) 编写子程序时,第一条语句必须加子程序名。

(2) 结尾必须有返回语句(RET)。

(3) 在子程序前可以加说明部分,使其便于阅读。

例如:

```
    ;子程序名        DLE1
    ;子程序的功能    延时
    ;使用的寄存器    R2、R3
    ;入口参数        R3
    ;出口参数        无
    ;子程序调用      无
    DLE1:MOV  R2,#250
```

```
LOOP: NOP
      NOP
      DJNZ  R2,LOOP
      DJNZ  R3,DEL1
      RET
```

2. 子程序调用和调用中的问题

子程序在执行过程中需要由其他程序用 ACALL 语句来调用，执行完毕又需要用 RET 语句返回到调用该子程序的主程序中。子程序执行过程如图 4-9 所示。

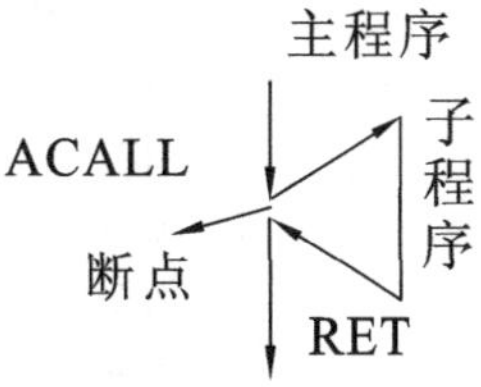

在子程序调用过程中需解决以下的问题。

（1）程序调用时断点与现场的保护。

（2）调用程序与被调用程序之间的参数传送。

图 4-9　子程序执行过程

主程序用 ACALL 语句调用子程序时，ACALL 语句下面的语句的地址称为断点，ACALL 指令执行时，先将断点（即当前的 PC 值：ACALL 为 2 字节指令，取出 ACALL 语句，PC 自动加 2，指向下一条语句）压入堆栈保存，入栈时先低字节（PC 的 0～7 位），后高字节（PC 的 8～15 位）。这个过程称为断点的压栈保护，保护的原因是执行完子程序后需要返回主程序断点执行。

断点压栈保护后，将子程序的入口地址送 PC，由于单片机程序的执行由 PC 决定，所以将转到子程序去执行。

例 4-13　编制实现 2 个 8 位的十六进制无符号数求和的子程序。入口：(R3)＝加数；(R4)＝被加数。出口：(R3)＝和的高字节；(R4)＝和的低字节。

```
SADD:MOV  A,R3        ;取加数(在 R3 中)
     CLR  C
     ADD  A,R4        ;被加数(在 R4 中)加(A)
     JC   PP1
     MOV  R3,#00H     ;结果小于 255 时,高字节 R3 内容为 00H
     SJMP PP2
PP1: MOV  R3,#01H     ;结果大于 255 时,高字节 R3 内容为 01H
PP2: MOV  R4,A        ;结果的低字节在 R4 中
     RET
     END
```

例 4-14　将内部 RAM 中 20H 单元中的 1 个字节十六进制数转换为 2 位 ASCII 码,存放在 R0 指示的 2 个单元中。入口：预转换数据(低半字节)在栈顶。出口：转换结果(ASCII 码)在栈顶。

```
MAIN: MOV  A,20H
      SWAP A
      PUSH ACC        ;预转换的数据(在低半字节)入栈
      ACALL HEASC
      POP  ACC        ;弹出栈顶结果于 ACC 中
      MOV  @R0,A       ;存转换结果高字节
      INC  R0         ;修改指针
      PUSH 20H        ;预转换的数据(在低半字节)入栈
```

```
        ACALL  HEASC
        POP    ACC             ;弹出栈顶结果于 ACC 中
        MOV    @ R0,A          ;存转换结果低字节
        SJMP   $
HEASC:  MOV    R1,SP           ;借用 R1 为堆栈指针
        DEC    R1
        DEC    R1              ;R1 指向被转换数据
        XCH    A,@ R1          ;取被转换数据
        ANL    A,# 0FH         ;取 1 位十六进制数
        ADD    A,# 2           ;偏移调整,所加值为 MOVC 与 DB 间总字节数
        MOVC   A,@ A+ PC       ;查表
        XCHA,@ R1               ;1 字节指令,存结果于堆栈中
        RET                    ;1 字节指令
ASCTAB:DB  30H,31H,32H,33H,34H,35H,36H,37H
       DB  38H,39H,41H,42H,43H,44H,45H,46H
       END
```

4.3.6 其他程序

1. 延时程序

在自动检测、控制系统中,常常需要在某一操作之后延时一段时间再执行另一操作,MCS-51 系列单片机除了采用内部定时器实现延时外,还可利用循环程序实现延时。因为 CPU 执行一条指令是需要时间的(由指令表可以查到指令的执行时间),由若干条指令形成循环程序就可以延迟一定时间,精心选择指令和安排循环次数就可以得到所需的延时时间。这种利用计算机执行循环程序来实现延时的方法称为软件延时。实现延时的程序称为延时程序。这种方法不需另添硬件,且变化灵活,因而得到广泛应用。其缺点是,延时过程中 CPU 被占用,所以不宜设计太长的延时程序。

例 4-15 利用双重循环实现 1 ms 延时的程序。

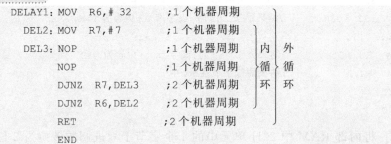

```
DELAY1: MOV  R6,# 32   ;1 个机器周期
DEL2:   MOV  R7,#7     ;1 个机器周期
DEL3:   NOP            ;1 个机器周期        内  外
        NOP            ;1 个机器周期        循  循
        DJNZ R7,DEL3   ;2 个机器周期        环  环
        DJNZ R6,DEL2   ;2 个机器周期
        RET            ;2 个机器周期
        END
```

整个程序段耗用的时间为

1 个机器周期$+[1+(1+1+2) \times 7+2] \times 32$ 个机器周期$+2$ 个机器周期$=995$ 个机器周期

其中,圆括号内为内循环的机器周期数,方括号内为外循环的机器周期数。当采用 12 MHz 的晶振时,一个机器周期为 1 μs,因此该段程序的延时时间为 995 μs,与 1 ms 比较,有 5 μs 的误差。

2. 位操作程序

MCS-51 系列单片机的独特优点之一就是,专门设置了位处理器和位处理指令,特别适用于实时测控系统。例如,8051 通过内部并行口的位操作,提高了测控速度,增强了实时性;利用位操作进行随机逻辑运算和设计,可把逻辑表达式直接变换成软件进行运算和设

计,以实现复杂的逻辑操作。

例 4-16 编写一程序,实现图 4-11 中的逻辑运算功能。其中,P1.6、P1.7 分别是端口线上的信息,TF1、IE1 分别是定时/计数器 T1 的定时溢出标志和外部中断 $\overline{INT1}$ 中断请求标志,21H.0、21H.1 分别是位地址的布尔变量,输出为端口 P1.0。

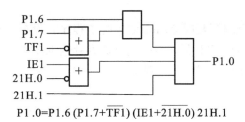

$$P1.0 = P1.6 \, (P1.7 + \overline{TF1}) \, (IE1 + \overline{21H.0}) \, 21H.1$$

图 4-10　例 4-16 逻辑运算电路

```
          ORG   3000H
START:MOV   C,P1.7
          ORL   C,/TF1        ;计算第一个括号内的表达式
          ANL   C,P1.6        ;和 P1.6 相与
          MOV   F0,C          ;结果暂存于 F0
          MOV   C,IE1
          ORL   C,/21H.0      ;计算第二个括号内的表达式
          ANL   C,F0          ;第二个括号内的结果和前一项结果相与
          ANL   C,21H.1       ;和最后一项 21H.1 相与
          MOV   P1.0,C
          END                 ;输出结果
```

本程序用软件代替了硬件,大大简化了硬件系统甚至完全不用硬件,但比硬件要多花一些运算时间。

本 章 小 结

汇编语言是一种用于电子计算机、微处理器、微控制器及其他可编程器件的低级语言,也称为符号语言。在汇编语言中,用助记符代替机器指令的操作码,用地址符号或标号代替指令或操作数的地址。在不同的设备中,汇编语言对应着不同的机器语言指令集,通过汇编过程转换成机器指令。一般来说,特定的汇编语言和特定的机器语言的指令集是一一对应的,不同平台之间不可直接移植。

本章主要介绍了汇编语言程序设计的基本概念和汇编语言源程序的格式,通过实例介绍了顺序程序、分支程序、循环程序、位操作程序、子程序和中断服务程序的基本结构及其编程方法。

模块化的程序设计方法具有明显的优点,所以,在学习阶段时就应该建立起模块化的设计思想,多采用循环结构和子程序可以使程序的编写更规范,节省内存。

习　　题

1. 51 单片机汇编语言有何特点?
2. 常用的程序结构有哪几种? 各有何特点?

3. 试编写程序,将内部 RAM 中的 20H～2FH 共 16 个连续单元清零。

4. 试编写程序,查找在内部 RAM 中的 20H～50H 单元中出现 00H 的次数,并将查找结果存入 51H 单元。

5. 试编写程序,求出内部 RAM 中的 20H 单元中的数据含"1"的个数,并将结果存入 21H 单元。

6. 试用循环转移指令编写延时 20 ms 的延时子程序。设单片机的晶振频率为 6 MHz。

7. 设双字节数 X 的高 8 位和低 8 位分别存放在片内 RAM 41H、40H 单元,Y 的高 8 位和低 8 位分别存放在 43H、42H 单元,编程求 Z＝X＋Y,并将 Z 存入片内 RAM 单元 46H、45H、44H。

8. 编写一段汇编程序,该程序执行后,(A)＝10＋9＋8＋7＋6＋5＋4＋3＋2＋1＝37H,要求使用循环程序每次使 A 增加一个数。

9. 已知一段延时程序如下,请计算延时时间(设时钟 $f=12$ MHz)。

源程序		指令周期(M)
DELAY:	MOV R6,♯64H	1
I1:	MOV R7,♯0FFH	1
I2:	DJNZ R7,I2	2
	DJNZ R6,I1	2
	RET	2

10. 查表法求 $Y=X^2$。设 $X(0 \leqslant X \leqslant 15)$ 在片内 RAM 的 20H 单元中,要求将查表求得的 Y 存入片内 RAM 的 21H 单元。

11. 将片内 RAM 的 2AH 单元低 4 位存入 20H 单元中的低 4 位,同时将 2BH 单元中的低 4 位存入 20H 单元中的高 4 位。

12. 读程序,写结果。

(1) 设 R0＝20H,R1＝25H,(20H)＝70H,(21H)＝80H,(22H)＝A0H,(25H)＝A0H,(26H)＝6FH,(27H)＝76H,试在后面的空格中填入程序执行后的结果。

```
        CLR     C
        MOV     R2,♯3
LOOP：  MOV     A,@R0
        ADDC    A,@R1
        MOV     @R0,A
        INC     R0
        INC     R1
        DJNZ    R2,LOOP
        JNC     NEXT
        MOV     @R0,♯01H
        SJMP    $
NEXT：  DEC     R0
        SJMP    $
```

执行后结果:(20H)＝_____ ,(21H)＝_____ ,(22H)＝_____ ,(23H)＝_____ ,(A)＝_____ ,CY＝_____ 。

（2）执行如下程序：

```
              ORG     0000H
HEXASC：MOV     A,60H
              ANL     A,♯0FH
              MOV     61H,A
              ADD     A,♯3
              MOV     62H,A
              MOVC    A,@A＋PC
              MOV     30H,A
              RET
ASCTAB：DB      30H,31H,32H,33H
              DB      34H,35H,36H,37H
              DB      38H,39H,41H,42H
              DB      43H,44H,45H,46H
              END
```

若(60H)＝91H,(61H)＝_____ ,(62H)＝_____ ,(30H)＝_____ ；若(60H)＝7FH,(61H)＝_____ ,(62H)＝_____ ,(30H)＝_____ 。

第5章 MCS-51 微控制器的中断系统及定时/计数器

内容概要

本章主要介绍中断的基本概念以及 51 单片机中断系统的硬件结构和工作原理。中断可以实现 CPU 与外设的速度匹配和同步工作,是计算机的一项重要技术。51 单片机的中断系统能够实时地响应片内功能部件和外设发出的中断请求并进入中断服务程序进行处理。在 MCS-51 系列单片机中,51 单片机具有 5 个中断源,具有 2 个中断优先级,具有 4 个用于中断控制的特殊功能寄存器 IE、IP、TCON 和 SCON。

本章还介绍了 51 单片机定时/计数器。51 单片机内部有 2 个 16 位定时/计数器:定时/计数器0(T0)和定时/计数器1(T1)。它们都具有定时和计数功能,可用于定时或延时控制,对外部事件进行检测、计数等。定时/计数器 T0 由两个特殊功能寄存器 TH0 和 TL0 构成,定时/计数器 T1 由 TH1 和 TL1 构成。定时/计数器的工作方式寄存器 TMOD 用于设置定时/计数器的工作方式,定时/计数器的控制寄存器 TCON 用于启动和停止定时/计数器的计数,并控制定时/计数器的状态。

5.1 51 单片机的中断系统

5.1.1 中断系统的结构

1. 中断的概念

对于计算机与外设之间传递信息,由于计算机速度快(每秒可执行几百万条指令),而外设的速度普遍比较慢,例如打印机每秒只能打几个字符,影响了计算机的执行速度。采用中断是解决快速的 CPU 与慢速的外设之间数据传输的重要方法。

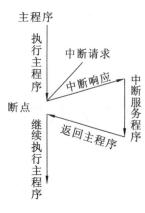

图 5-1　中断过程

所谓中断,是指 CPU 正在处理某一事件 A 时,外部发生了另一事件 B,请求 CPU 迅速去处理,CPU 暂时中断当前的工作,转去处理事件 B,待 CPU 将事件 B 处理完毕后,再回到原来事件 A 被中断的地方,继续处理事件 A,如图 5-1 所示。

(1) 中断源。引起 CPU 中断的根源(即事件 B)称为中断请求源,简称中断源。中断源可以是外设、定时时钟、数据通信设备、故障源等。

(2) 中断申请。中断源向 CPU 提出的处理请求,称为中断请求或中断申请。

(3) 中断的响应和处理。CPU 暂停处理当前的事件 A,转去处理事件 B 的过程,称为 CPU 的中断响应过程。对事件 B 的整个处理过程,称为中断服务(或中断处理)。

(4) 中断的返回。处理完毕,再回到事件 A 原来被中断的地方,称为中断的返回。

在计算机中实现上述中断功能的部件称为中断系统(中断机构)。中断系统除实现上述功能外还应具有以下的功能。

（1）中断请求信号的锁存，决定是否响应、如何响应。

（2）当有多个中断源申请中断时需判优。

（3）中断现场的保护与恢复，即断点的压栈保护及现场信息的保护与恢复。

（4）中断的嵌套方式，优先级高的中断源申请允许打断优先级低的中断处理。

2．中断的优点

随着计算机技术的发展，中断技术不仅仅解决了快速主机与慢速外设之间的数据传送问题，而且还具有以下优点。

（1）使用中断方式，可允许多个外设与 CPU 并行工作，实现分时操作，大大提高了计算机的利用率。

（2）利用中断技术，CPU 能够及时处理测试系统、控制系统中许多随机的参数和信息，实现实时处理，大大提高了计算机处理问题的实时性和灵活性。

（3）中断系统使 CPU 具有处理设备故障、掉电等突发性事件的能力，提高了计算机系统本身的可靠性。

由于以上优点，中断技术在计算机系统中得到广泛的应用。

3．中断系统的结构

51 单片机的中断系统有 5 个中断源、2 个中断优先级，可实现两级中断服务程序嵌套。每一个中断源可以用软件设置为允许中断或关闭中断状态，每一个中断源的中断优先级别也可用软件来设置。

AT89C51 的中断系统如图 5-2 所示。它由中断请求标志位（特殊功能寄存器 TCON 与 SCON 中）、中断允许控制寄存器 IE、中断优先级控制寄存器 IP 及内部硬件查询电路组成，反映了中断系统的功能和控制情况。

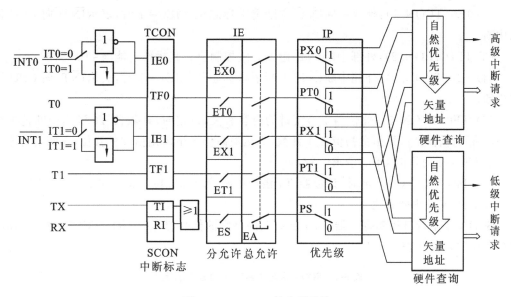

图 5-2　AT89C51 的中断系统

5.1.2　51 单片机的中断源

1．中断源

从图 5-2 中最左面一列可看到，AT89C51 单片机共有 5 个中断源：外部中断 0（$\overline{\text{INT0}}$）；

外部中断 1($\overline{\text{INT1}}$);定时/计数器 T0 中断(T0);定时/计数器 T1 中断(T1);串行口中断(TX、RX)。

51 单片机的中断系统由 4 个特殊功能寄存器控制。其中:TCON 称为定时/计数器的控制寄存器;SCON 称为串行口控制寄存器;IE 称为中断允许控制寄存器;IP 称为中断优先级控制寄存器。

熟悉和掌握这 4 个特殊功能寄存器,对掌握和应用单片机的中断系统非常重要。

2. 中断请求标志

在中断系统中,使用哪个中断,对于外部中断采用何种触发方式,可由定时/计数器的控制寄存器 TCON 和串行口控制寄存器 SCON 的有关位来规定。TCON 和 SCON 都属于特殊功能寄存器,字节地址分别为 88H 和 98H,可进行位寻址。

1) TCON 的中断标志

TCON 是定时/计数器的控制寄存器。TCON 是一个 8 位寄存器,其中 IT0、IE0、IT1、IE1、TF0、TF1 6 位用于中断系统。其他 2 位 TR0、TR1 用于定时/计数器的启/停,与中断有关的各位的定义如表 5-1 所示。

表 5-1　TCON 中与中断有关的各位的定义

	D7	D6	D5	D4	D3	D2	D1	D0	
TCON	TF1	TR1	TF0	TR0	IE1	IT1	IE0	IT0	88H
位　地　址	8FH	—	8DH	—	8BH	8AH	89H	88H	

(1) IT0(TCON.0):外部中断$\overline{\text{INT0}}$触发方式控制位。

当 IT0＝0 时,$\overline{\text{INT0}}$为电平触发方式。当 IT0＝1 时,$\overline{\text{INT0}}$为边沿触发方式(下降沿有效)。

(2) IE0(TCON.1):外部中断$\overline{\text{INT0}}$中断请求标志位。IE0＝1 时,表示$\overline{\text{INT0}}$向 CPU 请求中断。

(3) IT1(TCON.2):外部中断$\overline{\text{INT1}}$触发方式控制位。其操作功能与 IT0 相同。

(4) IE1(TCON.3):外部中断$\overline{\text{INT1}}$中断请求标志位。IE1＝1 时,表示$\overline{\text{INT1}}$向 CPU 请求中断。

(5) TF0(TCON.5):此位与下节要讲的内容有关,是定时/计数器 T0 溢出中断请求标志位。在 T0 启动后,开始由初值加 1 计数,直至最高位产生溢出由硬件置位,表明定时或计数到。TF0＝1 时可向 CPU 请求中断。

(6) TF1(TCON.7):定时/计数器 T1 溢出中断请求标志位。其操作功能同 TF0。

2) SCON 的中断标志

SCON 是串行口控制寄存器,与中断有关的是它的低两位 TI 和 RI。SCON 中与中断有关的各位的定义如表 5-2 所示。

表 5-2　SCON 中与中断有关的各位的定义

	D7	D6	D5	D4	D3	D2	D1	D0	
SCON	—	—	—	—	—	—	TI	RI	98H
位　地　址	—	—	—	—	—	—	99H	98H	

(1) TI(SCON.1):串行口发送中断标志位。当 CPU 将一个发送数据写入串行口发送

缓冲器时,就启动发送。每发送完一帧,由硬件自动将 TI 置"1",可向 CPU 申请中断。

(2) RI(SCON.0):串行口接收中断标志位。当允许串行口接收数据时,每接收完一个串行帧,由硬件置位 RI。每接收完一帧,由硬件自动将 RI 置"1",可向 CPU 申请中断。

CPU 在收到 TI 或 RI 的中断请求后,可以做相应的处理,例如再送数据至串行口继续发送,或将接收到的数据从缓冲区取走。

CPU 复位后,TCON 和 SCON 各位清零。所有能产生中断的标志位均可由软件置 1 或清零,由此得到与硬件对标志位置 1 或清零同样的结果。

5.1.3 51 单片机中断的控制

1. 中断允许控制

当上述 5 个中断源有中断请求时,CPU 是否响应中断请求称为中断允许控制。中断允许控制由中断允许控制寄存器 IE 的状态决定。IE 中某位设定为 1,相应的中断源中断被允许;某位设定为 0,相应的中断源中断被屏蔽。IE 的状态可通过程序由软件设定。CPU 复位时,IE 各位清零,禁止所有中断。IE 寄存器(字节地址为 A8H)各位的定义如表 5-3 所示。

表 5-3 IE 各位的定义

	D7	D6	D5	D4	D3	D2	D1	D0	
IE	EA	—	—	ES	ET1	EX1	ET0	EX0	A8H
位 地 址	AFH	—	—	ACH	ABH	AAH	A9H	A8H	

IE 是一个 8 位寄存器,共用了其中的 6 位。其中,EX0、ET0、EX1、ET1 和 ES 是 5 个中断源的中断允许(分允许)位,分别对应 5 个中断源。

(1) EX0(IE.0):外部中断 0 允许位。

(2) ET0(IE.1):定时/计数器 T0 中断允许位。

(3) EX1(IE.2):外部中断 1 允许位。

(4) ET1(IE.3):定时/计数器 T1 中断允许位。

(5) ES (IE.4):串行口中断允许位。

EA 是 CPU 中断允许(总允许)位。

应用时需要注意,CPU 允许中断申请,除各中断对应的分允许位置"1"外,总允许位 EA 也必须置"1"。

2. 中断优先级控制

CPU 同一时间只能响应 1 个中断请求。若同时来了 2 个或 2 个以上中断请求,就必须有先有后。解决的方法是:将 5 个中断源分成高级、低级 2 个级别,高级优先,由特殊功能寄存器 IP 控制。

51 单片机有 2 个中断优先级,即可实现两级中断服务程序嵌套。每个中断源的中断优先级都是由中断优先级控制寄存器 IP 中的相应位的状态来控制的。IP 的状态可由软件设定,某位设定为 1,则相应的中断源为高优先级中断;某位设定为 0,则相应的中断源为低优先级中断。CPU 复位时,IP 各位清零,各中断源同为低优先级中断。IP 寄存器(字节地址为 B8H)各位的定义如表 5-4 所示。

表 5-4　IP 各位的定义

	D7	D6	D5	D4	D3	D2	D1	D0	
IP	—	—	—	PS	PT1	PX1	PT0	PX0	B8H
位　地　址	—	—	—	BCH	BBH	BAH	B9H	B8H	

（1）PX0(IP.0)：外部中断 0 中断优先级设定位。

（2）PT0(IP.1)：定时/计数器 T0 中断中断优先级设定位。

（3）PX1(IP.2)：外部中断 1 中断优先级设定位。

（4）PT1(IP.3)：定时/计数器 T1 中断中断优先级设定位。

（5）PS(IP.4)：串行口中断中断优先级设定位。

同一优先级别中的中断申请不止一个时,也存在中断优先权排列问题。同一优先级的中断优先权排列,由中断系统硬件确定的自然优先级形成,其排列如表 5-5 所示。

由此可以看出,优先级相同时,外部中断 0 优先级最高,串行口中断优先级最低。51 单片机的中断优先权有以下三条原则。

表 5-5　中断优先权排列

中　断　源	中　断　级　别
外部中断 0	最高
T0 溢出中断	
外部中断 1	↓
T1 溢出中断	
串行口中断	最低

（1）CPU 同时接收到几个中断时,首先响应优先级别最高的中断请求。

（2）正在进行的中断过程不能被新的同级或低优先级的中断请求中断。

（3）正在进行的低优先级中断服务程序,能被高优先级中断请求中断。

为了实现上述后两条原则,中断系统内部设有两个用户不能使用的优先级状态触发器。其中一个置"1",表示正在响应高优先级的中断,它将阻断后来所有的中断请求;另一个置"1",表示正在响应低优先级中断,它将阻断后来所有的低优先级中断请求。

5.2　51 单片机的中断处理过程

5.2.1　中断响应的条件和时间

1. 中断响应条件

CPU 响应中断的条件如下。

（1）中断源发出中断请求。

（2）此中断源的中断允许位为 1。

（3）CPU 开中断(即 EA＝1)。

同时满足这三个条件,CPU才有可能响应中断。

CPU执行程序过程中,在每个机器周期的S5P2期间,中断系统对各个中断源进行采样。这些采样值在下一个机器周期期间将按优先级和内部顺序被依次查询。如果某个中断标志在上一个机器周期的S5P2时被置成了"1",那么它将在下一个查询周期被发现。CPU会执行一条由中断系统提供的硬件LCALL指令,转向被称作中断向量的特定地址单元,进入相应的中断服务程序。

中断响应是有条件的,并不是查询到的所有中断请求都能被立即响应,当遇到下列3种情况之一时,中断响应被封锁。

(1) CPU正在处理同级或更高优先级的中断。因为当一个中断被响应时,要把对应的中断优先级状态触发器置"1"(该触发器指出CPU所处理的中断优先级别),从而封锁低级中断请求和同级中断请求。

(2) 所查询的机器周期不是当前正在执行指令的最后一个机器周期。设定这个限制的目的是确保当前指令执行的完整性。

(3) 正在执行的指令是RETI或是访问IE或IP的指令。按照中断系统的规定,在执行完这些指令后,需要再执行完一条指令,才能响应新的中断请求。

如果存在上述3种情况之一,CPU将丢弃中断查询结果,不能对中断进行响应。也就是说,中断标志曾经有效,但未被响应,查询过程在下个机器周期重新进行。

2. 中断响应时间

图5-3所示为某中断的响应时序。

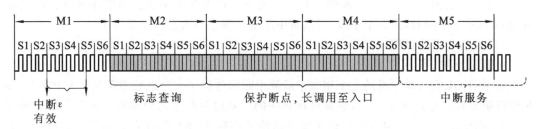

图5-3 某中断的响应时序

从中断源提出中断申请,到CPU响应中断(如果满足了中断响应条件),需要一定的时间。中断的响应至少需要3个机器周期。

(1) 其中1个周期用于CPU对各中断标志位进行查询。

(2) 如果具备响应条件,CPU执行中断系统提供的对相应向量地址的长调用LCALL指令,这个过程要占用2个机器周期。

上述3个机器周期是响应任何中断所必需的。如果中断响应因下述条件而受阻的话,就要增加等待时间。

CPU进行中断标志位查询时,刚好执行RETI或访问IE或IP的指令,则需把RETI或访问IE或IP的指令执行完再继续执行1条指令后,才能响应中断。执行上述的过程,最长需要2个机器周期。CPU接着再执行1条指令,当正好遇到乘、除法指令时(乘法指令MUL和除法指令DIV需要4个机器周期),由于中断响应必须是执行指令的最后1个机器周期,因此要延长4个机器周期。再加上硬件子程序调用指令LCALL的执行,需要2个机器周期,所以,外部中断响应的最长时间为8个机器周期。

由此可见,在 1 个单一的中断中,中断响应时间至少 3 个机器周期,最多 8 个机器周期。

如果已经在处理同级或更高级中断,外部中断请求的响应时间取决于正在执行的中断服务程序的处理时间,在这种情况下,响应时间就无法计算了。

5.2.2 中断响应过程

CPU 响应中断的过程如下。

(1) 将相应的优先级状态触发器置 1,以阻断后来的同级或低级的中断请求。

(2) 执行一条中断系统硬件提供的 LCALL 指令,即把程序计数器 PC 当前的内容压入堆栈保存(称为断点保护),再将相应的中断服务程序的入口地址(如外部中断 0 的入口地址为 0003H)送入 PC。MCS-51 系列单片机中断源的中断服务程序入口地址是固定的,它们与中断源的对应关系如表 5-6 所示。

表 5-6 MCS-51 系列单片机中断源中断服务程序入口地址表

中 断 源	中断入口地址
外部中断 0	0003H
定时/计数器 T0	000BH
外部中断 1	0013H
定时/计数器 T1	001BH
串行口中断	0023H

由表 5-6 看到,每 2 个中断源的中断入口地址间隔 8 个字节。例如外部中断 0,其地址为 0003H~000AH,共 8 个字节,可以将中断服务程序写入这 8 个字节中。

(3) 执行中断服务程序。

中断服务程序由用户编写完成。编写中断服务程序时应注意以下两点。

① 由于 51 系列单片机的 2 个相邻中断源中断服务程序入口地址相距只有 8 个字节,如果中断服务程序超过 8 个字节,通常可在相应的中断服务程序入口地址单元放 1 条长转移指令 LJMP,这样可以使中断服务程序能灵活地安排在 64 KB 程序存储器的任何地方。若在 2 KB 范围内转移,则可用 AJMP 指令。

② 硬件提供的 LCALL 指令,只是将 PC 内的断点地址压入堆栈保护,而对其他寄存器(如程序状态字寄存器 PSW、累加器 A 等)的内容并不做保护处理。如果中断服务程序中用到的寄存器与调用它的主程序冲突,可以和子程序一样,在中断服务程序中,先用软件保护现场,在中断服务之后、中断返回前恢复现场,以免从中断服务程序返回后,丢失主程序中原寄存器、累加器的内容,此过程称为现场保护。

注意:断点保护是由硬件自动完成的,而现场保护必须由用户用软件来实现。

5.2.3 中断返回

在中断服务程序中的最后一条指令必须为中断服务程序返回指令 RETI。RETI 指令使 CPU 结束中断服务程序的执行,返回到曾经被中断的程序处继续执行主程序。RETI 指令的具体功能如下。

(1) 将中断响应时压入堆栈保存的断点地址从栈顶弹出送回 PC,CPU 返回到中断的地方继续执行主程序。

（2）将相应中断优先级状态触发器清零，通知中断系统，中断服务程序已执行完毕。

注意：不能用子程序返回指令 RET 代替中断服务程序返回指令 RETI，因为用 RET 指令虽然也能控制 PC 返回到原来中断的地方，但 RET 指令没有清零中断优先级和状态触发器的功能，中断系统会认为中断仍在进行，其后果是与此同级的中断请求将不被响应。所以中断服务程序结束时必须使用 RETI 指令。

若用户在中断服务程序中进行了压栈操作进行现场的保护，则在 RETI 指令执行前应进行相应的弹出操作，使栈顶指针 SP 与保护断点后的值相同，即在中断服务程序中 PUSH 指令与 POP 指令必须成对使用，否则不能正确返回断点。

5.2.4　中断程序举例

例 5-1　图 5-4 所示为采用单外部中断源的数据采集系统示意图，将 P1 口设置成数据输入口，外围设备每准备好一个数据时，发出一个选通信号（正脉冲），使 D 触发器 Q 端置 1，经 $\overline{Q}$ 端向$\overline{INT0}$送一个低电平信号。如前所述，采用电平触发方式，外部中断请求标志 IE0 或（IE1）在 CPU 响应中断时不能由硬件自动清除。因此，在响应中断后，要设法撤除$\overline{INT0}$的低电平。撤除$\overline{INT0}$的方法是，将 P3.0 线与 D 触发器复位端相连，只要在中断服务程序中，由 P3.0 输出一个负脉冲，就能使 D 触发器复位，$\overline{INT0}$无效，从而清除 IE0 标志。

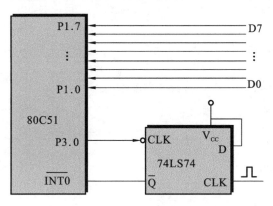

图 5-4　单一中断源示例

程序如下。

```
        ORG   0000H
START:LJMP  MAIN
        ORG   0003H
        LJMP  INTO
        ORG   0030H
MAIN: CLR   IT0                ;电平
        SETB  EA
        SETB  EX0
        MOV   DPTR,0#1000H
        ...
        ORG   0200H
```

```
INT0:PUSH  PSW
     PUSH  ACC
     CLR   P3.0          ;由 P3.0 输出 0
     NOP
     NOP
     SETB  P3.0
     MOV   P1,#0FFH      ;置 P1 口为输入
     MOV   A,P1          ;输入数据
     MOVX  @DPTR,A       ;存入数据存储器
     INC   DPTR          ;修改数据指针,指向下一个单元
     ...
     POP   ACC           ;恢复现场
     POP   PSW
     RETI
```

例 5-2 有 5 个外部中断源,中断优先级排队顺序为 XI0,XI1,XI2,XI3,XI4。试设计它们与 80C51 单片机的接口。

解 多外部中断电路图如图 5-5 所示,中断服务程序如下。

```
      ORG   0003H
      LJMP  INSE0
      ORG   0013H
      LJMP  INSE1
      ...
INSE0:PUSH  PSW          ;XI0 中断服务
      PUSH  ACC
      ...
      POP   ACC
      POP   PSW
      RETI
INSE1:PUSH  PSW
      PUSH  ACC
      JB    P1.0,DV1      ;P1.0 为 1,转 XI1 中断服务程序
      JB    P1.1,DV2      ;P1.1 为 1,转 XI2 中断服务程序
      JB    P1.2,DV3      ;P1.2 为 1,转 XI3 中断服务程序
      JB    P1.3,DV4      ;P1.3 为 1,转 XI4 中断服务程序
INRET:POP   ACC
      POP   PSW
      RETI
DV1:...                  ;XI1 中断服务程序
      AJMP  INRET
      ...
DV4:...                  ;XI4 中断服务程序
      AJMP  INRET
```

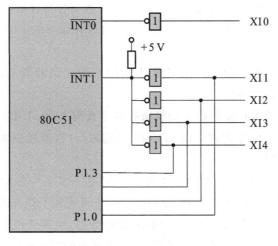

图 5-5　多外部中断源示例

 5.3 51 单片机的定时/计数器

MCS-51 单片机片内的接口电路包括 4 个 8 位并行 I/O 口,2 个 16 位可编程的定时/计数器以及 1 个全双工的串行口。这一章先介绍 MCS-51 定时/计数器的控制,再介绍定时/计数器的工作方式及应用。

5.3.1　定时/计数器的结构和工作原理

1. 定时/计数器的结构

8051 单片机内部有 2 个 16 位定时/计数器:1 个定时/计数器 0(T0)和 1 个定时/计数器 1(T1)。它们都具有定时和计数功能,可用于定时或延时控制,对外部事件进行检测、计数等,其内部结构如图 5-6 所示。

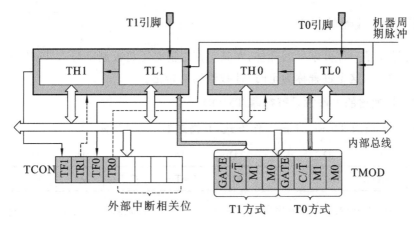

图 5-6　定时/计数器的内部结构框图

2. 定时/计数器的工作原理

1) 计数器工作模式

定时/计数器可对外来脉冲进行计数,T0(P3.4)和 T1(P3.5)为计数脉冲输入端,计数输入引脚的脉冲发生负跳变时,计数器加1。定时/计数器作为计数器时,外部事件脉冲必须从规定的引脚输入,且外部脉冲的最高频率不能超过时钟频率的1/24。

　　2)定时器工作模式

　　定时/计数器通过计数片内脉冲来实现定时功能:每个机器周期产生1个计数脉冲,即每经过1个机器周期,计数器加1。

　　用于实现定时/计数器控制的特殊功能寄存器主要有2个:TMOD是定时/计数器的工作方式寄存器,控制其工作方式和功能;TCON是定时/计数器控制寄存器,控制T0、T1的启动和停止及设置溢出标志。

　　MCS-51的可编程定时/计数器均有4种工作方式(方式0～方式3)。用户通过对相应的特殊功能寄存器编程,可以选择定时/计数器的工作模式和工作方式。

　　51单片机的定时/计数器实质是加1的16位计数器,由高8位和低8位两个寄存器组成。MCS-51单片机的输入脉冲有两个来源:一个为系统的时钟振荡器输出脉冲的12分频;另一个为T0或T1引脚输入的外部脉冲。每来一个脉冲,计数器加1,当加到计数器为全1(即FFFFH)时,再输入一个脉冲就使计数器回零,且计数器的溢出使TCON中TF0或TF1置1,向CPU发出中断请求(定时/计数器中断允许时)。如果定时/计数器工作于定时模式,则表示定时时间已到;如果工作于计数模式,则表示计数值已满。

　　当定时/计数器设置为定时应用时,设置为定时器模式,加1计数器是对内部机器周期计数(1个机器周期等于12个振荡周期,即计数频率为晶振频率的1/12)。计数值N乘以机器周期就是定时时间t。定时时间的计算公式为

$$定时时间\ t=(最大溢出值-定时初值)\times T=(最大溢出值-定时初值)\times(f_{osc}/12)$$

　　当定时/计数器设置为计数应用时,设置为计数器模式,外部事件计数脉冲由T0(P3.4)或T1(P3.5)引脚输入到计数器。每来一个外部脉冲,计数器加1。单片机对外部脉冲有基本要求:脉冲的高低电平持续时间都必须大于1个机器周期。计数值的计算公式为

$$计数值=溢出计数值-计数初值$$

　　所以,从根本上说,定时与计数都是通过计数实现的。

5.3.2　定时/计数器的控制

　　定时/计数器是一种可编程的部件,在其工作之前必须将控制字写入TMOD和TCON,用以确定工作方式,这个过程称为定时/计数器的初始化。

1. 定时/计数器的工作方式寄存器 TMOD

TMOD用于控制T0和T1的工作方式,其格式如图5-7所示。

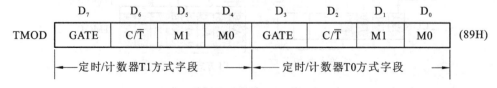

	D_7	D_6	D_5	D_4	D_3	D_2	D_1	D_0	
TMOD	GATE	C/$\overline{T}$	M1	M0	GATE	C/$\overline{T}$	M1	M0	(89H)
	←——定时/计数器T1方式字段——→				←——定时/计数器T0方式字段——→				

图 5-7　TMOD 的格式

　　其中,高4位控制定时/计数器T1,低4位控制定时/计数器T0。各位的含义如下。

　　(1) M1、M0:工作方式选择位。定时/计数器具有4种工作方式,由M1、M0来定义,如

表 5-7 所示。

表 5-7 定时/计数器工作方式的定义

M1	M0	工 作 方 式	说 明
0	0	0	13 位计数器,TL0、TL1 只用低 5 位
0	1	1	16 位计数器
1	0	2	常数自动重新装入的 8 位定时/计数器
1	1	3	T0:分成两个 8 位计数器。T1:停止计数

(2) C/$\overline{\text{T}}$:定时/计数器功能选择位。C/$\overline{\text{T}}$=0,则设置为定时工作方式;C/$\overline{\text{T}}$=1,则设置为计数工作方式。

(3) GATE:门控位。

GATE=0,由软件控制 TR0 或 TR1 位启动定时/计数器,只要用软件对 TR0(或 TR1)置"1",就启动了定时/计数器。

GATE=1,只有在$\overline{\text{INT0}}$(或$\overline{\text{INT1}}$)引脚为 1 且用软件对 TR0(或 TR1)置"1"时,才能启动定时器。

2. 定时/计数器的控制寄存器 TCON

TCON 用于控制定时/计数器的启动、停止以及反映定时/计数器的溢出和中断情况,其格式如图 5-8 所示。

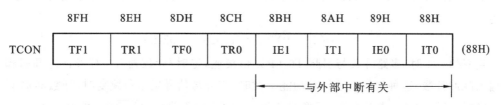

图 5-8 TCON 的格式

其中,TCON 的低 4 位与外部中断有关。高 4 位的含义如下。

(1) TF1:定时/计数器 T1 溢出标志。当定时/计数器 T1 溢出时置位 TF1,申请中断,在中断响应以后,硬件能自动对 TF1 标志位清零。

(2) TR1:定时/计数器 T1 的运行控制位,由软件置位或复位。当 GATE(TMOD.7)为 0,而 TR1 为 1 时,允许 T1 计数;当 TR1 为 0 时,禁止 T1 计数。当 GATE(TMOD.7)为 1 时,仅当 TR1=1 且$\overline{\text{INT1}}$输入为高电平时,才允许 T1 计数;TR1=0 或$\overline{\text{INT1}}$输入低电平时,都禁止 T1 计数。

(3) TF0:定时/计数器器 T0 溢出标志,其含义与 TF1 相同。

(4) TR0:定时/计数器器 T0 的运行控制位,其含义与 TR1 相同。

复位时,TMOD 和 TCON 的所有位均清零。

 # 5.4 51 单片机定时/计数器的工作方式

MCS-51 单片机有 4 种不同的工作方式,每种工作方式对应的初值设置方式、定时时间长度和计数个数都有区别,下面分别介绍。

5.4.1 工作方式 0

当 M1M0 为 00 时,定时/计数器被设置成工作在工作方式 0 下,是一个 13 位计数器。以 T0 为例,工作在工作方式 0 下的等效逻辑电路结构如图 5-9 所示,定时/计数器工作在工作方式 0 时,13 位计数器由 TL0 的低 5 位和 TH0 的全部 8 位构成。定时/计数器 T1 工作在工作方式 0 下时与 T0 完全相同。

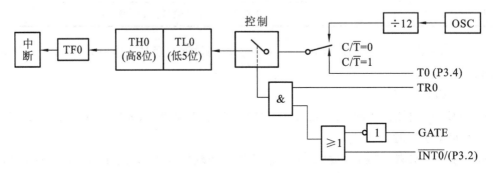

图 5-9 定时/计数器 T0 工作在工作方式 0 下的等效逻辑电路结构

当 $C/\overline{T}=0$ 时,控制开关接通内部振荡器,T0 对机器周期进行加 1 计数,其定时时间为

$$t=(2^{13}-T0\ 初值)\times 计数周期=(2^{13}-T0\ 初值)\times 时钟周期\times 12$$

如果晶振频率为 12 MHz,则时钟周期为 $1/12$ μs,当计数初值为 0 时,最长的定时时间为

$$t_{\max}=(2^{13}-0)\times 1\times 12\ \mu s=8.192\ ms$$

当 $C/\overline{T}=1$ 时,多路开关与引脚 T0 (P3.4) 接通,定时/计数器 T0 对来自外部引脚 T0 的输入脉冲计数,这种功能就是计数功能。此时,当外部信号发生负跳变时,计数器加 1。

定时/计数器 T0 能否工作,还受到 TR0,GATE 和引脚信号 $\overline{INT0}$ 的控制。由图 5-9 所示中的逻辑电路可知,当 GATE=0 时,只要 TR0=1 就可打开控制门,使定时/计数器工作;当 GATE=1 时,只有使 TR0=1 且 $\overline{INT0}=1$ 才可打开控制门。GATE,TR0,$C/\overline{T}$ 的状态选择由定时/计数器的控制寄存器 TMOD、工作方式 TCON 的相应状态确定,$\overline{INT0}$ 则是外部引脚上的信号。

在一般的应用中,通常使 GATE=0,从而由 TR0 的状态控制 T0 的开闭:TR0=1,打开 T0;TR0=0,关闭 T0。在特殊的应用场合,例如,利用定时/计数器测量接于 $\overline{INT0}$ 引脚上的外部脉冲的宽度时,可使 GATE=1,TR0=1。当外部脉冲出现上升沿,即 $\overline{INT0}$ 由 0 变 1 时,启动 T0 定时,测量开始;一旦外部脉冲出现下降沿,即 $\overline{INT0}$ 由 1 变 0 时,关闭 T0。

启动定时/计数器后,定时或计数脉冲加到 TL0 的低 5 位,从预先设置的初值(时间常数)开始不断增 1,TL0 计满后,向 TH0 进位。当 TL0 和 TH0 都计满后,置位 T0 的定时/计数器溢出标志 TF0,以此表明定时时间或计数次数已到。在满足一定的条件下,向 CPU 请求中断,如需进一步定时/计数,就需用指令重置时间常数。

5.4.2 工作方式 1

当 M1M0 为 01 时,定时/计数器工作在工作方式 1 下,是一个 16 位计数器。16 位计数器由 TH0(高 8 位)和 TL0(低 8 位)构成。定时/计数器 T0 工作在工作方式 1 下的等效逻辑电路如图 5-10 所示。有关控制位的功能与工作方式 0 完全相同。定时/计数器 T1 工作在工作方式 1 下时,其工作原理与 T0 是相同的。

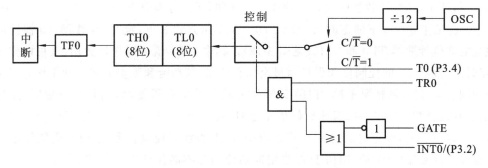

图 5-10　定时/计数器 T0 工作在工作方式 1 下的等效逻辑电路

定时/计数器 T0 工作在工作方式 1,并处于定时工作状态时,定时时间的计算公式为

$$t = (2^{16} - T0\ 初值) \times 时钟周期 \times 12$$

若晶振频率为 12 MHz,则最长的定时时间为

$$t_{\max} = (2^{16} - 0) \times 1 \times 12\ \mu s = 65.536\ ms$$

5.4.3　工作方式 2

当 M1M0 为 10 时,定时/计数器工作在工作方式 2 下,成为一个能自动恢复初值的 8 位定时/计数器。定时/计数器 T0 工作在工作方式 2 下的等效逻辑电路如图 5-11 所示。8 位定时/计数器 T0 由作为 8 位计数器的 TL0 及作为重置初值的缓冲器的 TH0 构成。启动 T0 前,TL0 和 TH0 装入相同的时间常数,当 TL0 计数满后,除定时/计数器溢出标志 TF0 置位,并向 CPU 请求中断外,TH0 中的时间常数还自动地装入 TL0,并重新开始定时或计数,所以,工作方式 2 是一种自动装入时间常数的 8 位计数器方式。由于这种方式不需要指令重装时间常数,因而操作方便,在允许的条件下,应尽量使用这种工作方式。当然,这种方式的定时/计数范围要小于工作方式 0 和工作方式 1。T0 工作在工作方式 2 下时的定时时间为

$$t = (2^8 - T0\ 初值) \times 计数周期 = (2^8 - T0\ 初值) \times 时钟周期 \times 12$$

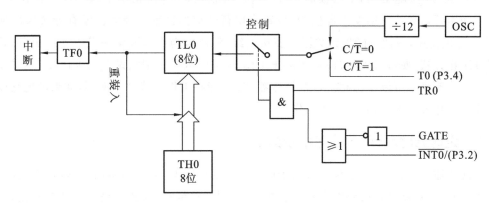

图 5-11　定时/计数器 T0 工作在工作方式 2 下的等效逻辑电路

5.4.4　工作方式3

在前面的三种工作方式中,两个定时/计数器的设置和使用是完全相同的。但是在工作方式3下,两个定时/计数器的设置和使用不尽相同,下面分别介绍。

(1) 在工作方式3下的定时/计数器T0。在工作方式3下,定时/计数器T0被拆成两个独立的8位计数器TL0和TH0(见图5-12)。其中,TL0既可以作计数用,又可以作定时用,定时/计数器T0的控制位和引脚信号全归它使用,其功能和工作方式0和工作方式1下完全相同。与TL0的情况不同,TH0只能作为简单的定时器使用,而且由于定时/计数器T0的控制位已被TL0独占,因此只好借用定时/计数器T1的控制位TR1和TF1,即以计数溢出去置位TF1,而定时的启动和停止则受TR1的状态控制。因此TL0既能作定时器使用也能作计数器使用,而TH0只能作定时器使用却不能作计数器使用,定时/计数器T0可以构成两个定时器或一个定时器、一个计数器。

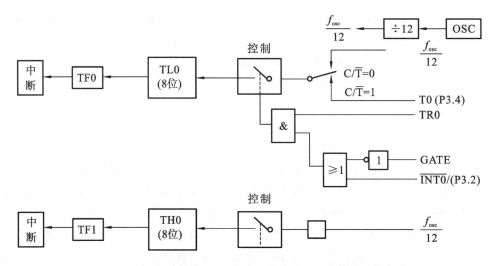

图 5-12　定时/计数器 T0 工作在工作方式 3 下的等效逻辑电路

(2) 工作方式3下的定时/计数器T1。如果定时/计数器T0已工作在工作方式3下,则定时/计数器T1只能工作在工作方式0、工作方式1或工作方式2下,它的运行控制位TR1及计数溢出标志位TF1已被定时/计数器T0借用,在这种情况下,定时/计数器T1通常是作为串行口的波特率发生器使用,以确定串行通信的速率。因为已没有计数溢出标志位TF1可供使用,因此只能把计数溢出直接送给串行口,当作为波特率发生器使用时,只需设置好工作方式,便可自动运行;若要停止工作,只需送入一个把它设置为工作在工作方式3下的方式控制字就可以了,因为定时/计数器T1不能在工作方式3下使用,如果硬把它设置为工作在工作方式3下,它就停止工作。

5.4.5　定时/计数器用于外部中断的扩展

如前所述,当实际应用系统中有两个以上的外部中断源,而片内定时/计数器未使用时,可利用定时/计数器来扩展外部中断源。扩展方法是,将定时/计数器设置为计数器模式,计数初值设定为满程,将待扩展的外部中断源接到定时/计数器的外部计数引脚,从该引脚输入一个下降沿信号,加1计数器加1后便产生定时/计数器溢出中断。因此,可把定时/计数器的外部计数引脚作为扩展中断源的中断输入端。

例如,用 T0 扩展一个外部中断源。将 T0 设置为计数器方式,按工作方式 2 工作, TH0、TL0 的初值均为 0FFH,T0 允许中断,CPU 开放中断。其初始化程序如下。

```
MOV   TMOD,#06H      ;置 T0 工作于工作方式 2
MOV   TL0,#0FFH      ;置计数初值
MOV   TH0,#0FFH
SETB  TR0            ;启动 T0 工作
SETB  EA             ;CPU 开中断
SETB  ET0            ;允许 T0 中断
...
```

T0 外部引脚上出现一个下降沿信号时,TL0 计数加 1,产生溢出,将 TF0 置 1,向 CPU 发出中断请求。

5.4.6　定时/计数器应用举例

定时/计数器是单片机应用系统中的重要功能部件。下面列举一些应用实例,通过分析这些例子来介绍定时/计数器的编程方法。在进行计数或定时之前,首先,要通过软件对它进行初始化。初始化程序应完成以下工作。

(1) 对 TMOD 赋值,以确定 T0 和 T1 的工作方式。

(2) 求初值,并写入 TH0、TL0 或 TH1、TL1。

(3) 中断方式时,要对 IE 赋值,开放中断。

(4) 使 TR0 或 TR1 置位,启动定时/计数器工作。

1. 计数应用

例 5-3　有一包装流水线如图 5-13 所示,产品每计数 24 瓶时发出一个包装控制信号。试编写程序完成这一计数任务。用 T0 完成计数,用 P1.0 发出控制信号。

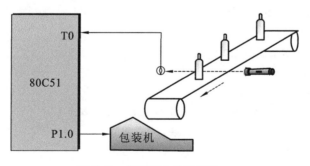

图 5-13　包装流水线示意图

(1) 确定方式字。T0 在计数的工作方式 2 下时:M1M0=10,GATE=0,C/$\overline{\text{T}}$=1;方式控制字为 06H。

(2) 求计数初值 X:$N=24$;$X=256-24=232=$E8H;应将 E8H 送入 TH0 和 TL0 中。

(3) 具体程序如下。

```
ORG   0000H
LJMP  MAIN
ORG   000BH
```

```
          LJMP   DVT0
          ORG    0100H
   MAIN:MOV    TMOD,#06H        ;置 T0 工作于工作方式 2
          MOV    TH0,#0E8H       ;装入计数初值
          MOV    TL0,#0E8H
          SETB   ET0             ;T0 开中断
          SETB   EA              ;CPU 开中断
          SETB   TR0             ;启动 T0
          SJMP   $               ;等待中断
   DVT0:SETB   P1.0
          NOP
          NOP
          CLR   P1.0
          RETI
          END
```

2. 定时应用

定时时间较短(小于 65 ms)、晶振为 12 MHz、指令周期 TCY 为 1 μs 时,可直接采用工作方式 1 完成定时任务。

例 5-4　利用定时/计数器 T0 的工作方式 1,产生 10 ms 的定时,并使 P1.0 引脚上输出周期为 20 ms 的方波,采用中断方式,设系统的晶振频率为 12 MHz。

确定方式控制字。

T0 工作在工作方式 1 下时:M1M0=01,GATE=0,C/$\overline{\text{T}}$=0,方式控制字为 01H。

求计数初值 X:TCY 为 1 μs;N=10 ms/1 μs=10 000;X=65 536−10 000=D8F0H,应将 D8H 送 TH0,F0H 送 TL0 。

具体程序如下。

```
          ORG    0000H
          LJMP   MAIN
          ORG    000BH
          LJMP   DVT0
          ORG    0100H
   MAIN:MOV    TMOD,#01H        ;置 T0 工作于工作方式 1
          MOV    TH0,#0D8H       ;装入计数初值
          MOV    TL0,#0F0H
          SETB   ET0             ;T0 开中断
          SETB   EA              ;CPU 开中断
          SETB   TR0             ;启动 T0
          SJMP   $               ;等待中断
   DVT0:CPL   P1.0
          MOV    TH0,#0D8H
          MOV    TL0,#0F0H
          RETI
          END
```

采用软件查询方式完成的源程序如下。

```
        ORG   0000H
        LJMP  MAIN              ;跳转到主程序
        ORG   0100H             ;主程序
MAIN:   MOV   TMOD,#01H         ;置 T0 工作于方式 1
LOOP:   MOV   TH0,#0D8H         ;装入计数初值
        MOV   TL0,#0F0H
        SETB  TR0               ;启动定时器 T0
        JNB   TF0,$             ;TF0=0,查询等待
        CLR   TF0               ;清 TF0
        CPL   P1.0              ;P1.0 取反输出
        SJMP  LOOP
        END
```

时间较长时(大于 65 ms),实现方法有两个:一是采用一个定时器定时一定的间隔(如 20 ms),然后用软件进行计数;二是采用两个定时器级联,其中一个定时器用来产生周期信号(如以 20 ms 为周期),然后将该信号送入另一个计数器的外部脉冲输入端进行脉冲计数。

例 5-5 编写程序,实现用定时/计数器 T0 定时,使 P1.7 引脚输出周期为 2 s 的方波。设系统的晶振频率为 12 MHz。

采用定时 20 ms,然后再计数 50 次的方法实现。

确定方式字:T0 工作在工作方式 1 下时,M1M0=01,GATE=0,C/T=0,方式控制字为 01H。

求计数初值 X:TCY 为 1 μs;N=20 ms/1 μs=20 000;X=65 536-20 000=4E20H,应将 4EH 送 TH0,20H 送 TL0。

具体程序如下。

```
        ORG   0000H
        LJMP  MAIN
        ORG   000BH
        LJMP  DVT0
        ORG   0030H
MAIN:   MOV   TMOD,#01H         ;置 T0 工作于工作方式 1
        MOV   TH0,#4EH          ;装入计数初值
        MOV   TL0,#20H          ;首次计数值
        MOV   R7,#50            ;计数 50 次
        SETB  ET0               ;T0 开中断
        SETB  EA                ;CPU 开中断
        SETB  TR0               ;启动 T0
        SJMP  $                 ;等待中断
DVT0:   DJNZ  R7,NT0
        MOV   R7,#50
        CPL   P1.7
NT0:    MOV   TH0,#4EH
```

```
        MOV  TL0,# 20H
        SETB  TR0
        RETI
        END
```

3. 门控位的应用

例 5-6　正脉冲信号如图 5-14 所示,测量$\overline{INT0}$引脚上出现的正脉冲宽度,并将结果(以机器周期的形式)存放在 30H 和 31H 两个单元中。

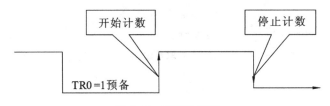

图 5-14　正脉冲信号

解　要进行正脉冲宽度的测量,需要经过以下 4 个步骤。

(1) 将 T0 设置为方式 1 的定时方式,且 GATE=1,计数器初值为 0,将 TR0 置 1。

(2) $\overline{INT1}$引脚上出现高电平时,加 1 计数器开始对机器周期计数。

(3) $\overline{INT1}$引脚上信号变为低电平时,停止计数。

(4) 读出 TH0、TL0 的值。

具体程序如下。

```
        ORG  0000H
        AJMP  MAIN
        ORG  0200H
MAIN:MOV  TMOD,#09H      ;置 T0 为定时器方式 1,GATE=1
        MOV  TH0,#00H       ;置计数初值
        MOV  TL0,#00H
        MOV  R0,#31H        ;置地址指针初值(指向低字节)
L1: JB  P3.2,L1              ;高电平等待
        SETB  TR0               ;当INT0由高变低时,TR0=1,准备好
L2: JNB  P3.2,L2            ;等待INT0变高
L3: JB  P3.2,L3              ;已变高,启动定时,直到INT0变低
        CLR TR0                 ;INT0由高变低,停止定时
        MOV  @R0,TL0        ;存结果
        DEC R0
        MOV  @R0,TH0
        SJMP $
        END
```

4. 工作方式 3 的应用

当 T0 工作于工作方式 3 下时,TH0 和 TL0 分成 2 个独立的 8 位计数器。其中,TL0 既可用作定时器,又可用作计数器,TH0 只能用作定时器。因此在 T0 的工作方式 3 下,可从不同引脚分别输出周期不同的方波。

例 5-7　已知单片机系统时钟频率 $f_{osc}=6$ MHz,试编写程序,利用定时/计数器

T0 工作在方式 3 下，使 P1.0 和 P1.1 分别输出周期为 1 ms 和 400 μs 的方波。

这两种方波半周期的定时所对应的 8 位计数器的初值分别如下。

定时 500 μs：256$-X=500/2$，初值 $X=6$。

定时 200 μs：256$-X=200/2$，初值 $X=156D=9CH$。

程序如下。

```
ORG   0000H
LJMP  MAIN
ORG   000BH          ;TF0 中断入口地址
LJMP  PULSE0
ORG   001BH          ;TF1 中断入口地址
LJMP  PULSE1
```

（1）主程序。

```
MAIN:MOV   TMOD,#03H      ;置 T0 工作于工作方式 3
     MOV   TL0,#6         ;装入计数初值
     MOV   TH0,#9CH
     SETB  ET0            ;允许定时器中断
     SETB  ET1
     SETB  EA             ;开中断
     ANL   P1,#0FCH       ;P1.0,P1.1 输出低电平
     SETB  TR0            ;启动定时器
     SETB  TR1
     SJMP  $
```

（2）中断服务程序 1。

```
PULSE0:MOV  TL0,#6        ;装入计数初值
       CPL  P1.0
       RETI
```

（3）中断服务程序 2。

```
PULSE1:MOV  TH0,#9CH      ;装入计数初值
       CPL  P1.1
       RETI
```

本 章 小 结

中断是指中央处理器 CPU 正在进行程序运行时，外部的某一事件(如高低电平、上下脉冲沿、内部定时器的溢出信号等)发生，请求 CPU 暂时中断当前的工作，运行该事件所请求的中断服务程序，完成中断服务以后，返回断点，继续原来的工作。

中断使单片机具有了实时处理功能，实现这种中断处理功能的机构称为中断系统。CPU处理事件的过程，称为 CPU 的中断响应过程。对事件的整个处理过程，称为中断处理(或中断服务)。产生中断的请求源称为中断请求源(或中断源)。中断源向 CPU 提出的处理请求，称为中断请求(或中断申请)。当 CPU 暂时中止正在执行的程序，转去执行中断服务程序时，除了单片机硬件自动把断点地址(16 位程序计数器 PC 的值)压入堆栈之外，用户应注意保护有关的工作寄存器、累加器、标志位等信息，这称为保护现场。在完成中断服务程序后，恢复有关的工作寄存器、累加器、标志位内容，这称为恢复现场。最后执行中断服务程序返回指令

RETI,从堆栈中自动弹出断点地址到 PC,继续执行被中断的程序,这称为中断返回。

在 MCS-51 系列单片机中,51 子系列单片机具有 5 个中断源,具有两 2 个中断优先级,可实现两级中断嵌套,4 个用于中断控制的特殊功能寄存器 IE、IP、TCON 和 SCON 用来控制中断的类型、中断的开放/禁止和各种中断源的优先级别。

8051 单片机内部有 2 个 16 位定时/计数器:定时/计数器 0(T0)和定时/计数器 1(T1)。它们都具有定时和计数功能,可用于定时或延时控制,对外部事件进行检测、计数等。定时/计数器 T0 由 2 个特殊功能寄存器 TH0 和 TL0 构成,定时/计数器 T1 由 TH1 和 TL1 构成。定时/计数器的工作方式寄存器 TMOD 用于设置定时器的工作方式,定时/计数器的控制寄存器 TCON 用于启动和停止定时/计数器的计数,并控制定时/计数器的状态。对于每一个定时/计数器,其内部结构实质上是一个可程控的加 1 计数器,由编程来设置它是工作在定时状态还是工作在计数状态。

习　题

1. 什么是中断? 51 单片机有哪几个中断源? 各自对应的中断入口地址是什么? 中断入口地址与中断服务子程序入口地址有区别吗?

2. 试编写一段对中断系统初始化的程序,使之允许 $\overline{INT1}$、$\overline{INT1}$、T0、串行口中断,且使 T0 中断为高优先级中断。

3. 试分析以下几个中断优先级的排列顺序(级别由高到低)是否有可能实现? 若能,应如何设置中断源的中断优先级别? 若不能,试述理由。

(1) T0、T1、$\overline{INT0}$、$\overline{INT1}$、串行口。

(2) 串行口、/$\overline{INT0}$、T0、$\overline{INT1}$、T1。

(3) $\overline{INT0}$、T1、/$\overline{INT1}$、T0、串行口。

(4) $\overline{INT0}$、/$\overline{INT1}$、串行口、T0、T1。

(5) 串行口、T0、$\overline{INT0}$、$\overline{INT1}$、T1。

(6) $\overline{INT0}$、$\overline{INT1}$、T0、串行口、T1。

(7) $\overline{INT0}$、T1、T0、$\overline{INT1}$、串行口。

4. 已知负跳变脉冲从 51 单片机 P3.3 引脚输入,且该脉冲数少于 65 535 个,试利用 $\overline{INT1}$ 中断,统计输入脉冲个数。脉冲数存内 RAM 30H(低位)、31H(高位)单元,并调用数据处理子程序 WORK 和显示子程序 DIR(已知,可直接调用)显示,要求用边沿触发方式。

5. 对于 51 单片机,当 $f_{osc}=6$ MHz 和 $f_{osc}=12$ MHz 时,最大定时各为多少?

6. 应用单片机内部定时/计数器 T0 工作在方式 1 下,从 P1.0 输出周期为 2 ms 的方波脉冲信号,已知单片机的晶振频率为 6 MHz。

7. 若 $f_{osc}=6$ MHz,要求 T1 定时 10 ms,选择工作方式 0,装入时间初值后 T1 计数器自启动,计算时间初值,并填入 TMOD、TCON 和 TH1、TL1 的值。

8. 要求 T0 工作在计数器方式(方式 0),计满 1 000 个数申请中断,计算计数初值 X 及填写 TMOD、TCON 和 TH0、TL0。

9. 利用定时/计数器来测量单次正脉冲宽度,采用何种工作方式可获得最大的量程? 设 $f_{osc}=6$ MHz,求允许测量的最大脉宽。

10. 将定时/计数器 T1 设置为外部事件计数器,要求每计数 100 个脉冲,T1 转为 1 ms 定时方式,定时到后,又转为计数方式,周而复始。设系统时钟频率为 6 MHz,试编写程序。

第⑥章 80C51 微控制器的串行通信

本章主要介绍 80C51 单片机的串行通信,80C51 内部除了并行口之外,还有一个功能强大的全双工异步通信串行口,可以同时进行串行数据的发送和接收,能够实现单片机系统之间的单机通信和多机通信。本章主要介绍串行通信的基本概念、串行口的结构及寄存器的使用、串行口的 4 种工作方式及其波特率设计、串行口的编程应用、多机通信原理。

6.1　串行通信的基本概念

通信是指单片机与外界(即外部设备)的数据交换,有并行数据传输(并行通信)和串行数据传输(串行通信)两种,而串行通信又有同步通信和异步通信之分。根据数据传输方向的不同,串行通信有单工方式、半双工方式和全双工方式,而且数据传输是在一定波特率下进行的。为了提高串行通信的可靠性,增大传输距离,工程中一般采用标准串行口,如采用 RS-232C、RS-422A 和 RS-485 等标准串行口来进行串行通信。下面就这些基本概念进行详细介绍。

6.1.1　数据通信

单片机与外部设备进行的数据交换可以称为通信。通信有两种情况,即并行数据传输和串行数据传输。这两种数据传输方式各有其有优缺点。

并行数据传输是指对 1 个数据的各个二进制位同时进行传输。如单片机处理 8 位数据时,至少同时使用 8 根数据线,才能 1 次传送 1 个字节的数据。图 6-1(a)所示为单片机 1 与单片机 2 之间 8 位数据并行通信的连接方法的示意图。这种传输方式的优点是,传输速度快、效率高,在传输距离较短的时候,可以使用多条电缆以提高传输速度。其缺点也较为明显,需要较多的数据线,数据有多少位就需要多少根数据线,且容易受到外界干扰,即在需要传输数据位数较多且传输距离又远时这种方式就不太适合了。

串行通信是指对 1 个数据的各个二进制位按顺序一位一位地进行传输。图 6-1(b)所示为单片机 1 与单片机 2 之间数据串行通信的连接方法的示意图。其优点是,仅需 2 根数据线就可以进行数据的传输,适合于远距离的数据传输,如处于较远两地的计算机之间采用串行通信就非常经济,且传输的过程中抗干扰能力强。其缺点是,每次发送 1 bit 数据,导致传输速度慢、效率较低。假设并行传送 N 位数据所需的时间为 T,那么串行传输的时间至少为 NT,实际上总是大于 NT。

6.1.2　串行通信的传输方式

按照数据在两个通信设备间的传输方向,可把串行通信划分为单工方式、半双工方式和全双工方式三种,如图 6-2 所示。只允许数据按照一个固定方向传输的方式,称为单工方式(simplex),如图 6-2(a)所示,即在通信中,一设备固定为发送端,另一设备固定为接收端,数据只能从发送端传输到接收端。允许数据从一个设备发送到另一个设备,也允许数据向相

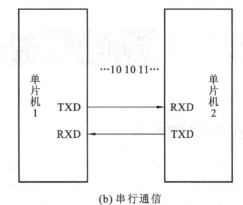

(a) 并行通信　　　　　　　　　　　(b) 串行通信

图 6-1　两种通信方式连接示意图

反方向传输,但每次在数据传输时只能由一个设备发送,另一个设备接收,这种方式称为半双工方式(half-duplex),如图 6-2(b)所示,即在通信中,采用一根数据线,数据通信在同一时刻只能是单向进行的,不能在发送数据的同时进行接收数据。允许同时进行双向传输数据的传输方式称为全双工方式(full-duplex),如图 6-2(c)所示,即在通信中,采用两根数据线,数据通信在同一时刻既能进行发送也能进行接收。

80C51 单片机有两根传输线 TXD 和 RXD,内部集成有全双工串行通信端口,可以实现多机全双工数据通信,但在一些简单的实际应用场合中,大多数采用的是半双工方式。

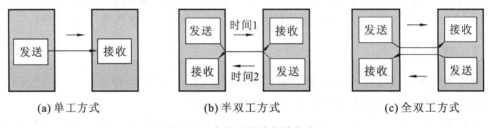

(a) 单工方式　　　　　(b) 半双工方式　　　　　(c) 全双工方式

图 6-2　串行通信的传输方式

6.1.3　同步通信和异步通信

80C51 单片机的串行通信是发送设备将数据的二进制位按照一定的顺序逐位发送,接收设备则按照对应的顺序位接收,并将数据恢复出来。80C51 单片机的串行通信有两种基本的通信形式,即异步通信(asynchronous communication)和同步通信(synchronous communication)。

1. 异步通信

在异步通信中,传输的数据是不连续的,每个数据都是以特定的帧的形式传输,发送设备将字符帧一位一位地发送出去,接收设备则一位一位地接收该字符帧,发送和接收两设备各自都有一个控制发送和接收的时钟,这两个时钟是不同步、相互独立的。每个帧为一个字符或一个字节,帧的典型格式如图 6-3 所示。一个典型的帧按顺序可以分成四个部分,即起始位、数据位、奇偶校验位和停止位。首先是起始位(0),用低电平(0 信号)表示,占一位,用来通知接收端有一个新字符到来,应准备接收;然后是数据位,根据需要,数据位可以是五位、六位、七位或八位,发送时总是传输完数据的低位后传输高位,即低位在前,高位在后;接下来是奇偶校验位,占一位,可用于有限差错检测,如不需要奇偶校验时,这一位可以改为其他的控制位或者省去不使用;最后是停止位,用高电平表示,占一位,表示发送一帧数据的结束。接收端接到停止位,就表示这一字符结束。若停止位以后不是紧跟着所要传输的下一个字符的起始位,则让线路保持为高电平(空闲),使线路处于等待状态。如图 6-3 所示,第 n 个数据帧是由一个起始位(0)、八个数据位(D0、D1、D2、D3、D4、D5、D6、D7,数据低位在前,高位在后)、一个校验位(P)和一个停止位(1)组成。一般情况下,一个数据帧传输完接着传输下一个数据帧,如图 6-3 所示,传输完第 $n-1$ 个数据帧马上接着传输第 n 个数据帧,即上一个帧的停止位和下一个帧的起始位是紧邻的。另外,也有在两个数据帧之间有空闲位的情况,如图 6-3 所示的第 n 个数据帧传输完之后,并不是马上接着传输第 $n+1$ 个数据帧,而是中间有三个空闲位,使得线路处于等待状态。

例如,在传输 ASCII 码数据时,有效数据有七位,起始位占一位,奇偶校验占一位,停止占一位,则一帧数据共有十位。

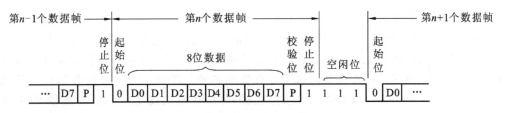

图 6-3　异步通信中数据传输的格式

2. 同步通信

对于前面提到的异步通信,其每个数据帧都包含 1 位起始位和 1 位停止位,有可能还有 1 位或多位空闲位,占用传输时间。当需要传输的数据量较大时,这种问题变得非常明显,降低了有效数据的传输效率,因此,一般情况下需要传输大量数据时采用同步方式。同步通信是一种连续传输数据流的串行通信方式。同步传输中,在数据块开始前,通常使用同步字符来指示,一般约定同步字符为 1~2 个,同步字符可以由用户约定,也可以采用 ASCII 码中规定的 SYNC 代码,即 16H,接着就是 1 个或多个数据字符,数据与数据之间没有间隔,最后为校验字符,即同步通信由同步字符、数据字符和校验字符 3 个部分组成。同步通信数据传输的典型格式如图 6-4 所示。

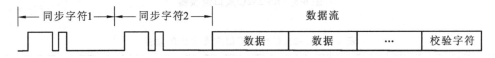

图 6-4　同步通信中数据传输的典型格式

同步通信中,由同步时钟来实现发送端和接收端的同步,首先发送端发送同步字符,然后数据紧跟在同步字符之后由发送端发送,当接收端检测到同步字符后,便开始逐个接收串行数据,直到所有数据接收完毕;接着按照发送端和接收端约定的数据长度恢复成为一个一个的数据字节;最后需要进行数据的校验,可以采用奇偶校验,也可以采用循环冗余校验(CRC)等方式进行校验,如果校验无误则结束一帧数据的传输。这里所说的帧和前面异步通信提到的帧具有不同的含义。

同步通信的优点是,不用单独发送每个数据字符,数据与数据之间不需要间隔,传输速率较高,可达到 56 Kb/s 或更高,适合一般高速数据通信的场合。但是,为了保证接收准确无误,发送端除了发送数据外,还需要同时发送用于使接收端与发送端同步工作的同步时钟,需增加相应的检查部件,硬件较为复杂,增加了系统设计的复杂性。

6.1.4　波特率

波特率(baud rate),即数据传输速率,表示的是每秒钟发送的二进制代码的位数,其单位为位/秒。波特率是串行通信的一个重要指标,波特率越高,代表数据传输的速度越快,这对 CPU 与外部设备的通信是非常重要的。假设数据传输速率为 170 字符/s,每个字符帧的格式采用 10 位编码,即 1 个起始位、1 个停止位和 8 个数据位,则波特率为

$$170 \text{ 字符}/s \times 10 \text{ 位}/\text{字符} = 1\ 700 \text{ 位}/s$$

每一位二进制代码的传输时间 T_d 可以用波特率的倒数来表示,即为

$$T_d = 1/\text{波特率} = 1/1\ 700 \text{ s} = 0.588\ 2 \text{ ms}$$

异步通信的传输速率一般在 50 bit/s~19 200 bit/s,且通信中的发送端和接收端必须采用相同的波特率。

6.1.5 三种标准串行通信接口

1. RS-232C 接口

RS-232C 是异步串行通信中应用较为广泛的标准总线,是由美国电子工业协会(EIA)于 1962 年制定的标准。RS-232C 定义了数据终端设备(DTE)与数据通信设备(DCE)之间的物理接口标准,其中,DTE 主要包括了计算机和各种终端机,而 DCE 的典型代表是调制解调器(modem)。RS-232C 标准中信号传输的最大电缆长度为 30 m,最高数传速率为 20 Kb/s。RS-232C 的机械指标规定了 2 种外部连接器,即 25 针 D 型连接器和 9 针 D 型连接器,如图 6-5 所示,而表 6-1 所示为 RS-232C 标准接口主要引脚的功能。

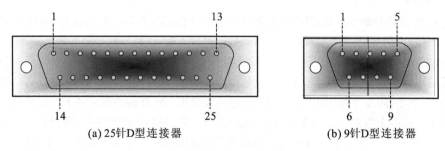

(a) 25针D型连接器   (b) 9针D型连接器

图 6-5　RS-232C 接口连接器

表 6-1　RS-232C 标准接口主要引脚的功能

插针序号	信号名称	功　　能	信号方向
1	PGND	保护接地	—
2(3)	TXD	发送数据(串行输出)	DTE→DCE
3(2)	RXD	接收数据(串行输入)	DTE←DCE
4(7)	RTS	请求发送	DTE→DCE
5(8)	CTS	允许发送	DTE←DCE
6(6)	DSR	DCE 就绪(数据建立就绪)	DTE←DCE
7(5)	SGND	信号接地	—
8(1)	DCD	载波检测	DTE←DCE
20(4)	DTR	DTE 就绪(数据终端准备就绪)	DTE→DCE
22(9)	RI	振铃指示	DTE←DCE

注:插针序号()内为 9 针非标准连接器的引脚号。

RS-232C 上传输的数字量采用负逻辑,而其控制和状态信号采用正逻辑:－3～－15 V 为逻辑 1,＋3～＋15 V 为逻辑 0;在控制线和状态线引脚 RTS、CTS、DSR、DTR 和 DCD 上,逻辑 1 对应电平为＋3～＋15 V,逻辑 0 对应电平为－3 V～－15 V。因此,RS-232C 的电平与 TTL 和 MOS 的电平互不兼容,两者连接时必须外加电平转换电路。RS-232C 与 TTL 的电平转换最常用的芯片有传输线驱动器 MC1488 和传输线接收器 MC1489。

RS-232C 标准接口的缺点是,传输距离短,传输速率低,抗干扰能力差,有电平偏移。

2. RS-422A 接口

RS-232C 在现代网络中暴露出了明显缺点,鉴于此,美国电子工业协会制定了 RS-422A 接口标准。RS-422A 采用了平衡驱动和差分接收的方法,规定了差分平衡的电气接口。当输入同一个信号的时候,一个驱动器的输出永远是另一个驱动器的相反信号,也就是说,每个方向用于数据传输的是两条平衡导线,相当于两个单端驱动器。当干扰信号作为共模信号出现时,接收器接收差分输入电压,就能识别两个信号并能正确接收传输信息。因此 RS-422A 可以克服 RS-232C 传输距离短、传输效率低、抗干扰能力不强等缺点。

RS-422A 接口的电路由四个部分组成,即发送器、接收器、平衡连接电缆和电缆终端负载。该标准允许驱动器输出±2～±6 V,接收器可以检测最低为 200 mV 的信号。因此,RS-422A 的电平与 TTL 和 MOS 的电平也是互不兼容的,这就需要进行电平转换。将 TTL 的电平转换成 RS-422A 的电平的常用芯片有 SN75172、SN75174、MC3487、AM26LS30、AM26LS31、UA9638 等;将 RS-422A 的电平转换成为 TTL 的电平的常用芯片有 SN75173、SN75175、MC3486、AM26LS32、AM26LS33、UA9637 等。TTL 的电平与 RS-422A 的电平转换电路如图 6-6 所示。

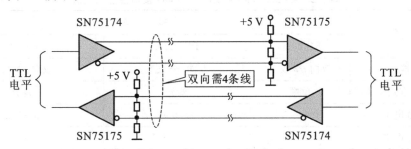

图 6-6　TTL 和 RS-422A 的电平转换电路

RS-422A 能在长距离、高速率下传输数据,RS-422A 的最大传输速率达到了 10 Mb/s,在这个传输速率下,允许电缆长度为 12 m;而采用较低的传输速率时传输距离更远,如速率为 90 Kb/s 时,传输距离可达 1 200 m。因此,与 RS-232C 相比,RS-422A 的传输性能较强,抗干扰能力也较强。

3. RS-485 接口

由上面的分析可以得知,使用 RS-422A 实现两机双向通信需四芯传输线路,对于长距离的工业现场通信,实际上使用 RS-422A 进行通信是不经济的。为了改进这种缺陷,美国电子工业协会在此基础上进行了半双工通信的研究,制定了 RS-485 标准,图 6-7 所示为 RS-485 接口点对点通信电路图。RS-485 是一种多发送器标准,在通信线路上最多允许并联 32 台驱动器和 32 台接收器。如果同一局部域网中所连接的设备数量超过 32 个,还可以使用中继器来实现。

RS-485 的信号传输采用两线间的电压来表示逻辑 1 和逻辑 0:驱动器输出在电压小于－1.5 V 的时候为逻辑 1,在大于＋1.5 V 的时候为逻辑 0;接收器输入电压在小于－0.2 V 的时候为逻辑 1,在大于 $+0.2\ V$ 的时候为逻辑 0。由于 RS-485 采用了差动传输技术,因此其干扰抑制性极好,且阻抗低,无接地问题等。RS-485 的使用电缆长度最长可达 1 200 m,传输速率最高可达 10 Mb/s。

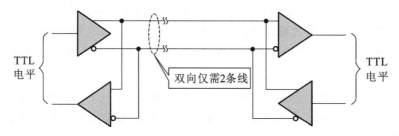

图 6-7   RS-485 接口点对点通信电路图

从上面分析可以看出,RS-485 是 RS-422A 的变型,两者的主要区别在于:RS-422A 采用的是全双工通信技术,用两对平衡差分信号线(双绞线);RS-485 采用的是半双工通信技术,用一对平衡差分信号线。对于采用半双工 RS-485 进行通信的两个通信设备,在某一时刻两个设备进行通信,只能是一个设备发送数据,而另一个设备接收数据,而且发送电路必须由使能端加以控制。

在工业现场,通常采用 RS-485 接口来实现多机通信。

4. 三种串行通信接口的性能比较

表 6-2 所示为 RS-232C、RS-422A、RS-485 这三种通信串行接口的各项性能比较。

表 6-2   RS-232C、RS-422A 和 RS-485 接口性能比较表

性　能	接　口		
	RS-232C	RS-422A	RS-485
功能	双向,全双工	双向,全双工	双向,半双工
传输方式	单端	差分	差分
逻辑 0 电平	3～15 V	2～6 V	1.5～0.2 V
逻辑 1 电平	−3～−15 V	−2～−6 V	−1.5～−0.2 V
最大传输速率	20 Kb/s	10 Mb/s	10 Mb/s
最大传输距离	30 m	1 200 m	1 200 m
驱动器加载输出电压	±5～±15 V	±2 V	±1.5 V
接收器输入敏感度	±3 V	±0.2 V	±0.2 V
接收器输入阻抗	3～7 kΩ	>4 kΩ	>7 kΩ
组态方式	点对点	1 台驱动器,10 台接收器	32 台驱动器,32 台接收器
抗干扰能力	弱	强	强
传输介质	扁平或多芯电缆	两对双绞线	一对双绞线
常用接收器芯片	MC1489	SN75175、MC3486 等	SN75175、MC3486、SN75176 等
常用驱动器芯片	MC1488	SN75174、MC3487 等	SN75174、MC3487、SN75176 等

 6.2   串行口结构及其寄存器

80C51 单片机串行通信口的内部结构如图 6-8 所示,它是一个全双工的异步串行通信

口,由串行发送控制器、发送缓冲器、接收缓冲器、接收控制器、输出控制门、输入移位寄存器、发送数据引脚 TXD(P3.1)和接收数据引脚 RXD(P3.0)等组成。串行发送与接收的速率必须与移位时钟是同步的。单片机是使用 T1 作为串行通信的波特率发送器,其中 T1 的溢出率经过二分频或者不经过分频(是否分频需要看定时/计数器的控制寄存器 SMOD 的设置情况),接着进行十六分频,把分频之后的频率作为串行发送器或接收器的移位脉冲频率,即发送器或接收器的波特率。接收器是一个双缓冲器,这个双缓冲器的特性是,在前一个字节数据被接收缓冲器读取之前,第二个字节数据开始被接收(其原因是数据串行输入到了移位寄存器),当第二字节数据在接收完毕之前并且前一个字节数据未被单片机的 CPU 读取时,会丢弃前一个字节的数据。

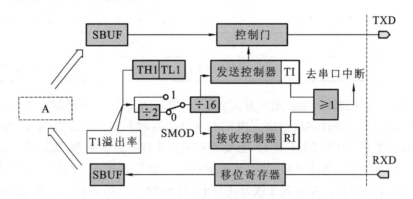

图 6-8   80C51 单片机串行通信口的内部结构

与串行口操作有关的主要寄存器共有三个,即串行数据缓冲寄存器 SBUF、串行口控制寄存器 SCON 和串行通信波特率倍增寄存器 PCON。下面详细介绍这三个寄存器的功能。

1. 串行数据缓冲寄存器 SBUF

80C51 单片机的串行口有两个物理上相互独立的数据接收和发送缓冲寄存器 SBUF,一个用于发送数据,另一个用于接收数据。但值得注意的是,数据发送缓冲寄存器 SBUF 只能写入数据,不能读出数据;数据接收缓冲寄存器 SBUF 只能读出数据,不能写入数据,这正好与数据发送缓冲寄存器 SBUF 相反。尽管发送缓冲寄存器和接收缓冲寄存器是物理上独立的,但它们使用同一地址(99H)。由于是由单片机读、写命令来决定是访问接收缓冲寄存器还是访问发送缓冲寄存器,因此尽管它们使用的是同一地址(99H),也并不会给用户造成使用上的混乱。数据接收缓冲寄存器 SBUF 和数据发送缓冲寄存器 SBUF 的读写指令分别如下。

```
MOV    SBUF,A      ;写缓冲器
MOV    A,SBUF      ;读缓冲器
```

其中:第一条指令对数据发送缓冲寄存器进行操作,将累加器 A 中的数据写入数据发送缓冲寄存器;第二条指令是对数据接收缓冲寄存器进行操作,将读取数据缓冲寄存器中的数据并送入累加器 A 中。

2. 串行口控制寄存器 SCON

串行口控制寄存器 SCON 用于选择单片机串行通信的工作方式和某些控制功能,控制单片机串行口通信规则。串行口控制寄存器 SCON 的格式如图 6-9 所示。

9FH	9EH	9DH	9CH	9BH	9AH	99H	98H	
SCON	SM0	SM1	SM2	REN	TB8	RB8	TI	RI	98（H）

图 6-9 串行口控制寄存器 SCON 的格式

SM0、SM1：串行口工作方式选择位，其定义如表 6-3 所示。

表 6-3 串行口工作方式选择

SM0	SM1	工 作 方 式	功 能 说 明	波 特 率
0	0	方式 0	8 位移位寄存方式（用于扩展并行 I/O 口）	$f_{osc}/12$
0	1	方式 1	8 位 UART（异步收发）	可变（T1 溢出率/n）
1	0	方式 2	9 位 UART（异步收发）	$f_{osc}/64$ 或 $f_{osc}/32$
1	1	方式 3	9 位 UART（异步收发）	可变（T1 溢出率/n）

SM2：多机通信控制位，主要用于方式 2 和方式 3 多机通信控制设置。在方式 2 或方式 3 下时，如果 SM2＝1，允许多机通信。当 SM2 置 1 且接收的第 9 位数据（RB8）为 0 时，表示为数据帧，则不激活 RI（即 RI 不置 1），且要将前面接收到的数据丢弃；如果接收到的第 9 位数据（RB8）为 1 时，表示为地址帧，此时将收到的前 8 位数据送入 SBUF 中，并置位中断标志 RI＝1，进行中断申请。在方式 2 或方式 3 下，当 SM2＝0 时，从机可以接收所有的信息。从机接收到一帧数据后，无论第 9 位数据（RB8）是 0 还是 1，都将启动中断标志 RI，即 RI＝1，并将接收到的数据送入 SBUF 中。在方式 1 下接收数据时，如果 SM2＝1，且接收到有效的停止位时，则激活 RI（即 RI 置 1），以便接收下一帧数据。在方式 0 下时，SM2 必须设置为 0。

REN：允许串行接收位，相当于单片机串行通信中的串行数据接收的开关。根据需要，由软件置 1 来允许接收，由软件置 0 来禁止接收。

TB8：在方式 2 和方式 3 下发送的第 9 位数据。根据发送数据时的需要由软件置位或复位，可作奇偶校验位，也可在多机通信中作为区别地址或数据帧的标志位。在方式 0 下，该位未使用。

RB8：在方式 2 和方式 3 下，是接收到的第 9 位数据。它可以是约定的奇偶校验位，也可以是约定的地址/数据标志位。在方式 1 下，若 SM2＝0，则 RB8 中存放已接收到的停止位。方式 0 中不使用 RB8。

TI：发送中断标志位。在方式 0 下，串行发送第 8 位结束时，由硬件置位 TI。在其他 3 种方式下，串行发送停止位开始时，由硬件置位 TI。TI＝1，表示一帧数据发送完毕。可由软件查询 TI 的状态，TI 为 1，则向 CPU 申请中断，CPU 响应中断，发送下一帧信息。TI 标志必须由软件清零。

RI：接收中断标志位。在方式 0 下，串行接收到第 8 位数据时，由硬件置位 RI。在其他 3 种方式下，如果 SM2 控制位允许，则串行接收到停止位时由硬件置位 RI。RI＝1，表示一帧信息接收结束。可由软件查询 RI 的状态，RI 为 1，表示向 CPU 申请中断，CPU 响应中断，准备接收下一帧信息。RI 不会自动复位，必须由软件清零。

发送中断和接收中断是同一中断向量的中断服务程序，所以在全双工通信时，必须由软件查询是发送中断 TI 还是接收中断 RI。

由于 SCON 可以进行位寻址,因而在汇编语言程序中,可以使用下列语句设置 SCON 寄存器。

> SETB　SM0
>
> SETB　SM1

这两条语句采用位寻址方式分别置位 SM0 和 SM1,即用于设置串行口工作于工作方式 3 下。

也可以通过直接为寄存器 SCON 赋值来设置串行口,例如:

> SCON＝0x50

该语句表示设置串行口工作于工作方式 1 下,允许接收数据。

3. 串行通信波特率倍增寄存器 PCON

串行通信波特率倍增寄存器 PCON 用于 CHMOS 型单片机中的电源控制,又称电源控制寄存器,其格式如图 6-10 所示。PCON 的单元地址为 87H,不能进行位寻址。

D7	D6	D5	D4	D3	D2	D1	D0
SMOD	—	—	—	GF1	GF0	PD	IDL

图 6-10　PCON 寄存器的格式

PCON 中最高位 PCON.7 是串行波特率系数位,PCON 中的其他位与串行口操作没有关系,故这里不介绍。当 SMOD＝1 时,串行口波特率加倍。在汇编语言中,使用 MOV 指令来对寄存器 PCON 进行操作,例如:

> MOV　PCON,＃80H

该语句表示为 PCON 赋值 0x80,相当于置 SMOD 为 1,波特率倍增。

6.3　串行口工作方式

80C51 单片机的串行口有 4 种工作方式,这 4 种工作方式由特殊功能寄存器 SCON 中的 SM0、SM1 位定义,如表 6-3 所示。但是,串行通信主要使用方式 1、方式 2、方式 3,而方式 0 主要用于扩展并行 I/O 口。

6.3.1　方式 0

SM0、SM1 两位都为 0 时,串行口以方式 0 工作。在方式 0 下,串行口的 SBUF 作为同步移位寄存器使用,发送缓冲寄存器 SBUF 相当于一个并入串出的移位寄存器。接收缓冲寄存器 SBUF 相当于一个串入并出的移位寄存器。数据从 RXD(P3.0)进入或发出,不论是发送数据还是接收数据,都在 TXD (P3.1)引脚上发出同步移位脉冲。

1. 方式 0 的发送

串行口以方式 0 发送数据时,数据由 RXD 端串行输出,TXD 端输出同步信号,当一个数据写入串行口发送缓冲寄存器 SBUF 后,就启动串行口发送器,串行口即把 8 位数据以 $f_{osc}/12$ 的波特率从 RXD 端串行口输出(低位在前),发送完毕则置中断标志 TI 为 1,请求中断,表示发送缓冲寄存器已空。但是 TI 不会自动清零,当要发送下一组数据时,需在软件中设置 TI＝0,才能发送下一组数据。方式 0 的发送时序如图 6-11 所示。在方式 0 下发送数据时,外接串入并出的移位寄存器 74LS164 作扩展并行输出口,如图 6-12 所示。

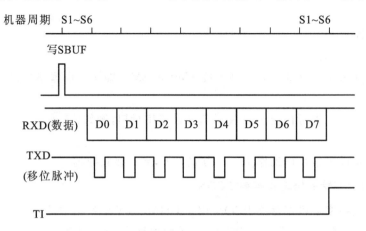

图 6-11　方式 0 的发送时序

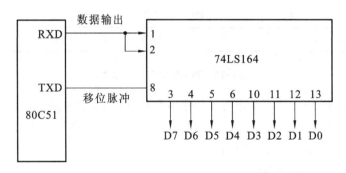

图 6-12　串行口方式 0 下扩展并行输出口

在方式 0 下,程序可以按照下面步骤来发送数据。

(1) 置串行口控制寄存器 SCON 的 TI 为 0,启动串行口发送。

(2) 执行写发送缓冲寄存器指令。示例如下。

  MOV　SBUF,A

2. 方式 0 的接收

将串行口定义为工作于方式 0 下,并使 REN 置 1 后,便启动串行口以方式 0 接收数据,此时 RXD 端为数据输入端,TXD 端为同步脉冲信号输出端。接收器以 $f_{osc}/12$ 的波特率采样 RXD 端的输入数据(低位在前)。当接收器收到 8 位数据时,置中断标志 RI 为 1,请求中断,表示接收数据已经装入接收缓冲寄存器,可以由 CPU 指令读取。方式 0 的接收时序如图 6-13 所示。以方式 0 输入时,可外接并入串出的移位寄存器 74LS165,如图 6-14 所示。

在方式 0 下,程序可以按照下面步骤来接收数据。

(1) 置串行口控制寄存器 SCON 的 RI 为 0,REN=1,启动串行口接收。

(2) 执行读接收缓冲寄存器指令。示例如下。

  MOV　A,SBUF

6.3.2　方式 1

当寄存器 SCON 中的 SM0、SM1 分别为 0、1 时,串行口以方式 1 工作,可以作为 8 位异步通信接口,传送一帧信息为 10 位,包括 1 位起始位(0)、8 位数据位(先低位,后高位)和 1

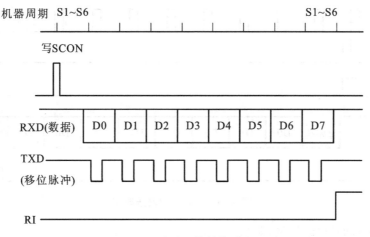

图 6-13　方式 0 的接收时序

位停止位(1),如图 6-15 所示。

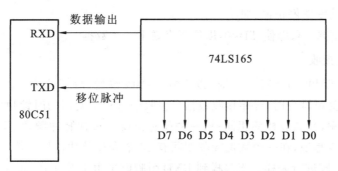

图 6-14　串行口方式 0 下扩展并行输入口

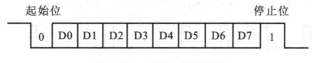

图 6-15　方式 1 的帧格式

1. 方式 1 的发送

以方式 1 发送数据时,数据由 TXD 端输出。只要把 8 位数据写入发送缓冲寄存器 SBUF,便启动串行口发送器发送。启动发送后,串行口能自动地在数据的前后分别插入 1 位起始位(0)和 1 位停止位(1),以构成一帧信息,然后在发送移位脉冲的作用下,依次从 TXD 端上发出。在 8 位数据发出之后,也就是停止位开始时,使 TI 置 1,用以通知 CPU 可以送出下一个数据。当一帧信息发完之后,自动保持 TXD 端的信号为 1。方式 1 的发送时序如图 6-16 所示。

以方式 1 发送数据时的移位时钟是由定时/计数器 T1 送来的溢出信号经过十六或三十二分频(取决于 SMOD 位值)而得到的。因此,方式 1 的波特率是可变的。

在方式 1 下,数据发送一般经过以下几个步骤。

(1) 初始化串行口及波特率。

(2) 置串行口控制寄存器 SCON 的 TI 为 0,启动串行口发送。

(3) 执行写发送缓冲寄存器 SBUF 指令。

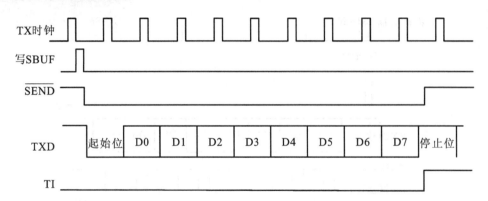

图 6-16　方式 1 的发送时序

（4）硬件自动发送起始位，即 0。

（5）发送 8 位数据，地位首先发送，直到最后一个数据发送完成。最后一个发送的是数据的高位。

（6）硬件自动发送停止位，即 1。

（7）用软件清除 TI，即使 TI＝0，以便于发送下一个数据。

2. 方式 1 的接收

当 REN＝1，SM0＝0，SM1＝1 时，以方式 1 接收数据，数据从单片机的 RXD 端输入。当检测到起始位为负跳变时，开始接收数据。接收的过程中使用的时钟频率有两种：一种是接收移位时钟频率，其和波特率相同；另一种就是位检测采样脉冲频率，其是接收移位脉冲频率的 16 倍，也就是说，在一个数据接收期间有 16 个采样脉冲，以 16 倍于波特率的速率对单片机的 RXD 引脚进行采样。当采样到 RXD 引脚电平由 1 变 0 时，就启动检测器，接收的值是 3 次连续采样的值，取其中 2 次相同的值，以保证可靠无误地接收数据。当确认起始位有效后，就开始接收一帧数据。方式 1 的接收时序如图 6-17 所示。

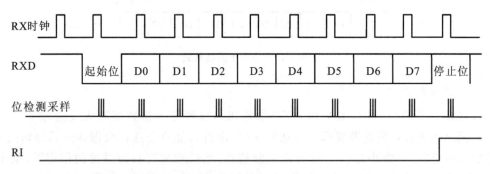

图 6-17　方式 1 的接收时序

在方式 1 下，数据接收的一般步骤如下。

（1）置串行口控制寄存器 SCON 的 REN 为 1，启动串行口数据接收，单片机的 RXD 引脚开始进行串行口通信起始位确认有效的采样。

（2）在数据传递时，RXD 引脚的状态为 1 时，检测到从 1 到 0 的跳变，确认数据起始位为 0，即此时得到了串行通信的有效起始位。

（3）开始接收一帧的串行数据，在接收移位脉冲的控制下，将收到的数据一位一位地送入移位寄存器，直到 9 位数据完全接收完毕。其中，最后一位数据为停止位。

（4）当 RI＝0，并且接收的停止位为 1，或 SM2＝0 时，8 位数据送入接收缓冲寄存器 SBUF 中，停止位送入 RB8 中，同时置 RI 为 1，否则，刚接收到的 8 位数据不装入 SBUF，丢弃当前接收到的数据。

（5）当数据送入接收缓冲寄存器之后，就可以执行读 SBUF 指令来读取数据。

（6）用软件程序清零标志位 RI，以便于下一次接收数据。

6.3.3　方式 2 和方式 3

寄存器 SCON 中的 SM0＝1，SM1＝0，串行口以方式 2 工作；SM0＝1，SM1＝1，串行口以方式 3 工作。串行口工作在方式 2 和方式 3 下时，都为 9 位异步通信，且用于多机通信。在方式 2 和方式 3 下，一帧数据由 11 位组成，包括 1 位起始位（0）、8 位数据位（先低位，后高位）、1 位附加程控位（1/0）、1 位停止位（1），如图 6-18 所示。

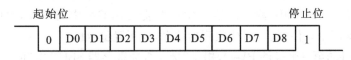

图 6-18　方式 2 和方式 3 的帧格式

方式 2 和方式 3 的收发操作是完全一样的，只是波特率不同。方式 2 的波特率只有两种，即 $f_{osc}/64$ 和 $f_{osc}/32$（取决于 SMOD 的值），而方式 3 的波特率是把定时/计数器 T1 产生的溢出率经过十六或三十二分频（取决于 SMOD 的值）而得到的，即改变 T1 产生的溢出率便得到不同的波特率。

1．方式 2 和方式 3 的发送

当串行口以方式 2 或方式 3 发送数据时，需要发送的数据由单片机 TXD 引脚输出，发送一帧 11 位数据，附加的第 9 位数据 D8 是 SCON 中的 TB8 数据（该位可作奇偶校验位或地址/数据标志位，这由发送双方设备通信协议约定而确定），CPU 执行一条数据写入发送缓冲寄存器 SBUF 的指令，就启动发送器发送，发送完信息，置中断标志 TI 为 1。方式 2 和方式 3 的发送时序如图 6-19 所示。

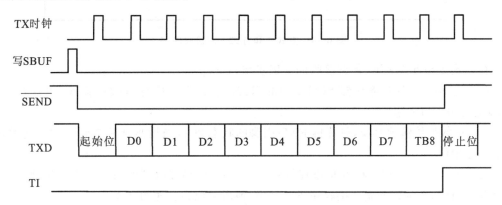

图 6-19　方式 2 和方式 3 的发送时序

在方式 2 和方式 3 下，数据发送的一般步骤如下。

（1）设置串行口控制寄存器 SCON 的 TI，使 TI＝0，启动串行口发送，并装入 TB8 的值。

（2）执行写数据发送缓冲寄存器 SBUF 指令（MOV SBUF,A）。

（3）硬件自动发送起始位，即发送 0。

（4）发送 8 位数据，低位先发送，高位后发送。

（5）发送第 9 位数据，即 TB8 中的数据。

（6）硬件自动发送停止位，即发送 1，同时置 TI＝1，发送完毕。

（7）在程序中使用软件指令清零 TI，即使 TI＝0，以便于下一次发送数据。

2. 方式 2 和方式 3 的接收

当串行口以方式 2 或方式 3 接收数据时，需要接收的数据由单片机 RXD 引脚输入。接收过程与方式 1 基本相似。不同之处在于，方式 2 或方式 3 存在着真正的第 9 位（附加位 D8）数据，需要接收 9 位有效数据，而方式 1 只是把停止位当作第 9 位数据来处理。方式 2 或方式 3 在 REN＝1 时，允许接收，接收器开始以 16 倍所建立的波特率的速率采样 RXD 电平，当检测到 RXD 端有从 1 到 0 的变化时，启动接收器接收，把接收到的 9 位数据逐位移入移位寄存器中。接收完一帧信息后，当 RI＝0 且 SM2＝0（或接收到的第 9 位数据 D8 为 1）时，前 8 位数据装入 SBUF 中，附加的第 9 位数据装入 SCON 中的 RB8，置中断标志 RI 为 1。如果不满足这两个条件，就丢弃接收到的信息，并不置位 RI。

上述两个条件的第一个条件 RI＝0，提供"接收缓冲寄存器 SBUF 空"的信息，即用户已把 SBUF 中的（上次接收的）数据取走，故可再次写入；第二个条件 SM2＝0 或收到的第 9 位数据为 1，则提供了某种机会来控制串行口的接收。若第 9 位是奇偶校验位，则可令 SMOD＝0，以保证可靠地接收；若第 9 位数据参与对接收的控制，则可令 SM2＝1，然后依据所置的第 9 位数据来决定接收是否有效。

串行口方式 2 和方式 3 的接收时序如图 6-20 所示。

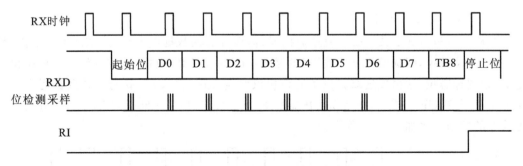

图 6-20 方式 2 和方式 3 的接收时序

在方式 2 和方式 3 下，数据接收的一般步骤如下。

（1）置串行口控制寄存器 SCON 中的 REN 为 1，启动串行口数据接收，单片机引脚 RXD 进行串行口的采样。

（2）在数据传输的时候，单片机 RXD 引脚的状态为 1，当检测到从 1 到 0 的跳变时，确认数据起始位 0。

（3）开始接收一帧数据，在接收移位脉冲的控制下，将接收到的数据一位一位地送入移位寄存器，直到 9 位数据完全接收完毕。其中，最后一位为发送的 TB8。

（4）当 RI＝0，而且 SM2＝0 或者接收到的第 9 位数据为 1 时，8 位数据送入接收缓冲寄存器 SBUF 中，第 9 位数据送入 RB8 中，同时置 RI＝1，否则，8 位数据不装入 SBUF，丢弃当前接收到的数据。

（5）数据送入接收缓冲寄存器之后，执行读 SBUF 指令来读取数据（如 MOV A，SBUF）。

（6）使用软件指令清理 RI，即使 RI＝0，以便于下一次接收数据。

6.4 串行口4种工作方式波特率设置

在串行通信中,发送数据设备的发送波特率和接收数据设备的接收波特率必须是一致的。可以通过程序软件对单片机串行口4种工作方式的波特率进行设置。方式0的波特率是固定的;方式1的波特率是变化的;方式2的波特率是固定的;方式3的波特率是变化的。其中,方式1和方式3的波特率可以由定时/计数器T1或T2的溢出率来确定,定时/计数器的溢出率可以认为是定时/计数器每秒钟溢出的次数。下面讨论这4种工作方式波特率的设定。

1. 方式0的波特率

单片机设置在工作于串行口方式0时,其波特率是固定的,且为单片机时钟频率 f_{osc} 的 1/12,且不受SMOD位值的影响。假设单片机时钟频率为 $f_{osc}=6$ MHz,则串行口方式0的波特率为 $f_{osc}/12=0.5$ MHz,即为0.5 Mb/s,故

$$方式0的波特率=f_{osc}/12$$

2. 方式2的波特率

方式2和方式0的输入时钟源是不同的,这导致了它们的波特率产生方式也是不同的。单片机控制接收和发送的移位时钟是由振荡频率 f_{osc} 的第二拍P2时钟给出的,因而方式2的波特率还取决于串行口控制寄存器PCON中SMOD的值。假设SMOD=1,方式2的波特率为 f_{osc} 的 1/32;假设 $f_{osc}=6$ MHz,SMOD=0 时,方式2的波特率为 f_{osc} 的 1/64,为0.093 75 MHz,即波特率为93.75 Kb/s;SMOD=1时,方式2的波特率为 f_{osc} 的 1/32,为0.187 5 MHz,即波特率为187.5 Kb/s。故

$$方式2的波特率=(2^{SMOD}/64)×f_{osc}$$

3. 方式1和方式3的波特率

与方式2不同的是,方式1和方式3的移位时钟是由单片机定时/计数器的溢出率决定的,因此,方式1和方式3的波特率是由定时/计数器的溢出率和SMOD值两个因数同时决定的,它们之间的关系如下:

$$方式1或方式3的波特率=(2^{SMOD}/32)×定时/计数器的溢出率$$

定时/计数器的溢出率实际上就是定时/计数器每秒钟溢出的次数,因此定时/计数器的溢出率取决于定时/计数器的工作方式和定时/计数器预置的初值,假设采用T1的工作方式1,则波特率公式为

$$方式1或方式3的波特率=(2^{SMOD}/32)×[(f_{osc}/12)/(2^{16}-初值)]$$

实际设定单片机波特率时,定时/计数器T1使用工作方式2定时,这样能够充分使用定时/计数器T1工作方式2的自动重装初值的优势,即TL1用作一个8位的计数器,而TH1用于存放重装初值,这样就可以避免因程序软件重复重装初值需要耗费单片机执行时间而带来的定时误差。

假设定时/计数器T1工作方式2的初值为 X,则有

$$T1的溢出率=(f_{osc}/12)/(2^8-X)$$

$$方式1或方式2波特率=(2^{SMOD}/32)×[(f_{osc}/12)/(2^8-X)]$$

表6-4列出了采用单片机定时/计数器T1的工作方式2作为波特率发送器时一些常用波特率的参数以及定时/计数器T1的初值设置。值得注意的是,根据单片机定时/计数器初

值寄存器的特点,务必使定时/计数器 T1 的初值为整数,因此,就只能调整单片机的时钟频率 f_{osc} 来实现所要求的标准波特率。

表 6-4　使用定时/计数器 T1 产生的常用波特率

波特率/(b/s)	f_{osc}/MHz	SMOD	定时/计数器 T1		
			C/$\overline{T}$	方式	重装初值
方式 0 最大: 1×10^6	12	×	×	×	×
方式 0 最大: 0.5×10^6	6	×	×	×	×
方式 2 最大: 375×10^3	12	1	×	×	×
方式 2 最大: 187.5×10^3	6	1	×	×	×
方式 1、3: 62 500	12	1	0	2	FFH
19 200	11.059 2	1	0	2	FDH
9 600	11.059 2	0	0	2	FDH
4 800	11.059 2	0	0	2	FAH
2 400	11.059 2	0	0	2	F4H
1 200	11.059 2	0	0	2	F8H
137.5	11.986	0	0	2	1DH
110	6	0	0	2	72H
110	12	0	0	1	FEEBH
55	6	0	0	1	FEEBH

下面举一个例子。假设 80C51 单片机的时钟振荡频率为 11.059 2 MHz,采用内部振荡器工作模式,选用定时/计数器 T1 工作方式 2 作为串行口的波特率发送器,波特率要求设置为 2 400 b/s,求定时/计数器 T1 初值。

假设单片机串行通信中不使用波特率倍增,即 SMOD=0,根据公式则有

T1 工作方式 2 的波特率 $=(2^{SMOD}/32)\times[(f_{osc}/12)/(2^8-X)]=2\ 400$ b/s

把 SMOD=0,f_{osc}=11.059 2 MHz 代入,解上式方程,可以得出 X=244=F4H,所以定时/计数器 T1 的低 8 位和高 8 位的初值可以设置为(TH1)=(TL1)=F4H。

这个计算的结果与直接从表 6-4 中查到的结果是一致的。

如果使用汇编语言进行程序设计,该例中串行口需要的波特率初始化程序可以参考如下程序段。

```
MOV   TMOD,#20H      ;设置定时/计数器 T1,工作方式 2
MOV   TH1,#F4H       ;设置定时/计数器 T1 的初始值
MOV   TL1,#F4H       ;设置定时/计数器 T1 的重装值
MOV   PCON,#00H      ;设置 SMOD 为 0
MOV   SCON,#50H      ;设置串行口工作于方式 1 下,允许接收
SETB  TR1            ;定时/计数器 T1 开始定时/计数
```

6.5　串行口的编程和应用

单片机串行口有 4 种工作方式,主要用于异步通信,但是方式 0 是移位寄存器方式。其工作主要受到串行口控制寄存器 SCON 的控制,也与电源控制寄存器 PCON 有关。对串行

口控制寄存器 SCON 的相关位进行设置,不仅能实现单机通信,还能实现多机通信。下面介绍这几种工作方式的应用实例。

6.5.1 串行口方式 0 的应用

80C51 单片机串行口基本上可以说是异步通信接口,但是在方式 0 下有些不同。对于方式 0 的数据发送,TXD 引脚都用于发送同步移位脉冲,而 8 位数据通过 RXD 引脚输出,此时串行口用于扩展单片机的并行 I/O 输出端口。对于方式 0 的数据接收,TXD 引脚都用于发送同步移位脉冲,而 8 位数据通过 RXD 引脚输入,此时串行口用于扩展单片机的并行 I/O 输入端口。下面举例介绍方式 0 的应用。

例 6-1 并行输入例子。利用串行口方式 0 外接并行输入、串行输出的移位寄存器 CD4014 来扩展 8 位并行输入口,如图 6-21 所示。输入为 8 位开关量,编写程序把 8 位开关量读入累加器 A 中。

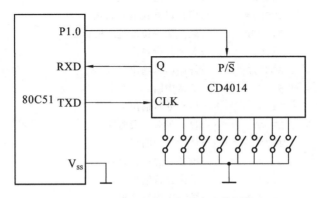

图 6-21 串行口方式 0 扩展 8 位并行输入

解 用串行口方式 0 接收数据时,要将寄存器 SCON 中的 REN 位作为开关来控制,因此,初始化时,除了设置工作方式之外,还需要使 REN 位为 1,即串行口控制寄存器 SCON 应为 10H。

程序如下。

```
      START:SETB  P1.0      ; P/S̄=1,并行置入数据
            CLR   P1.0      ; P/S̄=0,开始串行移位
            MOV   SCON,#10H ; 串行口方式 0,启动接收
      WAIT: JNB   RI,WAIT   ; 查询 RI
            CLR RI          ; 8 位数输入完,清 RI
            MOV   A,SBUF    ; 取数据存入 A 中
            RET             ; 子程序返回
```

例 6-2 并行输出例子。如图 6-22 所示,在 74LS164 的输出端接 8 个 LED 发光二极管,串行数据由 RXD 端(P3.0)送出,移位脉冲由 TXD 端(P3.1)送出。在移位脉冲的作用下,数据发送缓冲寄存器的数据逐位地从 RXD 端串行地移入 74LS164 中,编写程序,使 8 个发光二极管轮流点亮。

解 设数据串行发送采用中断方式,显示的延迟通过调用延迟程序 DELAY 来实现。参考程序如下。

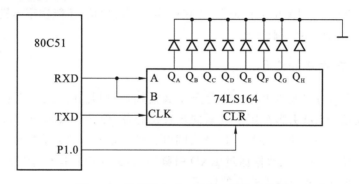

图 6-22　串行口方式 0 扩展 8 位并行输出

```
        ORG     0023H           ;串行口中断入口
        AJMP    LL              ;转入串行口中断服务程序
        ORG     3000H           ;主程序起始地址
        MOV     SCON,#00H       ;串行口方式 0 初始化
        MOV     A,#80H          ;最左边一位发光二极管亮
        CLR     P1.0            ;关闭并行输出
        MOV     SBUF,A          ;开始串行输出
LOOP:   SJMP    $               ;等待中断
LL:     SETB    P1.0            ;启动并行输出
        ACALL   DELAY           ;显示延时一段时间
        CLR     TI              ;清发送中断标志
        RR      A               ;准备右边一位显示
        CLR     P1.0            ;关闭并行输出
        MOV     SBUF,A          ;再一次串行输出
        RETI                    ;中断返回
```

6.5.2　串行口方式 1 的应用

　　80C51 串行口方式 1 是波特率可变化的串行异步通信方式,可以通过设置串行口控制寄存器 SCON 的 SM0＝0 和 SM1＝1 来实现方式 1 的设定,同时波特率由定时/计数器的溢出率以及 SMOD 共同来设定。

　　例 6-3　用单片机实现双机通信。假设串行口工作在方式 1 下,异步通信中,甲机作为发送设备,乙机作为接收设备,串行口通信的波特率约定为 1 200 b/s。甲、乙两机通信连接图如图 6-23 所示。

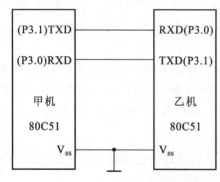

图 6-23　甲、乙两机通信连接图

　　甲、乙两个单片机均使用定时/计数器 T1 工作方式 2 作为波特率发生器,查表 6-4 可知,单片机晶振频率选用 11.059 2 MHz 时,定时/计数器 T1 的初装值为 E8H,得到波特率 1 200 b/s。串行口采用方式 1 发送或者接收 10 位信息,第 0 位是起始位 0,第 1～8 位是数据位,最后一位是停止位 1。

　　甲机发送数据:将片内 RAM 中的 40～49H 单元中的 10 个 ASCII 码数据逐一取出来,并在 D7 位补奇偶后由串行口发送出去,乙机接收每一个数据都进行奇偶校验,然后把它存入乙机的 50～59H 单元。如果奇偶校验有出错,则将写入 FFH 存入相应单元。

对于甲机作为发送机来说,SM0SM1＝01,SM2＝0,REN＝0,则甲机串行口控制寄存器 SCON＝40H。对于接收机乙机来说,SM0SM1＝01,SM2＝1,REN＝1,则乙机串行口控制寄存器 SCON＝70H。一帧数据没有发送完,可以采用查询方式查询 TI 或者 RI 是否等于 1,也可以采用 TI/RI 引起中断。

甲机发送数据的参考程序如下。

```
A_MAIN: MOV   SCON,#40H      ;方式 1 串行发送
        MOV   TMOD,#20H      ;定时/计数器 T1 方式 2
        MOV   TL1,#0E8H      ;定时/计数器 T1 初值
        MOV   TH1,#0E8H      ;重装定时/计数器 T1 初值
        CLR   ETI            ;禁止 TI 中断
        SETB  TR1            ;启动 T1
        MOV   R0,#40H        ;发送数据首地址
A_LL1:  MOV   A,@R0          ;读取数据
        MOV   C,P            ;设置奇偶校验位(补奇)
        CPL   C
        MOV   ACC.7,C        ;
        MOV   SBUF,A         ;启动发送
A_LL2:  JBC   TI,A_LL3       ;若 TI=1,则转 LL3 执行并清零 TI
        SJMP  A_LL2;TI=0     ;一帧没有发完,等待
A_LL3:  INC   R0             ;取甲机的下一个数据
        CJNE  R0,#4AH,A_LL1  ;当没有发送完 10 个数据,则转 LL1 执行
        SJMP$
        END
```

乙机接收数据的参考程序如下。

```
B_MAIN:MOV   SCON,#70H      ;方式 1 串行接收
       MOV   TMOD,#20H      ;定时/计数器 T1 方式 2
       MOV   TL1,#0E8H      ;定时/计数器 T1 初值
       MOV   TH1,#0E8H      ;重装定时/计数器 T1 初值
       CLR   ETI            ;禁止 TI 中断
       SETB  TR1            ;启动 T1
       MOV   R0,#50H        ;接收数据首地址
B_LL1: JBC   RI,B_LL2       ;如 RI=1,则转 B_LL1 执行且清零 RI
       SJMP  B_LL1          ;RI=0,一帧没有发送完,等待
B_LL2: MOV   A,SBUF         ;接收数据送累加器 A
       MOV   C,P            ;检测奇偶校验位
       CPL   C
       JC    ERROR          ;(CY)=1,接收数据出错,转 ERROR
       ANL   A,#7FH         ;消去奇偶校验位
       MOV   @R0,A          ;把接收的数据存放到 R0 的地址单元里
B_LL3: INC   R0             ;取下一个接收缓冲寄存器数据的地址
       CJNE  R0,#5AH,B_LL1  ;没有接收完,则转 B_LL1 执行
       SJMP  $
```

```
ERROR:MOV   @R0,#0FFH
      SJMP  B_LL3
      END
```

6.5.3　串行口方式2和方式3的应用

串行口方式 2 和方式 1 有两点不同之处:第一,方式 2 接收/发送的帧格式是 11 位信息,即第 0 位是起始位 0,第 1~8 位为数据位,第 9 位为程序控制位,此位由用户置 TB8 决定,第 10 位是停止位 1;第二,方式 2 的波特率变化范围比方式 1 小,方式 2 的波特率为单片机振荡频率 f_{osc} 的 32 分频或者 64 分频,即当就 SMOD=0 时,波特率为振荡频率 f_{osc} 的 64 分频,当 SMOD=1 时,波特率为振荡频率 f_{osc} 的 32 分频。

方式 3 和方式 2 在使用方法基本上是一致的,只是方式 3 的波特率是由用户来决定的。

例6-4　设计串行发送程序,将片内 RAM 40H~5FH 单元中的数据从串行口输出。现将串行口定义为工作于方式 2,TB8 作奇偶校验位,波特率为 375 b/s,时钟频率为 12 MHz。在数据写入发送缓冲寄存器之前,先将数据的奇偶校验位写入 TB8,数据发送程序流程如图 6-24 所示。

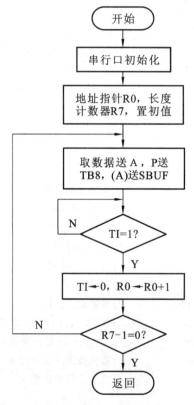

图 6-24　数据发送程序流程图

在数据发送之前,先将数据的奇偶标志 P 写入 TB8,这时在方式 2 一帧数据中的第 9 位便可以作为奇偶校验位使用。一帧数据没有发送完可以使用查询方式查询 TI 或者 RI 是否等于 1,也可以采用 TI/RI 引起中断。

参考程序如下。

（1）使用查询方式。

```
    A_MAIN:MOV    SCON,#80H      ; 串行口设定为方式 2 编程
           MOV    PCON,#80H      ; SMOD=1
           MOV    R0,#40H        ; R0←数据块首地址
           MOV    R7,#20H        ; R7←数据块长度
    B_LP:  MOV    A,@R0          ; A←取数据
           MOV    C,P            ; 奇偶标志位送 TB8
           MOV    TB8,C
           MOV    SBUF,A         ; 数据送 SBUF,启动发送
    B_LL:  JNB    TI,B_LL        ; 判断发送中断标志
           CLR    TI             ; 发送完毕,复位 TI,准备发送下一字节
           INC    R0             ; R0 指向下一个发送数据
           DJNZ   R7,B_LP        ; 数据块未完,转 B_LP,继续发送
           RET
```

（2）使用中断方式。

① 主程序。

```
    B_MAIN:MOV    SCON,#80H      ; 串行口设定为方式 2 编程
           MOV    PCON,#80H      ; SMOD=1
           MOV    R0,#40H        ; R0←数据块首地址
           MOV    R7,#20H        ; R7←数据块长度
           SETB   ES             ;允许串行中断
           SETB   EA             ;单片机 CPU 中断允许
           MOV    A,@R           ;把数据取出来
           MOV    C,PSW.0        ;奇偶送 CY
           MOV    TB8,C          ;把奇偶标志位送 TB8
           MOV    SBUF,A         ;发送第一个数据
           SJMP   $
```

② 中断服务程序。

```
    B_LL:  CLR    TI             ;清除发送中断标志
           INC    R0             ;修改数据地址
           MOV    A,@R0          ;取刚修改地址后的数据给单片机的累加器 A
           MOV    C,PSW.0        ;把奇偶标志送 CY
           MOV    TB8,C          ;把奇偶标志送 TB8
           MOV    SBUF,A         ;发送数据
           DJNZ   R7,END_RETI    ;判断数据块发送是否完成,若未发送完转 END_RETI
           CLR    ES             ;若发送完,则禁止单片机串行口中断
    END_RETI: RETI
```

6.6 串行口多机通信原理

前一小节"串行口的编程和应用",实际上主要介绍的是单片机串行口的两机通信的编程及其应用,但实际应用中会涉及多机通信的情况。一般情况是利用单片机串行口进行多机通信,即实现主单片机与多个从单片机的异步通信,主机与从机之间的关系如图 6-25 所示。系统中只有一个主机,有多个从机。主机可以向各个从机发送通信信息,也可以与指定的从机通信,而各从机发送的信息只能被主机接收,各个从机之间是不能进行通信的。

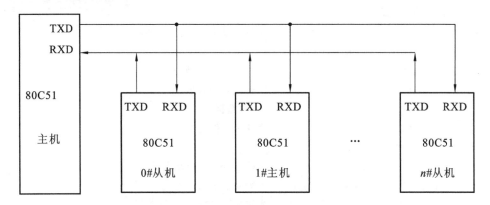

图 6-25　主从式多机通信系统连接示意图

单片机串行口通信中,要保证主机与从机之间可靠通信,就必须保证通信串行口具有识别功能,这就需要对串行口控制寄存器 SCON 中的多机通信控制位 SM2 位进行合理的设置,以及判断发送的第 9 位数据 TB8 和接收的 RB8 的数据信息。同时,单片机能够用于串行口多机通信的方式也是要必须注意的,也就是说,串行口的 4 种方式不是都适合多机通信,只有方式 2 和方式 3 适合多机通信。

当串行口以方式 2(或方式 3)接收和发送数据时,每一帧的数据都是 11 位的,而第 9 位数据是用户可以编程的位,该位是通过串行口控制寄存器 SCON 中的 TB8 来进行赋值的,即 TB8＝0 或者 TB8＝1,用这个 0 或 1 来区分单片机发送的地址帧还是数据帧。规定地址帧的第 9 位为 1,数据帧的第 9 位为 0,这样就可以判断被接收信息的类型。若从机的控制位设置为 SM2＝1,则仅当从机接收到的第 9 位数据为 1 时,即从机收到的是地址帧而不是数据帧时,该帧数据才装入接收缓冲寄存器 SBUF,且置 RI 为 1,向 CPU 发出中断请求信号;若第 9 位数据为 0,则不产生中断请求信号,数据将丢失。当 SM2＝0 时,从机接收到一个数据信息帧,不管该数据帧的第 9 位值是 0 还是 1,都产生中断标志 RI,接收数据装入SBUF 中。简单地说,主机发送信息依靠 TB8 标志位来区分发送的信息是数据信息还是地址信息(即 TB8＝0 表示发送的信息是数据命令信息;TB8＝1 表示发送的信息是地址信息);从机主要依靠 SM2 标志位的设置实现对主机的不同响应(即从机的 SM2＝0 表示该从机接收主机发送的任何信息,不管是地址信息还是数据信息;从机 SM2＝1 表示从机只接收地址帧数据即 RB8＝1 的数据信息,而对 RB8＝0 的数据帧信息不进行处理,丢弃)。正是使用了这些特性,多个单片机之间的串行通信得以实现。

前面提到在多机通信时主机发出的信息有两类,即地址和数据。这里所说的地址,是需要与主机进行通信的从机地址。主机为了能够正确地与指定的从机进行通信,主、从机之间需要具有明确的通信协议,即双方需要对各种地址、数据、指令和状态等进行明确的约定。例如,单片机多机通信的一种简单常用协议的主要三条为:第一,主机控制命令规定,00H 表示主机要求从机接收数据块;01H 表示主机要求从机发送数据块;第二,从机地址定义在00H～FEH 之间,即通信系统中最多允许连接 255 个从机,地址 FFH 表示对所有从机都有效的控制命令,用于将各个从机恢复到复位状态,即 SM＝1;第三,主机和从机的联络过程为,主机首先发送地址帧,被寻址从机返本机地址给主机,在判断地址相符合后主机向被寻址从机发送控制命令,被寻址从机根据其命令向主机回送自己的状态,若主机判断状态正常,主机就开始发送或接收数据。

例如,将图 6-25 所示中 n 个从机的地址定义为,0#从机地址为 00H,1#从机地址为

01H,($n-1$)♯从机地址为××H(××表示00H～FEH之间),主机和从机串行口工作在方式2(或方式3),即9位异步通信方式;主机发送的地址信息的特征是串行数据的第9位为1,而发送的数据信息的特征是串行数据的第9位为0;从机要利用SM2位的功能来确认主机是否在呼叫自己,从机处于接收数据状态时,置SM2＝1,然后依据接收到的串行数据的第9位的值来决定是否接收主机信号。

因此,利用单片机串口进行多机通信的一般过程如下。

(1)所有从机SM2复位,即SM2＝1,使得所有从机处于只能接收主机发送的地址帧的状态。

(2)主机发送一地址帧信息,这一帧信息中包含1个起始位0,8位数据,由TB8发送的第9位1(表示发送的8位数据为需要进行通信的从机地址),从而与所需的从机进行联系。

(3)每个从机都接收到主机发来的地址帧信息后,都将与自己本机的地址进行比较。若某一从机的地址与主机发来的地址相符合,则该从机自己置SM2＝0,以便于等待接收主机随后发送的所有信息,包括数据和命令等;对于比较之后与主机所发送地址不相符合的从机,仍然保持SM2＝1,对主机随后发送的数据信息不予处理。

(4)主机设置TB8＝0,表示主机准备要发送给从机的是数据或命令信息。对于已经被地址匹配上的从机,因SM2＝0,故该从机可以接收主机发送过来的数据或命令信息;而对于那些地址没有匹配上的从机,因SM2＝1,则这些从机对主机发来的数据或命令等将不予处理,直到主机重新发来新的地址帧,进行新一轮的地址比较匹配。

(5)当从机接收主机发来的数据结束时,从机便把自己的SM2置1,此时对主机发来的数据帧信息不予处理,而是返回准备接收主机地址帧的状态。

(6)主机进行新一轮的地址帧信息发送,呼叫其他从机,准备与其他从机进行通信,重复上面的步骤。

本 章 小 结

本章首先详细介绍了串行通信及分类、波特率、三种标准串行通信接口等基本知识,接着介绍了串行口的结构、工作方式以及编程应用。串行口可以进行全双工通信,能够同时实现串行数据的发送和接收,其结构上有两个物理上独立的接收、发送缓冲寄存器SBUF,但它们是共享一个地址99H。接收缓冲寄存器只能读出,不能写入;发送缓冲寄存器与接收缓冲寄存器相反,只能写入,不能读出。串行口有四种工作方式,是由串行口控制寄存器SCON的SM0和SM1来进行控制的,而SM2主要用于多机通信控制。波特率除了与定时/计数器的溢出率有关外,还与电源控制寄存器PCON中的波特率倍增位SMOD有关。通过对单片机串行口控制寄存器SCON和电源控制寄存器PCON的相关控制位的设置,编写相关程序,可以实现单片机系统之间的单机通信和多机通信。

习　　题

1. 串行通信与并行通信各有什么优缺点?它们分别适用于什么场合?写出异步串行通信方式的帧格式。

2. 异步通信和同步通信的工作原理是什么?

3. 在异步串行通信中,接收方是如何知道发送方开始发送数据的?收发双方的波特率应该如何设定？

4．串行口有几种工作方式？它们各有什么特点？如何确定各种工作方式的波特率？

5．单片机串行口有两个 SBUF，但只有一个地址，对它进行读/写操作时为什么不会产生混乱？

6．直接以 TTL 电平串行传输数据的方式有什么缺点？串行传输距离较远时，为什么常采用 RS-232C、RS-422A 和 RS-485 标准串行接口来进行串行数据传输。比较 RS-232C、RS-422A 和 RS-485 标准串行接口各自的优缺点。

7．某异步通信接口，其帧格式由 1 个起始位 0、7 个数据位、1 个奇偶校验位和 1 个停止位 1 组成。当该接口每分钟传送 1 800 个字符时，请计算出波特率。

8．假设串行口串行发送的字符格式为 1 个起始位，8 个数据位，1 个奇偶校验位，1 个停止位，请画出传送 ASCII 码字符"A"并采用奇偶校验的帧格式。

9．试设计一个单片机的双机通信系统，并编写通信程序，将甲机内部 RAM 30H～3FH 存储区的数据块通过串行口传送到乙机内部 RAM 中的 40H～4FH 存储区中去。

10．为什么定时/计数器 T1 用作串行口波特率发生器时常采用工作方式 2？若已知时钟频率，如何计算串行通信的波特率及装入 T1 的初值？

11．若晶体振荡器为 11.059 2 MHz，串行口工作于方式 1，波特率为 4 800 b/s，写出 T1 作为波特率发生器的方式控制字和计数初值。

12．简述单片机利用串行口进行多机通信的原理。

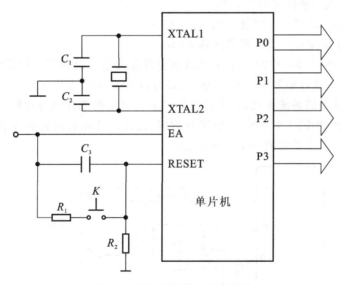

第7章 80C51 微控制器的系统扩展

内容概要

尽管 80C51 微控制器功能丰富、结构紧凑，只需很少的外围电路就可以构成应用系统，但实际应用中，其片内基本资源是有限的，往往需要扩展外部数据存储器、外部程序存储器和 I/O 口等，才能满足实际应用需求。本章详细讨论了单片微控制器的系统扩展原理、编址方法、片外数据存储器扩展、片外程序存储器扩展、并行 I/O 扩展以及综合扩展技术。

7.1 系统扩展原理

80C51 单片机实际上是在一块 VLSI 芯片内部集成了数据存储器、程序存储器、I/O 口、定时/计数器等的微型计算机，对于一个简单的应用场合来说，集成了这些基本单元的单片机是可以满足功能要求的，即不需要额外资源，片内资源就能满足需要。单片机的最小应用系统就是这种简单应用场合中的只需片内资源就能满足功能需要的一种应用系统，如图 7-1 所示。

图 7-1 单片机的最小应用系统

对于复杂的应用系统，需要扩展部分功能，以满足实际应用系统的需求，单片机在这方面是很容易进行扩展的。一般来说，当单片机片内资源不够、不能满足实际应用场合要求时，需要扩展的有数据存储器、程序存储器、I/O 口等功能部件，这就是通常所说的单片机的系统扩展问题。

单片机系统扩展主要是扩展存储器和 I/O 口，存储器扩展又分为数据存储器扩展和程序存储器扩展。图 7-2 就展示了单片机系统扩展的内容和方法。从图 7-2 中就很容易看出，单片机的系统扩展是以单片机为核心进行的。对于 51 单片机，其外部存储器采用的是哈佛结构，也就是说，外部程序存储器地址空间和数据存储器的地址空间是分开的，采用分别寻址的结构模式。而 I/O 口是与单片机外部数据存储器统一编址的,也就是说,I/O 口的地址占用了一部分外部数据存储器的地址,每扩展一个 I/O 口就相应于扩展一个外部数据存储器单元,这样使得单片机对 I/O 口的访问就像对外部数据存储器的读和写访问是一样的。

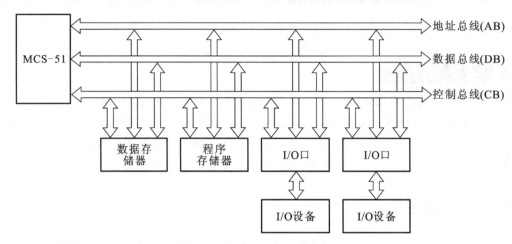

图 7-2 单片机系统扩展结构

单片机的系统扩展主要是在于数据存储器、程序存储器和 I/O 口三个部分的扩展,由于程序存储器地址空间和数据存储器地址空间是分开的,以及数据存储器与 I/O 口是进行统一编址的,故单片机的系统扩展能力为:

(1)外部数据存储器最大扩展空间达 64 KB;

(2)外部程序存储器最大扩展空间达 64 KB;

(3)I/O 口能够扩展的空间等于 64 KB 减去外部数据存储器所占的空间而剩下的地址空间数,如当外部数据存储器扩展空间为 0 KB 时,I/O 口的最大扩展空间也达 64 KB。

以单片机为核心的系统扩展,必须通过扩展系统总线把单片机与存储器、I/O 口等外部扩展部件连接起来,如图 7-3 所示,才能进行数据、地址以及控制信息的传递。因而,构造单片机系统总线成为系统扩展的一个关键步骤。

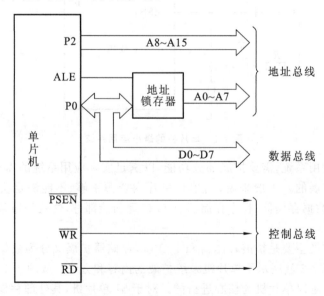

图 7-3 单片机系统扩展的三总线

构造单片机系统总线,实际上就是构造地址总线、数据总线和控制总线,它们属于连接各部件的公共信号线。单片机使用这些总线构成并行总线结构。

1. 数据总线(data bus,DB)

数据总线由单片机的P0口提供,由D0～D7组成,其宽度为8位,主要负责单片机与片外数据存储器、片外程序存储器之间的数据传输,以及单片机与扩展I/O设备之间的数据传输。由前面的分析可以知道,P0是三态双向口,可以实现两个方向的数据传输,是应用系统中使用最频繁的通道,单片机与外部设备的所有信息交换几乎都是通过P0口来完成的。由于单片机与外部设备的连接采用的是并行总线结构,外部端口地址与单片机寻址地址形成一一映射,因此在某一时刻只有与单片机寻址地址匹配的外部端口连接的芯片才能与单片机进行数据交换。

2. 地址总线(address bus,AB)

地址总线由单片机的P0口和P2口提供,由A0～A15组成,其宽度为16位,16根地址线可以产生 2^{16} B=65 536 B=64 KB个连续地址编号,故可寻址范围为 2^{16} B=64 KB。其中,单片机系统扩展构造的地址总线的低8位A7～A0由P0口经地址锁存器提供,地址总线的高8位A15～A8是不需要经过地址锁存器提供的,而是由P2口直接提供。地址总线总是单向的,其信号只能是由单片机向外发送,因此,地址总线用于单片机向外发送地址信号,以便对I/O口、数据存储器和程序存储器进行选择。当P0口、P2口用于单片机系统扩展地址线后,这2个口的16根线就不允许用于一般I/O口通信。尽管单片机有4个并行I/O口,由于系统扩展需要,真正能当作I/O口使用的就只剩下P1口以及P3口未使用的部分端口了。

3. 控制总线(control bus,CB)

单片机系统扩展控制总线实际上是一组控制信号线,包括片外系统扩展用控制线和片外信号对单片机的控制线,因此对于单根控制线来说,其信号方向有可能是输出方向也有可能输入方向。单片机系统扩展具体使用的控制线如下。

(1) $\overline{EA}$:用于选择单片机的片内或片外程序存储器。当 $\overline{EA}$=0时,访问片外程序存储器;当 $\overline{EA}$=1时,访问片内程序存储器。

(2) $\overline{WR}$(P3.6):用于片外数据存储器或者扩展I/O口的写控制。当执行片外数据存储器操作指令MOVX时,该写控制信号自动生成。

(3) $\overline{RD}$(P3.7):用于片外数据存储器或者扩展I/O口的读控制。当执行片外数据存储器操作指令MOVX时,该读控制信号自动生成。

(4) $\overline{PSEN}$:用于片外程序存储器的选通控制。执行片外程序存储器读操作指令(查表指令)MOVC且 $\overline{EA}$=0时,该信号自动生成。

(5) ALE:用于锁存P0口输出的低8位地址。通常ALE在P0口输出地址期间,用下降沿控制地址锁存器对地址进行锁存,该信号自动生成。

下面对单片机扩展系统的构造三总线的方法进行阐述。

(1) 以P0口作为低8位地址总线和数据总线,用地址锁存器将它们分开,进行分时复用。

由于单片机的P0口在作为低8位地址线使用的时候,是不能同时作为数据线使用的,但可以增加一个8位地址锁存器(如74LS373)作为地址/数据总线的分时复用以解决使用上的困境。其在实际中的工作过程是,单片机先从P0口输出低8位地址并将其送到地址锁存器暂存起来,然后由这个地址锁存器给扩展系统提供低8位地址,此时单片机的P0口就可以作为数据线使用了。

（2）以 P2 口作为扩展系统的高 8 位地址线。

在步骤（1）中已经构造了低 8 位地址线,再使用单片机的 P2 口作为高 8 位地址线,就可以构成 16 位扩展地址线,使得单片机应用系统对外部数据存储器、程序存储器和 I/O 口的寻址能力达到了 64 KB。但是实际的单片机应用系统中,高位地址线并不固定是 8 根地址线,根据外部扩展容量大小,需要的地址线的数量是可以变化的,需要几根地址线就可以从单片机的 P2 口中引出几根地址线。

（3）构造控制信号线。

前面已经构造了 16 位地址线和 8 位数据线,还需要扩展系统的控制信号线。这些控制信号线来自单片机引脚的第一功能信号或者第二功能引脚信号,具体为:①使用单片机的 ALE 引脚作为地址锁存器（如 74LS373）的控制信号,其目的是锁存单片机 P0 口输出的地址信号,达到 P0 口的数据/地址分时复用;②使用单片机 $\overline{PSEN}$ 引脚作为外部程序存储器的选通控制信号,其目的是使得单片机能够读取外部程序存储器的数据指令;③使用单片机 $\overline{EA}$ 引脚作为外部数据存储器和内部数据存储器的选择控制信号,其目的是使得单片机发出读/写命令时能够区别是内部数据存储器还是外部数据存储器,弥补单片机从指令格式上无法区别读写内、外数据存储器的不足;④使用单片机 $\overline{WR}$(P3.6)、$\overline{RD}$(P3.7)引脚的第二功能作为外部数据存储器和外部扩展 I/O 口的读/写选通信号。这样就完成了单片机扩展系统的控制信号线的构造了。

7.2 扩展存储器编址

对于存储器采用哈佛结构的单片机应用系统来说,单片机本身虽然有 32 个 I/O 口,但真正提供给用户自由使用的 I/O 口不多。对片内集成了程序存储器的单片机,对于简单小应用系统来说无须扩展外部存储器,这种情况下可以作为 I/O 口使用的就有 4 个 8 位口。但是,对于片内没有集成程序存储器的单片机,以及对于尽管片内集成了程序存储器,由于容量的限制无法满足实际应用系统的情况,必须扩展系统。在这些情况下,单片机只有 P1 口和 P3 口的一部分可供用户直接用作 I/O 口。所以,在大部分的单片机应用系统设计中,I/O 口的扩展以及数据存储器和程序存储器的扩展,将是不可避免的。既然单片机在实际应用中不可避免地需要构造扩展系统,又加上单片机的外部数据存储器 RAM 和 I/O 口是统一编址的,因此弄清其编址方法非常重要。

单片机的数据存储器和程序存储器各自都可以扩展至 64 KB,而外部扩展的 I/O 口和数据存储器是共同编址的,因此用户可以把外部 64 KB 的数据存储器 RAM 空间的一部分作为外部扩展 I/O 口的地址空间。这样单片机就可以像访问外部 RAM 一样访问外部接口芯片,对其进行读/写操作。在扩展系统中,单片机使用 P0 口和 P2 口作为地址,一共 16 位,寻址可以达到 64 KB。合理地把这 16 位地址线适当地连接起来,使得其能够准确定位于某一个存储器中的某一个具体存储单元,是非常重要的。一般而言,是通过把存储器芯片的地址线和芯片的选择线与相应的系统地址线连接起来来实现的。然而,芯片的选择是比较复杂的,常用的方法有线选法、全地址译码法和部分地址译码法三种。在具体的应用中选择不同的方法。下面详细介绍这三种方法。

7.2.1 线选法

所谓线选法,就是以系统的高地址位作为存储芯片的片选信号,一般片选端口（$\overline{CS}$、$\overline{CE}$等）均为低电平有效,只要这一地址线的电平为低,就可以对该芯片进行读/写操作。也就是说,只需要把用到的地址线与存储器的片选引脚直接连接就可以根据时序组合对芯片进行操作。线选法的优点是,使用简单,而且不需要另外增加电路;缺点是,对存储空间的使用是断续的,也就是说不能充分利用存储空间。因此,小规模应用系统的存储器扩展,或者系统只扩展少量的外部 RAM 和 I/O 口芯片,一般都采用线选法。

对于需要扩展外部芯片的情况,如果所需要的地址线最多为 A0～Ai(1≤i<15 且为整数),那么用于线选法的片选信号地址线可以为 A(i+1)～A15。当 i=11 时,则有 A12、A13、A14、A15 可以作为芯片的片选信号线,也就是说,A15 作为$\overline{\text{CS}}$片选信号地址连接 0#芯片的片选端口,A14 作为$\overline{\text{CS}}$片选信号地址连接 1#芯片的片选端口,A13 作为$\overline{\text{CS}}$片选信号地址连接 2#芯片的片选端口,A12 作为$\overline{\text{CS}}$片选信号地址连接 3#芯片的片选端口,其连接如图 7-4 所示。由于单片机的 CPU 是不能同时平行访问多个芯片的,因此,同一时刻A15～A12 这 4 根片选地址线是不可能有 2 根或者 2 根以上的地址线同时为低电平的,即同一时刻不可能选通 2 个或 2 个以上的芯片。

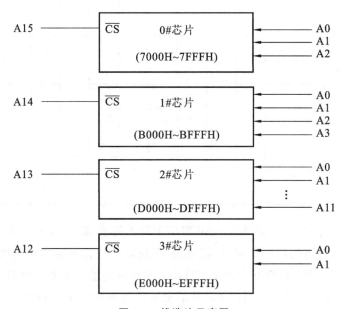

图 7-4 线选法示意图

由线选法的连接方式可以得知,芯片的地址范围是由 A15～A0 的取值来决定的。0#芯片的 A0～A15 的取值具体如表 7-1 所示,1#芯片的 A15～A0 的取值具体如表 7-2 所示。

表 7-1 使用线选法的 0#芯片的 A15～A0 的取值

A15	A14	A13	A12	A11	A10	A9	A8	A7	A6	A5	A4	A3	A2	A1	A0	
0	1	1	1	×	×	×	×	×	×	×	×	×	0	0	0	0#单元
0	1	1	1	×	×	×	×	×	×	×	×	×	0	0	1	1#单元
0	1	1	1	×	×	×	×	×	×	×	×	×	0	1	0	2#单元
0	1	1	1	×	×	×	×	×	×	×	×	×	0	1	1	3#单元
0	1	1	1	×	×	×	×	×	×	×	×	×	1	0	0	4#单元
0	1	1	1	×	×	×	×	×	×	×	×	×	1	0	1	5#单元
0	1	1	1	×	×	×	×	×	×	×	×	×	1	1	0	6#单元
0	1	1	1	×	×	×	×	×	×	×	×	×	1	1	1	7#单元

表 7-2　使用线选法的 1♯ 芯片的 A15～A0 的取值

A15	A14	A13	A12	A11	A10	A9	A8	A7	A6	A5	A4	A3	A2	A1	A0	
1	0	1	1	×	×	×	×	×	×	×	×	0	0	0	0	0♯单元
1	0	1	1	×	×	×	×	×	×	×	×	0	0	0	1	1♯单元
1	0	1	1	×	×	×	×	×	×	×	×	0	0	1	0	2♯单元
1	0	1	1	×	×	×	×	×	×	×	×	0	0	1	1	3♯单元
1	0	1	1	×	×	×	×	×	×	×	×	0	1	0	0	4♯单元
1	0	1	1	×	×	×	×	×	×	×	×	0	1	0	1	5♯单元
1	0	1	1	×	×	×	×	×	×	×	×	0	1	1	0	6♯单元
1	0	1	1	×	×	×	×	×	×	×	×	0	1	1	1	7♯单元
1	0	1	1	×	×	×	×	×	×	×	×	1	0	0	0	8♯单元
1	0	1	1	×	×	×	×	×	×	×	×	1	0	0	1	9♯单元
1	0	1	1	×	×	×	×	×	×	×	×	1	0	1	0	10♯单元
1	0	1	1	×	×	×	×	×	×	×	×	1	0	1	1	11♯单元
1	0	1	1	×	×	×	×	×	×	×	×	1	1	0	0	12♯单元
1	0	1	1	×	×	×	×	×	×	×	×	1	1	0	1	13♯单元
1	0	1	1	×	×	×	×	×	×	×	×	1	1	1	0	14♯单元
1	0	1	1	×	×	×	×	×	×	×	×	1	1	1	1	15♯单元

表 7-1 和表 7-2 中的×表示 A15～A0 取值中的无关项,即取值为 0 或者取值为 1,都不会对芯片具体单元的访问产生影响,也就是说,无论取何值都不会影响单片机 CPU 对一个确定单元的读或写。当×由全 0 变成全 1 时,0♯芯片的地址范围为 7000H～7FFFH;1♯芯片的地址范围为 B000H～BFFFH;2♯芯片的地址范围为 D000H～DFFFH;3♯芯片的地址范围为 E000H～EFFFH。显然,0♯芯片中无关项的个数为 9 个,该芯片中每个单元都有 $2^9=512$ 个重叠地址,如 7000H,7008H,7010H,…,7FF8H 都是 0♯芯片的 0♯单元的地址,也就是说,这些单元都指向同一个单元的地址;1♯芯片中无关项的个数为 8 个,则该芯片中每个单元都有 $2^8=256$ 个重叠地址,如 B002,B012,B022,B032,…,BFF2 都是 1♯芯片的 2♯单元的地址。

从上面的分析可以看到,各个芯片都含有无关项×,有重叠地址。避免地址重叠,保证在选中其中某一个芯片时,而不同时选中其他芯片,在单片机的使用过程中是值得注意的。实际应用中,一种简单的芯片单元的地址的确定方法为,该芯片未使用的地址线取 1,而使用的地址线由所访问的芯片编号和被访问芯片的具体单元来唯一确定。例如,1♯芯片的 $\overline{CS}$ 接 A14,4 位地址线 A0、A1、A2、A3 接该芯片的单元地址选址线 A0、A1、A2、A3,则该芯片地址范围为 BFF0H～BFFFH。实际中,也可以用另一种方法来确定芯片中单元的地址,即该芯片未使用的片选线取 1,未用到的其他地址线取 0,用到的地址线由所访问的芯片和单元来唯一确定,如 1♯芯片的地址范围为 B000H～B00FH。实际应用中,这两种方法都是常用的,能够有效解决地址重叠问题。

7.2.2 全地址译码法

由前面分析可以知道,线选法由于没有充分利用地址空间,可以连接的芯片较少,在应用中受到了一定的限制。对于 RAM 和 I/O 口容量较大的应用系统,当芯片所需的片选信号多于可利用的地址线时,使用线选法就显得力不从心了,这时就可以采用全地址译码法。所谓全地址译码法,就是用地址译码器对高位地址线进行译码,译出的信号作为片选信号,用低位地址线选择芯片的片内地址。这是一种常用的存储器编址方法,能够有效地利用存储器空间,适用于多个存储器芯片的扩展。常用的地址译码器芯片有 74LS138 和 74LS139。下面对这两种译码芯片进行介绍。

1. 74LS138

74LS138 是一种 3～8 线译码器,是常用的地址译码器之一,其引脚和真值表分别如图 7-5 和表 7-3 所示。

图 7-5　74LS138 的引脚

表 7-3　74LS138 真值表

| 输入端 | | | | | | 输出端 | | | | | | | |
| 使　能 | | | 选　择 | | | 输　出　端 | | | | | | | |
ST_A	$\overline{ST_B}$	$\overline{ST_C}$	A_2	A_1	A_0	$\overline{Y_0}$	$\overline{Y_1}$	$\overline{Y_2}$	$\overline{Y_3}$	$\overline{Y_4}$	$\overline{Y_5}$	$\overline{Y_6}$	$\overline{Y_7}$
×	H	×	×	×	×	H	H	H	H	H	H	H	H
×	×	H	×	×	×	H	H	H	H	H	H	H	H
L	×	×	×	×	×	H	H	H	H	H	H	H	H
H	L	L	L	L	L	L	H	H	H	H	H	H	H
H	L	L	L	L	H	H	L	H	H	H	H	H	H
H	L	L	L	H	L	H	H	L	H	H	H	H	H
H	L	L	L	H	H	H	H	H	L	H	H	H	H
H	L	L	H	L	L	H	H	H	H	L	H	H	H
H	L	L	H	L	H	H	H	H	H	H	L	H	H
H	L	L	H	H	L	H	H	H	H	H	H	L	H
H	L	L	H	H	H	H	H	H	H	H	H	H	L

注:H 表示高电平,L 表示低电平,×表示任意。

74LS138 通过对 3 个输入信号 A_2，A_1 和 A_0 进行译码，得到 8 个输出状态（如 $\overline{Y_0}$，$\overline{Y_1}$，$\overline{Y_2}$，$\overline{Y_3}$，$\overline{Y_4}$，$\overline{Y_5}$，$\overline{Y_6}$，$\overline{Y_7}$ 的输出高低电平状态）。74LS138 每一个输出端都可以连接一个存储器芯片的片选端，因此，单片机通过 74LS138 能够控制 8 个存储器芯片。

2. 74LS139

74LS139 是一种双 2～4 线地址译码器，它由两个完全独立的译码器组成，每个译码器都有其各自的数据输入端、译码状态输出端以及数据输入允许端。其引脚如图 7-6 所示，真值表如表 7-4 所示。

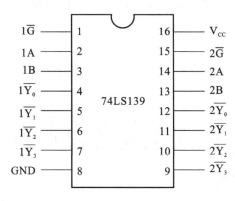

图 7-6　74LS139 引脚

表 7-4　74LS139 真值表

输 入 端			输 出 端			
允　许	选　择					
$\overline{G}$	B	A	$\overline{Y_0}$	$\overline{Y_1}$	$\overline{Y_2}$	$\overline{Y_3}$
1	×	×	1	1	1	1
0	0	0	0	1	1	1
0	0	1	1	0	1	1
0	1	0	1	1	0	1
0	1	1	1	1	1	0

注：1 表示高电平，0 表示低电平，×地址表示任意。

分析了两个地址译码器之后，举例分析使用 74LS138 地址译码器的情况。使用 74LS138 地址译码器的全地址译码法连接图如图 7-7 所示。从 74LS138 的真值表可以看出，通过 74LS138 可以扩展 8 片 8 KB 的 RAM，一共可以扩展 8 KB×8＝64 KB，但不是每个扩展的芯片必须是 8 KB 的，也就是说 $\overline{Y_0}$、$\overline{Y_1}$、$\overline{Y_2}$、$\overline{Y_3}$、$\overline{Y_4}$、$\overline{Y_5}$、$\overline{Y_6}$ 和 $\overline{Y_7}$ 这 8 个引脚最多能连接 8 KB 的存储器，每个引脚连接的存储器容量大小也可以是不同的，图 7-7 正好说明了这一点。如图 7-7 所示，把 ST_A 连接到＋5 V，$\overline{ST_B}$、$\overline{ST_C}$ 接地，单片机的 P2.7、P2.6、P2.5 作为高位地址 A15、A14、A13 分别连接到 74LS138 的 A2、A1、A0 端，把 P0.2、P0.1 和 P0.0 共 3 根地址线连接到 0#芯片的 A2、A1 和 A0 引脚，把 P0.3、P0.2、P0.1 和 P0.0 共 4 根地址线连接到 1#芯片的 A3、A2、A1 和 A0 引脚，把 P2.4～P2.0 和 P0.7～P0.0 共 13 根地址线连接到 2#芯片的 A12～A0 引脚……就构成了 74LS138 的芯片扩展连接了。由 74LS138 的

连接方式可以得知,芯片的地址范围是由 A0～A15 的取值决定的。0♯芯片的 A0～A15 的取值具体如表7-5所示；1♯芯片的 A15～A0 的取值具体如表 7-6 所示。2♯芯片的 A15～A10 的取值具体如表 7-7 所示。其余芯片请读者以此类推。

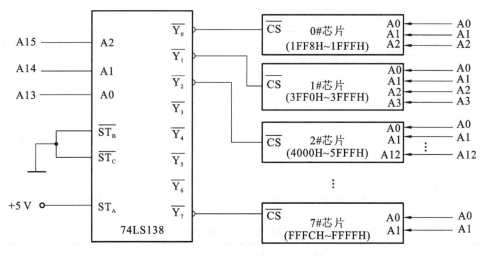

图 7-7　使用 74LS138 地址译码器的全地址译码法连接图

表 7-5　使用 74LS138 地址译码器的全地址译码法的 0♯芯片的 A15～A0 的取值

A15	A14	A13	A12	A11	A10	A9	A8	A7	A6	A5	A4	A3	A2	A1	A0	
0	0	0	×	×	×	×	×	×	×	×	×	×	0	0	0	0♯单元
0	0	0	×	×	×	×	×	×	×	×	×	×	0	0	1	1♯单元
0	0	0	×	×	×	×	×	×	×	×	×	×	0	1	0	2♯单元
0	0	0	×	×	×	×	×	×	×	×	×	×	0	1	1	3♯单元
0	0	0	×	×	×	×	×	×	×	×	×	×	1	0	0	4♯单元
0	0	0	×	×	×	×	×	×	×	×	×	×	1	0	1	5♯单元
0	0	0	×	×	×	×	×	×	×	×	×	×	1	1	0	6♯单元
0	0	0	×	×	×	×	×	×	×	×	×	×	1	1	1	7♯单元

表 7-6　使用 74LS138 地址译码器的全地址译码法的 1♯芯片的 A15～A0 的取值

A15	A14	A13	A12	A11	A10	A9	A8	A7	A6	A5	A4	A3	A2	A1	A0	
0	0	1	×	×	×	×	×	×	×	×	×	0	0	0	0	0♯单元
0	0	1	×	×	×	×	×	×	×	×	×	0	0	0	1	1♯单元
0	0	1	×	×	×	×	×	×	×	×	×	0	0	1	0	2♯单元
0	0	1	×	×	×	×	×	×	×	×	×	0	0	1	1	3♯单元
0	0	1	×	×	×	×	×	×	×	×	×	0	1	0	0	4♯单元
0	0	1	×	×	×	×	×	×	×	×	×	0	1	0	1	5♯单元
0	0	1	×	×	×	×	×	×	×	×	×	0	1	1	0	6♯单元

A15	A14	A13	A12	A11	A10	A9	A8	A7	A6	A5	A4	A3	A2	A1	A0	
0	0	1	×	×	×	×	×	×	×	×	×	0	1	1	1	7#单元
0	0	1	×	×	×	×	×	×	×	×	×	1	0	0	0	8#单元
0	0	1	×	×	×	×	×	×	×	×	×	1	0	0	1	9#单元
0	0	1	×	×	×	×	×	×	×	×	×	1	0	1	0	10#单元
0	0	1	×	×	×	×	×	×	×	×	×	1	0	1	1	11#单元
0	0	1	×	×	×	×	×	×	×	×	×	1	1	0	0	12#单元
0	0	1	×	×	×	×	×	×	×	×	×	1	1	0	1	13#单元
0	0	1	×	×	×	×	×	×	×	×	×	1	1	1	0	14#单元
0	0	1	×	×	×	×	×	×	×	×	×	1	1	1	1	15#单元

表 7-7　使用 74LS138 地址译码器的全地址译码法的 2#芯片的 A15～A0 的取值

A15	A14	A13	A12	A11	A10	A9	A8	A7	A6	A5	A4	A3	A2	A1	A0	
0	1	0	0	0	0	0	0	0	0	0	0	0	0	0	0	0#单元
0	1	0	0	0	0	0	0	0	0	0	0	0	0	0	1	1#单元
0	1	0	0	0	0	0	0	0	0	0	0	0	0	1	0	2#单元
0	1	0	0	0	0	0	0	0	0	0	0	0	0	1	1	3#单元
0	1	0	0	0	0	0	0	0	0	0	0	0	1	0	0	4#单元
0	1	0	0	0	0	0	0	0	0	0	0	0	1	0	1	5#单元
0	1	0	0	0	0	0	0	0	0	0	0	0	1	1	0	6#单元
0	1	0	0	0	0	0	0	0	0	0	0	0	1	1	1	7#单元
0	1	0	0	0	0	0	0	0	0	0	0	1	0	0	0	8#单元
0	1	0	0	0	0	0	0	0	0	0	0	1	0	0	1	9#单元
0	1	0	0	0	0	0	0	0	0	0	0	1	0	1	0	10#单元
⋮	⋮	⋮	⋮	⋮	⋮	⋮	⋮	⋮	⋮	⋮	⋮	⋮	⋮	⋮	⋮	⋮
0	1	0	1	1	1	1	1	1	1	1	1	1	0	1	1	8187#单元
0	1	0	1	1	1	1	1	1	1	1	1	1	1	0	0	8188#单元
0	1	0	1	1	1	1	1	1	1	1	1	1	1	0	1	8189#单元
0	1	0	1	1	1	1	1	1	1	1	1	1	1	1	0	8190#单元
0	1	0	1	1	1	1	1	1	1	1	1	1	1	1	1	8191#单元

表 7-5 和表 7-6 中的×表示 A15～A0 取值中的无关项,即取值为 0 或者取值为 1,都不会对芯片具体单元的访问产生影响,也就是说,无论取何值都不会影响单片机 CPU 对一个确定单元的读或写。当×由全 0 变成全 1 时,0#芯片的地址范围为 0000H～1FFFH;1#芯片的地址范围为 2000H～3FFFH;2 芯片的地址范围为 4000H～5FFFH;3#芯片的地址范围为 6000H～7FFFH。显然,0#芯片中无关项的个数为 10 个,则该芯片中每个单元都有

$2^{10}=1\,024$ 个重叠地址,如 0000H,0008H,0010H,…,1FF8H 都是 0♯芯片的 0♯单元的地址,也就是说,这些单元都指向同一个单元的地址;1♯芯片中无关项的个数为 9 个,则该芯片中每个单元都有 $2^9=512$ 个重叠地址,如 2002,2012,2022,2032,…,3FF2 都是 1♯芯片的 2♯单元的地址。当×取 1 时,0♯芯片的地址范围为 1FF8H~1FFFH;1♯芯片的地址范围为 3FF0H~3FFFH。

表 7-7 中没有无关项×,表示 2♯芯片扩展的是 8 KB 存储空间,也就是说,2♯芯片的 13 根地址线全部使用完了,故其地址范围是 4000H~5FFFH,没有重叠地址。

假如 74LS138 的 8 个输出引脚连接的扩展芯片的存储空间都为 8 KB,则芯片存储空间编地址是没有重叠的,每一个地址都唯一确定一个存储单元,即与 74LS138 的 $\overline{Y_0}$ 引脚连接的 0♯芯片的地址范围是 0000H~1FFFH,与 $\overline{Y_1}$ 引脚连接的 1♯芯片的地址范围是 2000H~3FFFH,与 $\overline{Y_2}$ 引脚连接的 2♯芯片的地址范围是 4000H~5FFFH,与 $\overline{Y_3}$ 引脚连接的 3♯芯片的地址范围是 6000H~7FFFH,与 $\overline{Y_4}$ 引脚连接的 4♯芯片的地址范围是 8000H~9FFFH,与 $\overline{Y_5}$ 引脚连接的 5♯芯片的地址范围是 A000H~BFFFH,与 $\overline{Y_6}$ 引脚连接的 6♯芯片的地址范围是 C000H~DFFFH,与 $\overline{Y_7}$ 引脚连接的 7♯芯片的地址范围是 E000H~FFFFH,这 64 KB 的空间被 8 个扩展芯片唯一确定了。

7.2.3　部分地址译码法

在单片机扩展系统中扩展芯片不是很多的情况下,不需要全地址译码,但若采用线选法而片选信号线又不够使用,可以采用部分地址译码法。也就是说,此时单片机的片选信号线中有一部分参与了译码,而另外一部分没有参加译码,没有参加译码的这部分信号线采用悬空的办法进行处理。又由于悬空的片选地址线上的电平高低不管如何变化,都不会影响单片机对扩展芯片的存储单元地址的选定,因此,存储器或 I/O 口中的每一个单元地址就不是唯一的了,具有重叠地址。可以采用与线选法中相同的方法来消除重叠地址,即把悬空信号线或未使用的无关项×同时取 1 或取 0。图 7-8 给出了使用 74LS139 地址译码器的部分地址译码法连接示意图,表 7-8 给出了使用 74LS139 地址译码器的部分地址译码的 0♯芯片的 A15~A0 的取值。

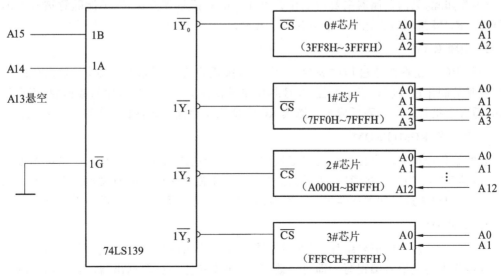

图 7-8　使用 74LS139 地址译码器的部分地址译码法连接图

表 7-8　使用 74LS139 地址译码器的部分地址译码法的 0♯芯片 A15～A0 的取值

A15	A14	A13	A12	A11	A10	A9	A8	A7	A6	A5	A4	A3	A2	A1	A0	
0	0	×	×	×	×	×	×	×	×	×	×	×	0	0	0	0♯单元
0	0	×	×	×	×	×	×	×	×	×	×	×	0	0	1	1♯单元
0	0	×	×	×	×	×	×	×	×	×	×	×	0	1	0	2♯单元
0	0	×	×	×	×	×	×	×	×	×	×	×	0	1	1	3♯单元
0	0	×	×	×	×	×	×	×	×	×	×	×	1	0	0	4♯单元
0	0	×	×	×	×	×	×	×	×	×	×	×	1	0	1	5♯单元
0	0	×	×	×	×	×	×	×	×	×	×	×	1	1	0	6♯单元
0	0	×	×	×	×	×	×	×	×	×	×	×	1	1	1	7♯单元

当无关项×取 1 时,图 7-8 的各个扩展芯片的存储单元是唯一确定的,0♯芯片的地址范围为 3FF8H～3FFFH;1♯芯片的地址范围为 7FF0H～7FFFH;2♯芯片的地址范围为 A000H～BFFFH;3♯芯片的地址范围为 FFFCH～FFFFH。

总之,单片机根据具体的应用场合采用不同的译码方法(线选法、部分译码法和全译码法)进行连接,采用无关项取 1 或取 0 的方法消除地址重叠,使得编址有唯一性;单片机使用读选通信号 PSEN 和片选信号 $\overline{CS}$ 组合访问外部程序存储器,使用读/写信号 $\overline{RD}$ 和 $\overline{WR}$ 以及片选信号 $\overline{CS}$ 组合访问外部数据存储器和外部扩展 I/O 口;用 MOV 指令访问内部 RAM,用 MOVX 指令访问外部数据存储器和外部扩展 I/O 口,用 MOVC 访问内部程序存储器和外部程序存储器。

7.3　程序存储器扩展

7.3.1　程序存储器介绍

程序存储器一般采用只读存储器,因为这种存储器内容一经写入,即使掉电,也不会丢失。只读存储器又称为 ROM(read only memory),其内部信息一旦写入,就不能随意被更改,正因为如此,只读存储器主要用于存放单片机的只读且需要保护,不能随意被修改的系统软件。ROM 按制造工艺和功能分为以下几种。

1. 掩膜 ROM

掩膜 ROM 是在制造过程中编程,即由厂商按用户程序要求掩膜制作(如光刻图形技术),掩膜的制作过程就相当于编程,并且芯片在封装后是不能改写里面的数据的,用户只能读出,适合大批量生产以降低成本。掩膜 ROM 适用于存储永久性保存的程序和数据。

2. 可编程 ROM(PROM)

它的编程逻辑器件靠存储单元中熔丝的断开与接通来表示存储的信息:当熔丝被烧断时,表示信息"0";当熔丝接通时,表示信息"1"。这种芯片在出厂的时候是没有任何数据信息的,可由用户通过特殊编程器进行一次性编程写入,但是程序在写入后便不能改写。

3. EPROM

这种存储芯片是电信号编程、紫外线擦除芯片。其优点是,用户可改写内容,改写时用紫外线擦除再用电信号编程写入即可。缺点是,如果有任一位数据出错,则须全片擦除、改写,且紫外线照射约半小时才能把所有存储位复原,擦除时间较长。

4. EEPROM（E²PROM）

这种存储芯片是电信号编程、电信号擦除芯片，与 EPROM 相比有较大改进。一旦断电，它也能够保持原来的信息不变。因此，从电编程、电擦除、断电保存信息这个角度来说，这种存储芯片兼有 RAM 和 ROM 的双重功能特点。

5. FLASH ROM（闪烁存储器，闪存）

它是在 EEPROM 工艺的基础上进行改进得到的，使用整体快速电擦除，擦除后为空白芯片，而且按字节可在线编程，具有完全非易失性。与 EEPROM 相比，FLASH ROM 以"块"为单位进行电擦/写，即按需要将内存分为若干"块"，以块为单位进行擦/写，擦除和写入速度较快，一般在 65～170 ns。

如果单片机片内 ROM 满足要求，扩展外部程序存储器的工作就可省去，但是，一般情况下单片机的片内 ROM 是不够用的，需要进行扩展。程序存储器的扩展可根据需要选择只读存储器芯片，使用较多的只读存储器是与单片机的并行连接的 EPROM 和 EEPROM。EPROM 的典型芯片是Intel 27 系列产品。

下面以 EPROM 芯片 27128 进行引脚功能说明。27128芯片的引脚图如图 7-9 所示。Intel 27 系列的部分常用EPROM 芯片的引脚图如图 7-10 所示。

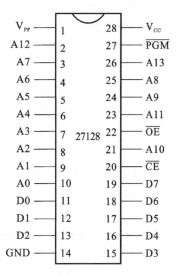

图 7-9　27128 芯片的引脚图

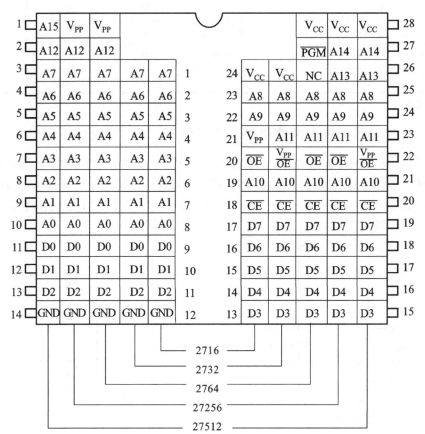

图 7-10　常用 27 系列 EPROM 芯片的引脚图

A0～A13:地址线引脚。它的数目由芯片的存储容量决定,用于进行芯片内部单元选择。

D7～D0:数据线引脚。

$\overline{CE}$:片选控制端,低电平有效。

$\overline{OE}$:输出允许控制端,低电平有效,即$\overline{OE}=0$时,被选中单元的内容可以读出;$\overline{OE}=1$时,则禁止读出。

V_{PP}:编程时,编程电压(+12 V或+25 V,具体取决于EPROM类型)输入端;当芯片正常工作时,连接+5 V电源。

V_{CC}:+5 V,芯片的工作电压。

$\overline{PGM}$:编程时,编程脉冲的输入端。

GND:数字地。

表7-9给出了27128芯片的工作方式。当读取数据时,首先送出要读出的地址单元(如27128有14位地址线,即A13～A0),然后使$\overline{OE}$和$\overline{CE}$为低电平,被选中单元的数据就会输出至芯片的数据线(D7～D0)。

表7-9　27128工作方式

工作方式	引　脚					
	$\overline{CE}$	$\overline{OE}$	$\overline{PGM}$	V_{PP}	V_{CC}	D7～D0
读出	低电平	低电平	高电平	V_{CC}	V_{CC}	输出
维持	高电平	×	×	V_{CC}	V_{CC}	高阻
编程	低电平	高电平	编程负脉冲	V_{PP}	V_{CC}	输入
编程校验	低电平	低电平	高电平	V_{PP}	V_{CC}	输出
禁止编程	高电平	×	×	V_{PP}	V_{CC}	高阻

注:×表示任意。

7.3.2　程序存储器扩展中常使用的地址锁存器

在基本单片机扩展系统电路中,要用到地址锁存器。由于单片机的P0口是数据总线和低8位地址总线的分时复用口,P0口输出的低8位地址必须用地址锁存器进行锁存。常用的地址锁存器有74LS373、74LS273、74LS573和8282等。74LS373地址锁存器如图7-11所示。地址锁存器8282、74LS273和74LS573引脚图如图7-12所示。

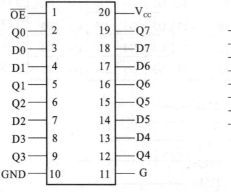
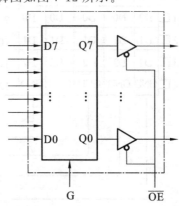

图7-11　74LS373地址锁存器

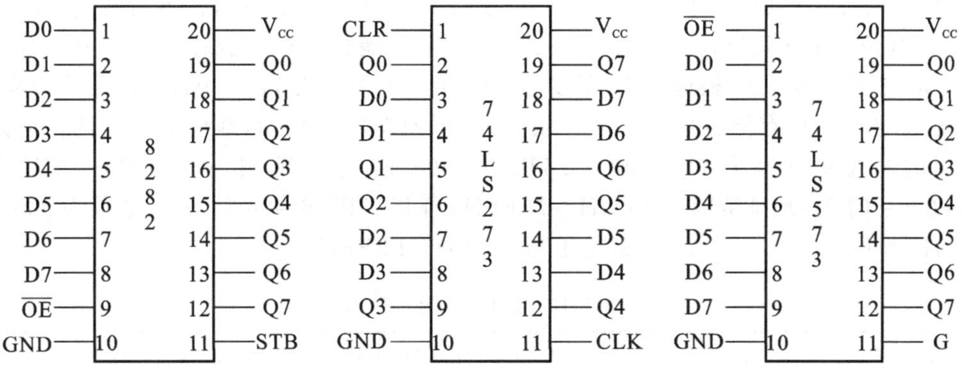

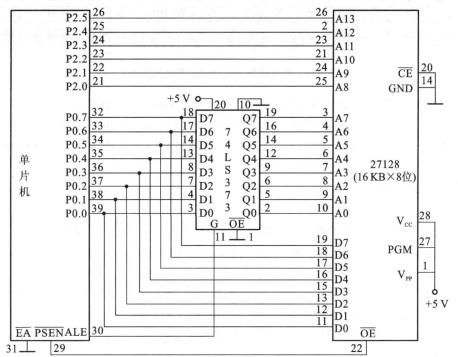

图 7-12   地址锁存器 8282、74LS273 和 74LS573 引脚图

当使用 74LS373 作单片机系统扩展的地址锁存器使用时,首先应使得三态门的使能信号端 $\overline{OE}$ 为低电平,然后当 G 输入端为高电平时,地址锁存器输出端 Q0～Q7 的状态和输出端 D0～D7 的状态相同,当 G 输入端从高电平返回低电平(即下降沿)时,输入端的数据锁存到 Q0～Q7。

74LS273 是带清除端的 8D 锁存器,只有清除端 CLR 为高电平时,芯片才具有锁存功能,锁存控制端为 11 脚 CLK,且上升沿锁存。

7.3.3 单片程序存储器扩展

单片程序存储器扩展连接图如图 7-13 所示。图中单片机的 ALE 引脚与地址锁存器74LS373 的使能端 G 相连接;单片机的 $\overline{PSEN}$ 引脚与扩展程序存储器芯片 27128 的 $\overline{OE}$ 相连接,作为程序存储器芯片的选通控制线;单片机 P0 口的 8 位线同时与 74LS373 的 D0～D7和扩展程序存储器芯片的 D0～D7 相连接;地址锁存器 74LS373 的输出端 Q0～Q7 与扩展

图 7-13   单片程序存储器扩展连接图

程序存储器芯片 27128 的地址 A0～A7 相连接;单片机的 P2 口与扩展程序存储器芯片 27128 的高位地址线相连,需要多少根 P2 口线就看扩展程序存储器芯片的容量有多大,如 27128 为 16 KB,需要 14 根地址线,所以需 P2 口的 P2.0～P2.5 共 6 根线与之相连。根据硬件连接图,扩展程序存储器芯片 27128 的地址范围如表 7-10 所示,地址不唯一且有重叠,当未使用的高位地址都为 0 时,即 P2.7P2.6＝00 时,地址范围为 0000H～3FFFH;当 P2.7P2.6＝01 时,地址范围为 4000H～7FFFH;当 P2.7P2.6＝10 时,地址范围为 8000H～BFFFH;当 P2.7P2.6＝11 时,地址范围为 C000H～FFFFH。

表 7-10　27128 的地址范围

P2.7	P2.6	P2.5	P2.4	P2.3	P2.2	P2.1	P2.0	P0.7	P0.6	P0.5	P0.4	P0.3	P0.2	P0.1	P0.0	
×	×	0	0	0	0	0	0	0	0	0	0	0	0	0	0	0000H
⋮	⋮	⋮	⋮	⋮	⋮	⋮	⋮	⋮	⋮	⋮	⋮	⋮	⋮	⋮	⋮	⋯
×	×	1	1	1	1	1	1	1	1	1	1	1	1	1	1	3FFFH

7.3.4　单片机访问片外程序存储器的时序

单片机访问片外程序存储器的时序如图 7-14 所示。

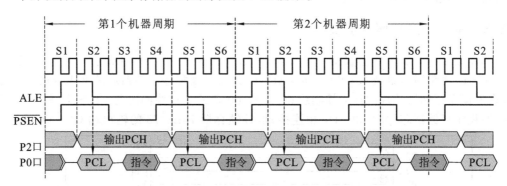

图 7-14　单片机访问片外程序存储器的时序

单片机的 CPU 在访问片外 ROM 的一个机器周期内信号 ALE 出现两次(正脉冲),ROM 选通信号两次有效,这说明在一个机器周期内,CPU 可两次访问片外 ROM,即在一个机器周期内可以处理两个字节的指令代码,所以在单片机指令系统中有很多单周期双字节指令。

访问外部程序存储器的一般操作步骤如下。

(1) 在 S1P2 时刻,单片机的 ALE 引脚产生有效信号,即高电平。

(2) 单片机 P0 口送出片外 ROM 的低 8 位地址只保持到 S2P2,期间当引脚 ALE 信号在下降沿信号到来时,将 P0 口信号送出,地址锁存器锁存此 8 位地址信号;而单片机 P2 口送出片外 ROM 的高 8 位地址信号,是一直有效的,不需要对该地址信号进行锁存,该信号直到 S1P2 或 S4P2 下降沿到来才更新,因而由单片机引脚 P0 和 P2 口送出了片外 ROM 所需的 16 位地址。当 S2P1 的下降沿到来时,单片机 ALE 信号失效了。

(3) 在 S3P1 开始时刻,单片机的 $\overline{PSEN}$ 引脚信号变为低电平,此时选通片外 ROM,对外部程序存储器进行读操作,将选中的单元中的数据(指令代码)从单片机 P0 口读入到 CPU 中,到 S4P2 时刻,PCH 失效。

（4）从 S4P2 开始进行第二次读入操作，这一过程与前面分析的第一次读入操作过程是相同的。

总之，对于大型的设计项目，代码的体积往往比较大，单靠单片机片内程序存储的空间基本无法满足需求。此时便需要扩展外部程序存储器。扩展外部程序存储器的方法比较简单，主要包括如下几步。

1. 选择合适容量的存储器

采用单片机的 P0 口和 P2 口作为 16 位地址总线的低 8 位和高 8 位，同时，P0 口还分时复用为 8 位数据总线。

将单片机的 $\overline{EA}$ 引脚接高电平。这样，在有外部程序存储器的情况下，程序可以首先从片内程序存储器开始顺序执行，然后自动转向外部程序存储器。

当单片机访问外部程序存储器时，程序存储器指针 PC 的低 8 位地址由 P0 口输出，PC 的高 8 位地址由 P2 口输出。P2 口和 P1 口共同组成 16 位地址总线。外部程序存储器中的指令代码由 P0 口输入，即 P0 口是低 8 位地址线和 8 位数据线的分时复用。在实际使用过程中，还需要注意如下几点。

为了保证在访问外部程序存储器期间，16 位的地址码不变，并且能正确地从 P0 口读入程序代码，应该将 P0 端口输出的低 8 位地址在 ALE 信号的控制下存入地址锁存器，这样便可以将 P0 口空出来读取 8 位的程序代码。

如果 $\overline{EA}$ 引脚接低电平，则 CPU 直接从片外程序存储器的 0000H 地址开始执行，而不管单片机片内是否含有程序代码。

7.4 数据存储器扩展

7.4.1 数据存储器介绍

由于单片机内部一般只有 128 或 256 个字节 RAM，在实际应用中这些 RAM 是远远不够使用的，必须进行单片机的数据存储器扩展。数据存储器有静态数据存储器（SRAM）和动态数据存储器（DRAM）之分。一般来说，单片机扩展系统常常采用的是静态数据存储器。用于单片机扩展的常用的静态数据存储器的典型型号有 6116（2 KB×8）、6264（8 KB×8）、62128（16 KB×8）、62256（32 KB×8），图 7-15 给出了它们的引脚图。

图 7-15 所示的 SRAM 引脚的功能如下。

A0～Ai：地址输入线，i＝10(6116)，12(6264)，13(62128)，14(62256)。

D0～D7：双向三态数据线，有时用 O0～O7 来表示。

$\overline{CE}$：片选信号输入线，低电平有效。

$\overline{OE}$：读选通信号输入线，低电平有效。

$\overline{WE}$：写允许信号输入线，低电平有效。

V$_{cc}$：工作电源，一般为＋5 V。

GND：地。

SRAM 存储器有读出、写入、维持 3 种工作方式，这些工作方式的操作控制方式如表 7-11 所示。这 3 种方式与芯片的 $\overline{CE}$、$\overline{OE}$、$\overline{WE}$ 引脚存在着严密的逻辑关系。

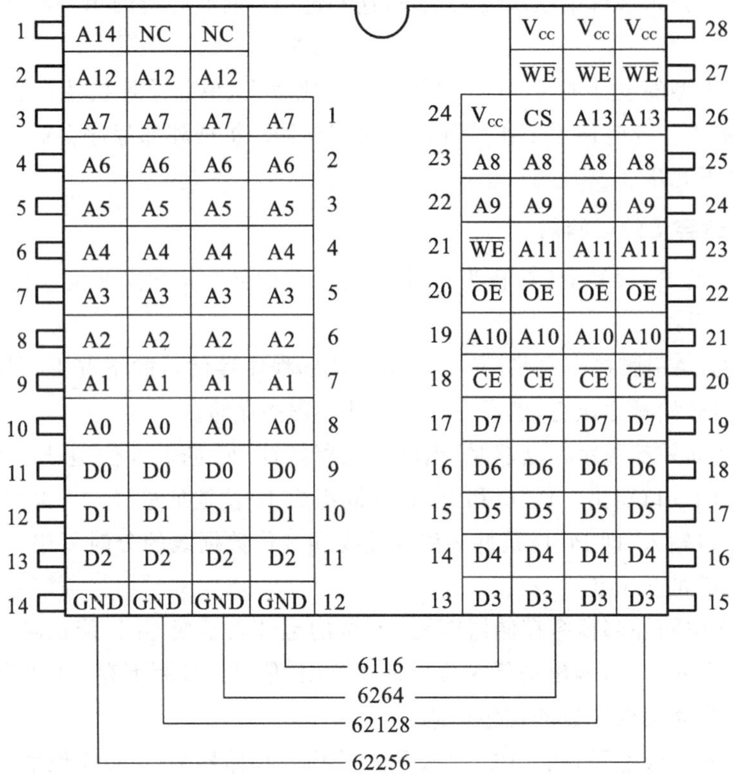

图 7-15　常用静态数据存储器的引脚图

表 7-11　静态 RAM 的 3 种操作控制方式

工作方式	信　号			
	$\overline{CE}$	$\overline{OE}$	$\overline{WE}$	D0～D7
读出	0	0	1	数据输出
写入	0	1	0	数据输入
维持	1	×	×	高阻态

7.4.2　单片数据存储器扩展

单片数据存储器扩展连接图如图 7-16 所示。扩展数据存储器与扩展程序存储器是一样的,由单片机 P2 口提供高 8 位地址,P0 口分时复用提供低 8 位地址和双向数据总线。由单片机的 $\overline{RD}$(P3.7)引脚对片外数据存储器进行读信号控制,以及 $\overline{WR}$(P3.6)引脚对片外数据存储器进行写信号控制;片外数据存储器的片选端($\overline{CE}$)由地址译码器的译码输出进行控制,也可以直接由单片机的 P2 口高位提供控制。单片机 P0 口的 8 位线同时与 74LS373 的D0～D7 和片外数据存储器的 D0～D7 相连接;地址锁存器 74LS373 的输出端 Q0～Q7 与片外数据存储器的地址 A0～A7 相连接;单片机的 P2 口与片外数据存储器的高位地址线相连,需要多少根 P2 线就看片外数据存储器的容量大小,如 6116 为 2 KB,需要 11 根地址线,所以需 P2 口的 P2.0、P2.1 和 P2.2 共 3 根线与之相连。根据硬件连接图,片外数据存储器 6116 的地址范围如表 7-12 所示,地址不唯一且有重叠,当未使用的高位地址都为 0 时,即P2.6P2.5P2.4P2.3＝0000 时,地址范围为 0000H～07FFH;当 P2.6P2.5P2.4P2.3＝0001

时,地址范围为 0800H～0FFFH;当 P2.6P2.5P2.4P2.3＝0010 时,地址范围为 1000H～17FFH;以此类推,当P2.6P2.5P2.4 P2.3＝1111 时,地址范围为 7800H～7FFFH。

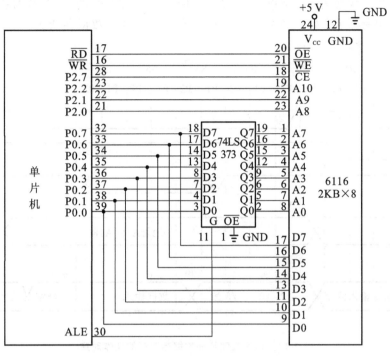

图 7-16　单片数据存储器扩展连接图

表 7-12　6116 的地址范围

P2.7	P2.6	P2.5	P2.4	P2.3	P2.2	P2.1	P2.0	P0.7	P0.6	P0.5	P0.4	P0.3	P0.2	P0.1	P0.0	
0	×	×	×	×	0	0	0	0	0	0	0	0	0	0	0	0000H
⋮	⋮	⋮	⋮	⋮	⋮	⋮	⋮	⋮	⋮	⋮	⋮	⋮	⋮	⋮	⋮	…
0	×	×	×	×	1	1	1	1	1	1	1	1	1	1	1	07FFH

7.4.3　单片机访问片外数据存储器的时序

单片机对片外数据存储器的读和写两种基本的操作,其操作时序基本步骤是相同的,ALE 和 $\overline{RD}$(P3.7)作为读操作组合控制信号,ALE 和 $\overline{WR}$(P3.6)作为写操作组合控制信号。

当单片机的 $\overline{WR}$(P3.6)引脚与片外数据存储器芯片的 $\overline{WE}$ 引脚相连接,单片机 $\overline{RD}$(P3.7)引脚与 $\overline{OE}$ 引脚相连接,且单片机 ALE 引脚作为地址锁存器的低 8 位地址的锁存控制信号,$\overline{PSEN}$ 引脚为高电平时,单片机对片外数据存储器的读操作时序如图 7-17 所示。首先,如图中标示①处,在第 1 个机器周期的 S1 状态,单片机的引脚 ALE 信号由低变高,此时ALE 就变成有效信号,读外数据存储器周期便开始了;接着进入 S2 状态,CPU 送出低 8 位地址信号至 P0 口,如果执行“MOVX A,@DPTR”指令则 CPU 送高 8 位地址信号至 P2口;如果执行“MOVX A,@Ri”指令则 CPU 就不送高 8 位地址,也就是说此时高 8 位口的地址信号为上一次所使用的高 8 位地址,没有更新;当单片机引脚 ALE 下降沿到来,如图中所标示②处,此时就将 P0 口的低 8 位地址信号进行锁存,如锁存到 74LS373 地址锁存器;图中所标示③处,P2 口就不需要进行锁存;然后,进入 S3 状态,P0 口总线变成高阻悬浮状态,如图所标示④处;进入 S4 状态,执行读取数据指令后使单片机的引脚$\overline{RD}$信号变低电平,如图中所标示⑤处;指令执行后就把片外数据存储器中的数据送到单片机的 P0 口,如图中所标示⑥处;当片外数据被读取结束后,如图中所标示⑦处,单片机的 P0 口数据总线就变成悬浮状态,如图中所标示⑧处。经过这几个步骤,单片机读片外数据存储器一个周期结束,然后执行下一个命令。

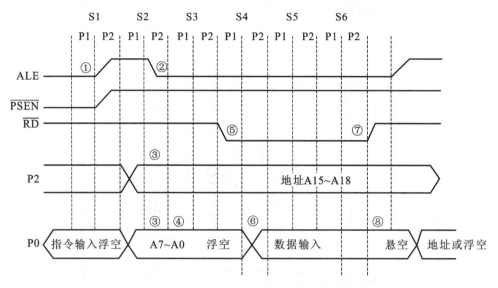

图 7-17　单片机读片外数据存储器的操作时序

单片机对片外数据存储器进行写操作,如单片机执行"MOVX　@DPTR,A"指令时,单片机产生$\overline{WR}$信号对片外数据存储器进行写选通。写过程与前面分析的读过程是类似的,单片机对片外数据存储器的具体写操作时序如图 7-18 所示。

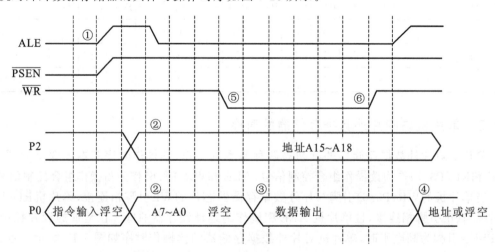

图 7-18　单片机写片外数据存储器的操作时序

由于片外数据存储器的读和写分别由单片机的$\overline{RD}$和$\overline{WR}$控制,而片外程序存储器的读选由$\overline{PSEN}$控制,故两者虽共有同一地址空间 64 KB,但由于控制信号不同,故不会发生总线冲突。访问片外数据存储器的指令如下。

　　MOVX　A,@Ri
　　MOVX　A,@DPTR

```
MOVX    @Ri,A
MOVX    @DPTR,A
```

 ## 7.5 并行 I/O 口扩展

7.5.1 I/O 口扩展概述

单片机与外部世界的信息交换是通过 I/O 接口电路来实现的,然而,在实际的应用系统中,单片机本身提供给用户使用的输入、输出口并不多,常常是需要扩展 I/O 口。即使是片内有 ROM/EPROM 的单片机,若不扩展外部程序存储器,也最多有 4 个 8 位口(P0~P3)可作为 I/O 口使用,更不用说没有内部程序存储器的单片机了,因其 P0 口和 P2 口必须用作外部程序存储器的地址线,而不能直接用来作为 I/O 口,也只有 P1 口和 P3 口的一部分可直接用作I/O口。所以,在大部分比较复杂的单片机应用系统设计中,需要扩展存储系统和 I/O口,这是难以避免的,也是非常重要的。

单片机 CPU 与 I/O 设备间的数据传输,实际上是 CPU 与 I/O 接口间的数据传输,且 CPU 可以采用无条件传输、查询传输、中断传输和 DMA 传送与 I/O 设备进行数据交换。图 7-19 揭示了单片机与 I/O 设备之间的关系。由于 I/O 设备结构多样,通常不能直接挂接在总线上,必须经 I/O 接口与 CPU 连接。I/O 接口电路中被单片机 CPU 直接访问的寄存器称为 I/O 口,1 个 I/O 接口芯片包括几个 I/O 口,如数据端口、状态端口和控制端口。由于单片机的外部数据存储器 RAM 和 I/O 口是统一编址的,因此用户可以把外部 64 KB 的数据存储器 RAM 空间的一部分作为扩展外部 I/O 口的地址空间。这样单片机就可以像访问外部 RAM 一样访问外部接口芯片,对其就可以使用 MOVX 指令进行读/写操作。

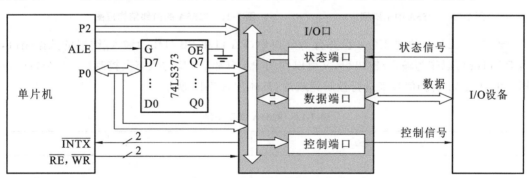

图 7-19   单片机与 I/O 设备之间的关系

常用的 I/O 接口芯片可以分为两大类:一类是不可编程的通用 I/O 口芯片,如地址锁存器 74LS373、74LS273,输入缓冲器 74LS244、74LS245 等;另一类是可编程的通用 I/O 接口芯片,如通用可编程的并行接口芯片 8255A,可编程 RAM 和 I/O 扩展芯片 8155,可编程键盘显示器接口芯片 8279 等。

7.5.2 8255A 的结构及功能

图 7-20 所示为 8255A 的引脚图,图 7-21 所示为 8255A 的内部结构框图。8255A 芯片由以下几部分组成。

1. 3个I/O口

A口:具有一个8位数据输出锁存/缓冲器和一个8位数据输入锁存器;可编程为8位输入、输出或双向寄存器。

B口:具有一个8位数据输出锁存/缓冲器和一个8位数据输入缓冲器;可编程为8位输入或输出寄存器,但不能双向输入输出。

C口:具有一个8位数据输出锁存/缓冲器和一个8位数据输入缓冲器。C口可分作两个4位口使用。它除了作为I/O口外,可以作为A口、B口选通方式工作时的状态及控制口。

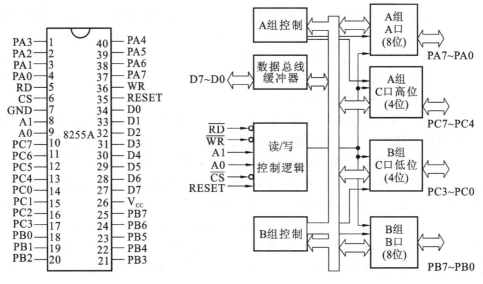

图7-20 8255A的引脚图   图7-21 8255A的内部结构框图

通常在8255A的这3个8位并行I/O口中,PA口和PB口作为输入/输出的数据端口,而PC口既可以作为输入/输出口,又可以作为PA口和PB口的状态及控制口。3个口的选择是由A0、A1引脚信号来进行控制完成的,具体如表7-13所示。

表7-13   8255A端口编址

A1	A0	被选中端口
0	0	PA口
0	1	PB口
1	0	PC口
1	1	控制寄存器

2. 读/写控制逻辑

8255A的读/写控制逻辑的功能用于管理所有数据、控制字或状态字的传输,它接收CPU的地址信号及一些控制信号来控制PA口、PB口和PC口的工作状态。控制信号把CPU的控制命令或输出数据送至相应的端口,也可以把外部设备的状态信息或输入数据通过相应的端口送入CPU中。具体的控制信号如下。

$\overline{CS}$(片选信号):低电平有效;允许8255A与CPU交换信息。

$\overline{RD}$(读信号):低电平有效;允许 CPU 从 8255A 端口读取数据或外设状态信息。

$\overline{WR}$(写信号):低电平有效;允许 CPU 将数据、控制字写入 8255A 中。

A1、A0(端口选择信号):与 $\overline{RD}$、$\overline{WR}$ 信号相配合,用以选择端口及内部控制寄存器,并控制信息传送的方向,如表 7-14 所示。

RESET(复位):高电平有效。有效时,控制寄存器都被清零,所有端口都被置成输入方式。

表 7-14　8255A 端口的选择及功能

	A1	A0	$\overline{RD}$	$\overline{WR}$	$\overline{CS}$	所选端口	功　能
输入操作	0	0	0	1	0	PA 口	PA 口→数据总线
	0	1	0	1	0	PB 口	PB 口→数据总线
	1	0	0	1	0	PC 口	PC 口→数据总线
输出操作	0	0	1	0	0	PA 口	数据总线→PA 口
	0	1	1	0	0	PB 口	数据总线→PB 口
	1	0	1	0	0	PC 口	数据总线→PC 口
	1	1	1	0	0	控制寄存器	数据总线→控制寄存器
禁止功能	×	×	×	×	1	—	数据总线为三态
	1	1	0	1	0	—	非法状态
	×	×	1	1	0	—	数据总线为三态

3. A 组和 B 组控制电路

这是两组根据 CPU 的命令控制 8255A 工作方式的电路。每组控制电路从读/写控制逻辑接受各种命令,从内部数据总线接收控制字(指令)并发出适当的命令到相应的端口。A 组控制电路控制 PA 口及 PC 口的高 4 位 PC7~PC4;B 组控制电路控制 PB 口及 PC 口的低 4 位 PC3~PC0。

4. 数据总线缓冲器

这是一个双向三态的 8 位缓冲器,也是 8255A 与系统数据总线的接口,其与系统的数据总线直接相连,用来实现 CPU 和 8255A 间传输命令、数据和状态信息功能。

7.5.3　8255A 的控制字

8255A 有两种控制字,一种是 PA 口、PB 口、PC 口工作方式的选择控制字,另一种是 PC 口各位的置位/复位控制字,且这两种控制字都是 8 位的。两种控制字写入的控制寄存器相同,用 D7 位来区分是哪一种控制字。D7＝1 表示为工作方式选择控制字;D7＝0 表示为 PC 口置位/复位控制字。两种控制字的格式分别如图 7-22、图 7-23 所示。

例如,将 B8H(10111000B)写入控制寄存器后,则 8255A 设置 PA 口为方式 1 输入,PB 口为方式 0 输出,PC 口高 4 位为输入,PC 口低 4 位为输出。

又例如,将 0BH(00001011B)写入控制寄存器后,则 8255A 的 PC5 置 1,设控制寄存器的地址为 3AH,则相应的初始化程序段为

```
MOX     R0,#3AH
MOV     A,#0BH
MOVX    @R0,A
```

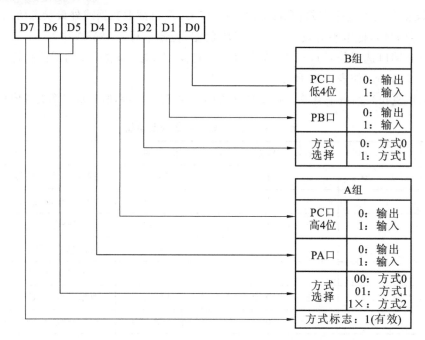

图 7-22 8255A 的工作方式选择控制字

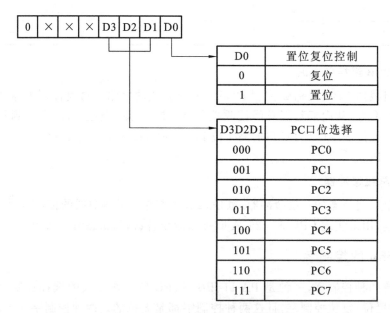

图 7-23 8255A PC 口置位/复位控制字

7.5.4 8255A 的工作方式选择

8255A 有 3 种工作方式,即方式 0(基本输入/输出方式)、方式 1(选通输入/输出方式)和方式 2(双向传输,仅用于 PA 口)。

1. 方式 0(基本 I/O 方式)

这种工作方式不需要任何选通信号。PA 口、PB 口及 PC 口的高 4 位和低 4 位都可以设定为输入或输出,但不能既作为输入又作为输出。作为输出口时,输出的数据被锁存;作为输入口时,输入数据不被锁存,没有应答信号,因而方式 0 适用于无条件数据传送方式。当工作在方式 0 输入时,CPU 在读取端口数据之前,端口数据必须准备好。

2. 方式 1(选通 I/O 方式)

在这种工作方式下,PA 口、PB 口、PC 口等 3 个口分为两组:A 组包括 PA 口和 PC 口的高 4 位,PA 口可由编程设定为输入口或输出口,PC 口的高 4 位用来作为 I/O 操作的控制和同步信号;B 组包括 PB 口和 PC 口的低 4 位,PB 口同样可由编程设定为输入口或输出口,PC 口的低 4 位用来作为 I/O 操作的控制和同步信号。PA 口和 PB 口的输入数据或输出数据都被锁存。方式 1 适用于查询或中断方式的数据输入/输出。

3. 方式 2(双向总线方式,仅用于 PA 口)

在这种工作方式下,PA 口为 8 位双向总线口,PC 口的 PC3~PC7 用来作为 I/O 的同步控制信号。在这种情况下,PB 口和 PC0~PC2 只能编程为在方式 0 或方式 1 下工作。

端口 PC 在方式 1 或方式 2 下工作时,8255A 内部规定的联络信号如表 7-15 所示。需要注意的是,如果 PA 口或 PB 口只有一个口按照方式 1 工作,则剩下的另外 13 位口线仍然可以按照方式 0 工作;如果 PA 口和 PB 口两个口都按照方式 1 工作,则剩下的 2 位口线同样可以进行位状态的输入/输出;如果将 PA 口设置为在方式 2 下工作,则 PB 口只能以方式 0 或方式 1 工作。

表 7-15　8255A 端口 PC 的联络信号

PC 口位线	方 式 1		方 式 2	
	输　入	输　出	输　入	输　出
PC7	I/O	$\overline{OBF_A}$	/	$\overline{OBF_A}$
PC6	I/O	$\overline{ACK_A}$	/	$\overline{ACK_A}$
PC5	IBF_A	I/O	IBF_A	/
PC4	$\overline{STB_A}$	I/O	$\overline{STB_A}$	/
PC3	$INTR_A$	$INTR_A$	$INTR_A$	$INTR_A$
PC2	$\overline{STB_B}$	$\overline{ACK_B}$	I/O	I/O
PC1	IBF_B	$\overline{OBF_B}$	I/O	I/O
PC0	$INTR_B$	$INTR_B$	I/O	I/O

用于数据输入操作的联络信号如下。

$\overline{STB}$(strobe):选通脉冲输入信号,低电平有效。当外设送来 STB 信号时,输入数据装入 8255A 的锁存器。

IBF(input buffer full):输入缓冲器满信号,高电平有效。此信号有效,表示数据已装入锁存器,可作为送出的状态信号。

INTR(interrupt):中断请求信号,高电平有效。在 IBF、$\overline{STB}$ 为高电平时才有效,用来向 CPU 请求中断服务。

数据输入操作过程为:当外设的数据准备好后,发出 $\overline{STB}=0$ 的信号,输入数据装入 8255A 的锁存器,装满后使 IBF=1,CPU 可以查询这个状态信息,用来决定是否接收 8255A 的数据;或者当 $\overline{STB}$ 重新变为高电平时,INTR 有效,向 CPU 发出中断请求,CPU 在中断服务程序中接收 8255A 的数据,并使 INTR=0。

用于数据输出操作的联络信号如下。

$\overline{ACK}$(acknowledge)：响应信号输入信号,低电平有效。当外设取走并处理完 8255A 的数据后,发出响应信号。

$\overline{OBF}$(output buffer full)：输出缓冲器满信号,低电平有效。当 CPU 把数据送入 8255A 锁存器后有效,这个输出的低电平用来通知外设开始接收数据。

INTR(interrupt)：中断请求信号,高电平有效。在外设处理完一组数据后,$\overline{ACK}$变成低电平并且当$\overline{OBF}$变为高电平,然后$\overline{ACK}$又变成高电平时,使 INTR 有效,申请中断,进入下一次输出过程。

数据输出操作过程为：在外设接收并处理完一组数据后,向 8255A 发出$\overline{ACK}$负脉冲响应信号;$\overline{ACK}$的下降沿使得$\overline{OBF}$变高,表示输出缓冲器空(实际上表示缓冲器中的数据没必要再保留了),并在$\overline{ACK}$的上升沿使得 INTR 有效,向 CPU 发出中断请求;CPU 可以用查询方式查询$\overline{OBF}$的状态,以决定是否可以输出下一个数据,也可以用中断方式进行输出操作,CPU 响应此中断后,在中断服务程序中把数据写入 8255A,写入之后使$\overline{OBF}$有效,以启动外设再次取数,直到数据处理完毕,再向 8255A 发出下一个$\overline{ACK}$响应信号。

7.5.5 8255A 与单片机的连接及其初始化编程

图 7-24 所示为 8255A 与单片机的一种连接电路图。图示中,8255A 的片选信号$\overline{CS}$及端口地址选择线 A1、A0 分别由单片机的 P0.7、P0.1、P0.0 经 74LS373 锁存后提供。8255A 的$\overline{RD}$、$\overline{WR}$分别接单片机的$\overline{RD}$、$\overline{WR}$;8255A 的 D0~D7 接单片机的 P0.0~P0.7。如表 7-16 所示,当电路中的地址无关项×都为 1 时,8255A 的 A 口、B 口、C 口及控制口的地址分别为 FF7CH、FF7DH、FF7EH 和 FF7FH;当电路中的地址无关项×都为 0 时,8255A 的 A 口、B 口、C 口及控制口的地址分别为 0000H、0001H、0002H 和 0003H;当无关地址位并不是每一位都取 0 或 1 时,8255A 的 3 个口及控制口还有其他的地址情况。

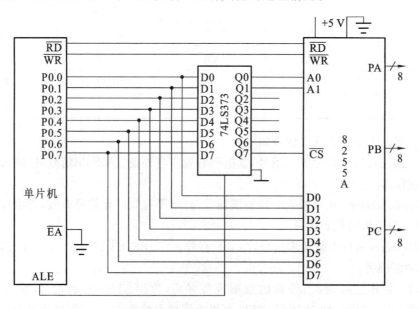

图 7-24 单片机与 8255A 的连接图

表7-16　图7-24中8255A端口的地址分配

8255A 所选端口	无关的地址位	8255A 的片选$\overline{CS}$	无关的地址位	8255A 的 A1A0		端口地址	
	A15～A8	A7	A6～A2	A1	A0	当×＝0时	当×＝1时
PA 口	×～×	0	×～×	0	0	0000H	FF7CH
PB 口	×～×	0	×～×	0	1	0001H	FF7DH
PC 口	×～×	0	×～×	1	0	0002H	FF7EH
控制寄存器	×～×	0	×～×	1	1	0003H	FF7FH

例 7-1　根据图 7-24 所示的连接方式,若要求 8255A 的 PA 口为方式 1 输入,PB 口为方式 0 输出,PC 口的未使用高位为输入,PC 口低 4 位为输出。设无关项地址位×都为 0,则 8255A 控制口的地址为 0003H;由于 PA 口作为方式 1 输入,因而 PC3、PC4 和 PC5 需要作为 PA 口的联络信号,且 PB 口以方式 0 工作,故只有 PC 口的 PC0、PC1、PC2、PC6 和 PC7 可以作为输入/输出使用,所以其工作方式控制字应为 10111000B(B8H),故初始化编程如下。

```
MOV  DPTR,#0003H      ;数据指针指向 8255A 控制寄存器
MOV  A,#0B8H          ;工作方式控制字给累加器 A
MOVX @DPTR,A          ;向 8255A 控制寄存器写入方式控制字
```

例 7-2　根据图 7-24 所示的连接方式,要求读 8255A 的 PA 口的数据,然后把该数据送到 8255A 的 PB 口,同时要求通过 PC6 向外输出一个正脉冲信号。设无关项地址位×都为 0,则 8255A 的 PA 口地址为 0000H,PB 口地址为 0001H,PC 口地址为 0002H,控制口的地址为 0003H;设 8255A 的 PA 口为方式 0 输入,PB 口为方式 0 输出,PC 口为方式 0 输出,则工作方式控制字应为 10010000B(90H);且取 PC 口置位/复位控制字的无关项地址位为 0 时,PC6 为高电平的控制码为 00001101B(0DH),故其参考编程如下。

```
MOV   DPTR,#0003H     ;数据指针指向 8255A 控制寄存器
MOV   A,#90H          ;工作方式控制字给累加器 A
MOVX  @DPTR,A         ;向 8255A 控制寄存器写入方式控制字
MOV   DPTR,#0000H     ;数据指针指向 8255A 的 A 口
MOVX  A,@DPTR         ;读取 8255A 的 A 口数据
INC   DPTR            ;数据指针指向 8255A 的 B 口
MOVX  @DPTR,A         ;向 8255A 的 B 口送数据
MOV   DPTR,#0003H     ;数据指针指向 8255A 控制寄存器
MOV   A,#0DH          ;PC6 为高电平的控制字
MOVX  @DPTR,A         ;对 PC6 置 1
ACALL DELAY           ;调用延时程序
DEC   A               ;控制字变为 00001100
MOVX  @DPTR,A         ;对 PC6 置 0,完成一个正脉冲输出
```

7.6　存储器综合扩展

在单片机的实际应用系统中,常常需要扩展程序存储器,也需要扩展数据存储器,甚至还需要扩展 I/O 口以连接外部设备。由前面的分析可以知道,单片机系统结构要求外部数

据存储器和 I/O 口等均采用同一套指令和选通信号进行访问,因而,数据存储器和 I/O 接口等所有其他功能器件都应统一编址在 64 KB 外部数据存储器的地址空间之内。也就是说,每一个接口芯片中的功能寄存器相当于一个外部数据存储器的存储单元,单片机可以像访问外部数据存储器那样访问外部接口芯片,对其功能寄存器进行读/写操作,使用 MOVX 指令来访问外部接口。因此,把程序存储器扩展、数据存储器扩展以及 I/O 口扩展归结为存储器的综合扩展。

下面以图 7-25 为例,从控制信号及片选信号、各芯片地址分配,以及片外读取指令、片外读写数据过程等方面介绍单片机存储器综合扩展。

例 7-3 采用译码法扩展 16 KB EPROM 和 16 KB RAM。

假设 EPROM 选用 2764,该芯片容量为 8 KB,扩展 16 KB EPROM 需要 2 片 2764;RAM 选用 6264,该芯片容量也为 8 KB,扩展 16 KB RAM 需要 2 片 6264,全部共扩展 4 片芯片,分别是 IC1 2764、IC2 2764、IC3 6264 和 IC4 6264,同时,还需要选用地址译码器 74LS139 和地址锁存器 74LS373 来扩展单片机系统数据总线、地址总线及控制总线,具体扩展接口电路如图 7-25 所示。

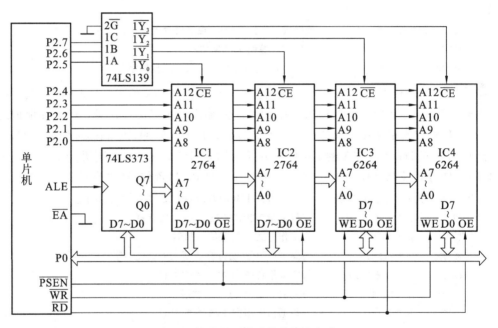

图 7-25 采用译码法综合扩展电路

1. 从控制信号及选片信号方面进行分析

74LS139 的输入端 1A、1B、1C 分别接单片机 P2 口的 P2.5、P2.6、P2.7,74LS139 的 $1\overline{G}$ 接 +5 V,$2\overline{G}$ 接地,可以使 74LS139 处于工作状态。74LS139 有 8 个输出端,$1\overline{Y_0} \sim 1\overline{Y_3}$ 分别连接 4 个芯片 IC1、IC2、IC3、IC4 的片选端 $\overline{CE}$,而 $2\overline{Y_0} \sim 2\overline{Y_3}$ 的 4 个输出端未使用,可以在后期扩展使用。根据 74LS139 译码特性:P2.7=0,P2.6=0,P2.5=0 时,$1\overline{Y_0}=0$,IC1 2764 芯片被选中;P2.7=0,P2.6=0,P2.5=1 时,$1\overline{Y_1}=0$,IC2 2764 芯片被选中;P2.7=0,P2.6=1,P2.5=0 时,$1\overline{Y_2}=0$,IC3 6264 芯片被选中;P2.7=0,P2.6=1,P2.5=1 时,$1\overline{Y_3}=0$,IC4 6264 芯片被选中,即 $1\overline{Y_0} \sim 1\overline{Y_3}$ 每次只能有一位为 0,其他位全为 1,只能输出为 0 的一端所连接的芯片被选中。

尽管每次只选中一个芯片,但该芯片是否真正工作还需要通过单片机$\overline{PSEN}$、$\overline{WR}$和$\overline{RD}$引脚进行控制。当单片机的片外程序存储器读选通信号$\overline{PSEN}$为低电平时,才能对 IC1 2764或 IC2 2764 中的程序进行读取;当单片机的读选通信号$\overline{RD}$或写选通信号$\overline{WR}$为低电平时,就可以对数据存储器进行读取数据或写入数据。由于单片机的$\overline{PSEN}$、$\overline{WR}$和$\overline{RD}$三个信号是在执行指令的时候产生的,且在同一时刻单片机的 CPU 只能执行一条指令,故$\overline{PSEN}$、$\overline{WR}$和$\overline{RD}$这三个信号只能有一个信号有效,即同一时刻只能有唯一一个信号为低电平有效,从而区分了程序存储器的读指令、数据存储器的读取数据、数据存储器的写入数据这三个访问动作。

2. 从各芯片的地址分配方面进行分析

由于单片机系统扩展硬件电路一旦确定,各个芯片的地址范围就已经确定了,程序编写时,只要给定芯片地址就能准备无误地选中该芯片。显然,电路中 P2.7、P2.6、P2.5 用于译码,这 3 根高位地址线外的其他地址线 P0.0~P0.7 和 P2.0~P2.4 都用作扩展芯片的地址线,没有未使用的地址线了,即没有无用位,因此扩展电路中的地址是没有重叠的。如果所搭建的单片机扩展电路存在未固定使用的地址线,就会有地址空间重叠的问题。由于该电路只使用了 74LS139 译码的$1\overline{Y_0}$~$1\overline{Y_3}$的 4 路译码信号,P2.7、P2.6、P2.5 需全为 0 时才能选中 IC1 2764,具体各个芯片的地址分配如表 7-17 所示。

表 7-17　芯片的地址分配表

74LS139 有效输出	A15A14A13	A12 A11A10A9A8　A7A6A5A4　A3A2A1A0	选 中 芯片	地 址 范 围
$1\overline{Y_0}=0$	000	0 0000 0000 0000~1 1111 1111 1111	IC1 2764	0000H~1FFFH
$1\overline{Y_1}=0$	001	0 0000 0000 0000~1 1111 1111 1111	IC2 2764	2000H~3FFFH
$1\overline{Y_2}=0$	010	0 0000 0000 0000~1 1111 1111 1111	IC3 6264	4000H~5FFFH
$1\overline{Y_3}=0$	011	0 0000 0000 0000~1 1111 1111 1111	IC4 6264	6000H~7FFFH
$2\overline{Y_0}=0$	100	0 0000 0000 0000~1 1111 1111 1111	未使用	8000H~9FFFH(未使用)
$2\overline{Y_1}=0$	101	0 0000 0000 0000~1 1111 1111 1111	未使用	A000H~BFFFH(未使用)
$2\overline{Y_2}=0$	110	0 0000 0000 0000~1 1111 1111 1111	未使用	C000H~DFFFH(未使用)
$2\overline{Y_3}=0$	111	0 0000 0000 0000~1 1111 1111 1111	未使用	E000H~FFFFH(未使用)

3. 读取片外程序存储器指令过程

当单片机上电或者复位时,程序计数指针 PC 为 0000H,该指针总是指向将要执行程序的地址。因此,单片机上电或复位后,CPU 从地址 0000H 开始读取指令,并执行指令。又由于电路中单片机的引脚$\overline{EA}$接地,单片机访问的是外部程序存储器,故在 CPU 读取指令期间,PC 值的低 8 位送给 P0 口,高 8 位送 P2 口。送给 P0 口的地址经地址锁存器 74LS373 锁存到 A0~A7 地址线上;送给 P2 口的地址分两个部分,其中 P2.0~P2.4 直接送到 A8~A12 地址线上,另一个部分 P2.5P2.6P2.7 输入给地址译码器 74LS139,经译码后送片外芯片的片选信号口$\overline{CE}$。因此,当 PC=0000H 时,送到 P0、P2 口后选中了片外程序存储器 IC1 2764 的第一单元地址(即 0000H),又当单片机需要读取指令时会自动输出$\overline{PSEN}$为低电平,使片外程序存储器处于工作状态,此时,就能把 IC1 2764 中的指令代码从芯片的 D0~D7 输送到 P0 口上,并进入单片机工作 RAM,然后经过 CPU 译码后并执行具体操作。当 CPU 取出一个字节后程序计数指针 PC 就自动增加 1,重复前面的动作读取第二个字节,然后依次类推。由于 IC1 2764 地址为 0000H~1FFFH,IC2 2764 地址为 2000H~3FFFH,它们的地址是连续的,如果程序顺序执行,则读取完 IC1 2764 就会接着读取 IC2 2764 中的程序。

4. 片外数据存储器读取/写入数据过程

单片机读或写片外数据存储器使用的指令是 MOVX,只能是采用间接寻址方式,且使用 MOVX 指令读取或写入数据时会产生读($\overline{RD}$)或写($\overline{WR}$)信号。当执行指令 MOVX A,@DPTR 时,DPTR 数值中的低 8 位会经过单片机的 P0 口输出到 74LS373 地址锁存器,把低 8 位地址锁存到 IC3 6264 和 IC4 6264 上;DPTR 数值中的高 8 位经单片机 P2 口直接输出,其中 P2.0~P2.4 直接到达 IC3 6264 和 IC4 6264 上,P2.5、P2.6、P2.7 经过译码器 74LS139 进行译码来选中 IC3 6264 或者 IC4 6264,因而根据地址上的具体值,就能选中另外数据存储器中的具体地址存储单元。当读($\overline{RD}$)选通信号变为低电平时,就能取出单元中的数据,把数据从片外数据存储器上的 D0~D7,经单片机 P0 口,送到累加器 A 中。除了 MOVX A,@DPTR 外,还有 MOVX A,@R0 和 MOVX A,@R1 2 条指令,当执行这 2 条指令时,直接把 R0 或 R1 中的值送到单片机的 P0 口作为低 8 位地址,而 P2 口值并不更新,保持原有的数值,作为高 8 位地址,进行选通片外数据存储器的具体存储单元,当读($\overline{RD}$)选通信号变为低电平时,就能取出单元中的数据,然后把单元中的数值输出到累加器 A 中。

当执行指令 MOVX @DPTR,A 时,DPTR 数值中的低 8 位会经过单片机的 P0 口输出到 74LS373 地址锁存器,把低 8 位地址锁存到 IC3 6264 和 IC4 6264 上;DPTR 数值中高 8 位经单片机 P2 口直接输出,其中 P2.0~P2.4 直接到达 IC3 6264 和 IC4 6264 上,P2.5、P2.6、P2.7 经过地址译码器 74LS139 进行译码来选中 IC3 6264 或者 IC4 6264,因而根据地址上的具体值,就能选中片外数据存储器中的具体地址存储单元。当写($\overline{WR}$)选通信号变为低电平时,就能把累加器 A 中的数据取出,从单片机 P0 口,经片外数据存储器上的 D0~D7,送到片外数据存储器中指定的存储单元。

当执行 MOVX @R0,A 和 MOVX @R1,A 两条指令这 2 条指令时,直接把 R0 或 R1 中的值送到单片机的 P0 口作为第 8 位地址,而 P2 口值并不更新,保持原有的数值,作为高 8 位地址,进行选通片外数据存储器的具体存储单元,当写($\overline{WR}$)选通信号变为低电平时,把累加器 A 中的数据,经 P0 口送到选中的片外数据存储器的存储单元上。

下面给出从片外数据存储器 IC4 6264 的 6600H 单元的数据读取放入单片机片内 RAM 地址为 55H 单元中,并把该数据送出到片外数据存储器 IC3 6264 的 45FFH 单元中的程序段。

```
MOV    DPTR,#6600H   ;把 IC4 6264 的 6600H 地址值给 DPTR 数据指针
MOVX   A,@DPTR       ;读取 IC4 6264 的 6600H 单元的数据给累加器 A
MOV    55H,A         ;把已经取出的 6600H 单元数据存入内部 RAM 的 55H 单元
MOV    DPTR,#45FFH   ;修改 DPTR 数据指针为 IC3 6264 的 45FFH 地址值
MOVX   @DPTR,A       ;把累加器 A 值(6600H 单元数据)送 IC3 的 45FFH 单元中
```

例 7-4 若系统扩展的外部 ROM、外部 RAM 和 I/O 接口芯片不是很多,也可以采用线选法。图 7-26 所示为一种外部 ROM、RAM 和 I/O 接口芯片的简要连接图。

所谓线选法,就是把单独的地址线接到某一个外接芯片的片选端,只要这一位地址线为低电平,就选中该芯片;同时也可以配合反相器使用,即当某地址线为高电平时,经反相器变为低电平选中该芯片,如图中的片外 ROM2764 的片选端 $\overline{CE}$ 的连线就属于这种情况。尽管

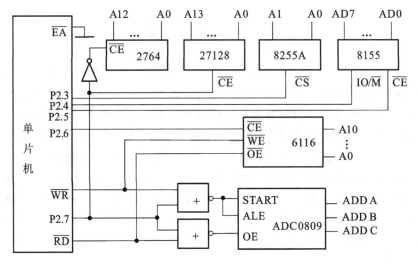

图 7-26　一种线选法连接图

片外 ROM 与片外 RAM 和 I/O 接口在地址空间上有重叠,但由于两者访问的选通信号是不同的,片外 ROM 的选通为 $\overline{PSEN}$,而片外 RAM 和 I/O 接口的选通为 $\overline{RD}/\overline{WR}$,因而在寻址上是不会产生冲突的。

芯片 2764 内部有 8 KB,需占用 13 根地址线,故其片选线只能选择 P2.5 以上的高位地址线;芯片 27128 内部有 16 KB,需占用 14 根地址线,故其片选线只能选择 P2.6 以上的高位地址线,图中采用的是 P2.7 直接连接 27128,P2.7 接反相器后连接 2764,故芯片 27128 的地址为 4000H～7FFFH(假设未使用地址线为高电平),芯片 2764 的地址为 E000H～FFFFFH(假设未使用地址线为高电平)。芯片 6116 内部有 2 KB,需占用 11 根地址线,故其片选线只能选择 P2.3 以上的高位地址线。芯片 8155 内部有 256 B 的 RAM,且其接口寄存器有 6 个,需占用 8 根地址线,故其片选线只能选择 P2.0 以上的高位地址线。芯片 8255A 内部有没有 RAM,只有 4 个接口寄存器,需占用 2 根地址线;芯片 ADC0809 有 8 路输入模拟通道可供选择,需模拟通道选择信号 A、B 和 C 共 3 路,占用 3 根地址线,故其片选线可以选择 P2.0 以上的高位地址线。经过上述分析,便可以知道各个芯片的地址,具体如表 7-18 所示。

表 7-18　图 7-26 各芯片地址空间分配

外部扩展芯片		片内地址单元数	A15A14A13A12　A11A10A9A8　A7A6A5A4　A3A2A1A0	地址范围（×＝1 时）
27128		16 KB	0×00 0000 0000 0000～0×11 1111 1111 1111	4000H～7FFFH
2764		8 KB	1××0 0000 0000 0000～1××1 1111 1111 1111	E000H～FFFFFH
8255A		4 B	111× 0××× ×××× ××00～111× 0××× ×××× ××11	F7FCH～F7FFH
8155	RAM	256 B	1100 1××× 0000 0000～1100 1××× 1111 1111	CF00H～CFFFH
	I/O	6 B	1101 1××× ×××× ×000～1101 1××× ×××× ×101	DFF8H～DFFDH
6116		2 KB	101× 1000 0000 0000～101× 1111 1111 1111	B800H～BFFFH
ADC0809		8 B	011× 1××× ×××× ×000～011× 1××× ×××× ×111	7FF8H～7FFFH

本 章 小 结

　　本章详细介绍了单片微控制器的扩展原理及扩展技术。对于单片机微控制器来说,扩展是把各扩展部件连接起来,通过系统总线进行数据、地址和控制信号的传递与控制,因此要实现扩展,首先要构造单片微控制器的系统总线。系统总线包括了地址总线、数据总线、控制总线,使用 8 位地址锁存器锁存来自 P0 口作为地址线的低 8 位地址,实现与 P0 口作为数据线的 8 位数据的分时复用,以 P2 口的口线作为高位地址线,并配合微控制器 $\overline{EA}$、$\overline{WR}$ (P3.6)、$\overline{RD}$(P3.7)、$\overline{PSEN}$ 和 ALE 引脚的信号控制,完成系统总线的构造。扩展存储器编址,通常有线选法、全地址译码法和部分地址译码法。本章还详细介绍了地址锁存器 74LS373、数据存储器和程序存储器芯片及扩展方法,介绍了常用并行 I/O 接口芯片 8255A 的内部资源及其扩展方法,介绍了数据存储器、存储存储器和 I/O 接口的综合扩展技术,以满足实际应用需求。

习　　题

　　1. 单片机为什么能以最小系统进行应用,也能进行外部功能扩展? 什么是单片机系统扩展的三总线? 三总线结构的特点是什么? 为什么在扩展存储器系统时,P0 口需要接地址锁存器而 P2 口则不需要? 扩展中 P0 口和 P2 口的作用分别是什么?

　　2. 在单片机扩展系统中,外部程序存储器和数据存储器共用 16 位地址线和 8 位数据线,地址空间上是有重叠的,为什么不会发生数据冲突?

　　3. 扩展存储器的编址有哪些方法? 它们有什么区别?

　　4. 单片机在访问扩展 I/O 接口与访问外部数据存储器时使用同一个指令 MOVX,是如何区分的?

　　5. 8255A 有几个并行 I/O 口? 它们有什么区别? 设置这些 I/O 口工作方式的控制字有哪些?

　　6. 下面(　　)是指令 MOVX 寻址空间。

　　　A. 片外 ROM　　　　　　　　　　　B. 片外 RAM

　　　C. 片内 RAM　　　　　　　　　　　D. 片内 ROM

　　7. 存储器扩充中,74LS373 的作用是(　　)。

　　　A. 存储地址　　　　　　　　　　　B. 存储数据

　　　C. 锁存地址　　　　　　　　　　　D. 锁存数据

　　8. EPROM62512 的存储容量是(　　);SRAM6116 的存储容量是(　　);一片 EPROM 芯片有 A0~A13 引脚,其容量是(　　)。

　　　A. 2 KB　　　　　　　　　　　　　B. 4 KB

　　　C. 8 KB　　　　　　　　　　　　　D. 16 KB

　　　E. 32 KB　　　　　　　　　　　　　F. 64 KB

　　9. 如果把 8255A 的 A1、A0 分别与单片机的 P0.1、P0.0 引脚相连接,则 8255A 的 PA 口、PB 口、PC 口和控制寄存器的地址最有可能是(　　)。选项中,×表示 0 或 1。

　　　A. ××00H~××03H　　　　　　　B. 00××H~03××H

　　　C. 0×××H~3×××H　　　　　　　D. ×00×H~×03×H

10. 8255A 为并行 I/O 接口芯片,假设需要 PA 口以方式 0 输出,PB 口以方式 1 输出,PC 口高位为输入,低位为输出,其控制寄存器地址为 3BH,写入控制寄存器的控制字是多少? 试编写其初始化程序。

11. 拟采用 2 片 EPROM 2764 芯片扩展 16 KB 程序存储器,采用 3 片 SRAM 62128 芯片扩展 48 KB 数据存储器,试设计硬件电路图,并说明各芯片的地址范围。

12. 要求扩展 2 片 EPROM 27256,2 片 RAM 6116,1 片 8255A。试采用线选法设计一单片机扩展电路,并说明各芯片的地址范围。

第8章 80C51 微控制器的模拟量接口

内容概要

实际工程应用中,经常要对工业生产过程中的现场信号进行分析、处理及控制,如流量、压力、速度、温度等,这些现场信号都是模拟量。由于微控制器只能对数字量进行处理,因此必须通过传感器将被测信号转化为模拟电压信号或模拟电流信号,然后再经转换器变换成计算机能处理的数字信号。从模拟信号到数字信号的转换称为模/数转换,简称 A/D (analog to digital) 转换。能实现 A/D 转换的芯片称为 A/D 转换器。同时,微控制器输出的是数字量信号,而工业生产过程中往往要求输入模拟量信号,这样就需要把数字量信号转换成工业生产所用的模拟量信号。从数字信号到模拟信号的转换称为数/模转换,简称 D/A (digital to analog) 转换。能实现 D/A 转换的芯片称为 D/A 转换器。

模拟量接口芯片种类繁多,性能各异,使用方法也不尽相同。本章仅对几种较为典型的接口芯片进行介绍。

8.1 D/A 转换器及其与微控制器的接口

D/A 转换器即数/模转换器(DAC),是把微控制器输出的数字量信号转换成与此数字量成正比的模拟量信号的器件。D/A 转换器的输出是电流或电压信号,在大多数电路中,D/A 转换器输出的电流信号需经运算放大器放大后转换成电压输出。

8.1.1 DAC0832 芯片的主要特性与结构

目前使用较多的 D/A 转换器是 DAC0832,它是一个具有 20 个引脚的 D/A 转换芯片,其作用是将 8 位数字量转换为模拟量。其片内含有输入数据寄存器,所以可以直接与微控制器进行接口。DAC0832 以电流形式输出,需要外接运算放大器将电流形式转换为电压形式。

1. DAC0832 芯片的主要特性

DAC0832 芯片的主要特性如下。

(1) 分辨率为 8 位。

(2) 电流建立时间为 1 μs。

(3) 数据输入可采用双缓冲、单缓冲或直通方式。

(4) 输出电流线性度可在满量程下调节。

(5) 输入逻辑电平与 TTL 兼容。

(6) 单电源供电(+5~+15 V)。

(7) 低功耗,为 20 mW。

2. DAC0832 的内部构成及引脚功能

DAC0832 内部主要由 8 位输入寄存器(又称输入锁存器)、8 位 DAC 寄存器和 8 位 D/A 转换器 3 部分组成。

（1）8位输入寄存器。它用于存放微控制器送来的数字量,使数字量得到缓冲和锁存,工作状态由$\overline{LE1}$控制。当$\overline{LE1}=1$时,8位输入寄存器的输出随输入的变化而变化;当$\overline{LE1}=0$时,输入数据被锁存。

（2）8位DAC寄存器。它用于存放待转换的数字量,工作状态由$\overline{LE2}$控制。当$\overline{LE2}=1$时,8位输入寄存器的数据被装入8位DAC寄存器,并同时启动一次D/A转换器;当$\overline{LE2}=0$时,输入数据被锁存。

（3）8位D/A转换器。它由8位T形电阻网络和电子开关组成,电子开关受8位DAC寄存器的输出控制,T形电阻网络输出与数字量成正比的模拟电流。

输入寄存器和DAC寄存器构成了两级缓存,可以实现多通道同步转换输出。DAC0832内部逻辑框图如图8-1所示。

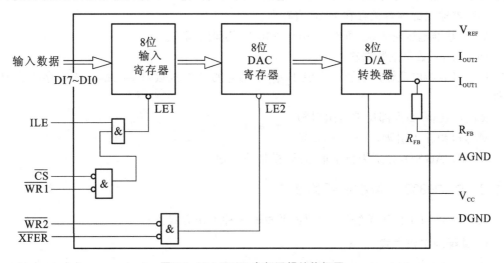

图 8-1　DAC0832 内部逻辑结构框图

由图8-1可见,DAC0832采用两级输入锁存结构,可以工作于双缓冲、单缓冲和直通方式下,使用非常灵活方便。DAC0832芯片采用20脚双列直插式封装,其引脚如图8-2所示。

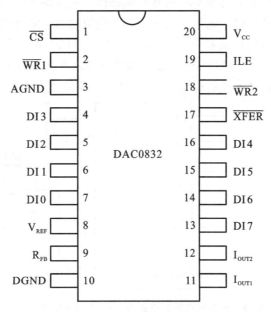

图 8-2　DAC0832 引脚

各引脚功能如下。

$\overline{CS}$：片选信号，低电平有效，与 ILE 相配合，可对$\overline{WR1}$是否有效起到控制作用。

ILE：允许锁存信号，高电平有效。锁存信号$\overline{LE1}$由 ILE 、$\overline{CS}$、$\overline{WR1}$的逻辑组合形成。当 ILE 为高电平，$\overline{CS}$为低电平，$\overline{WR1}$为负脉冲时，$\overline{LE1}$信号为正脉冲，这时输入锁存器的输出状态随数据输入线的状态而变化，$\overline{LE1}$的负跳变锁存数据。

$\overline{WR1}$：写信号 1，低电平有效。当$\overline{WR1}$、$\overline{CS}$、ILE 均有效时，将数据写入输入锁存器。

$\overline{WR2}$：写信号 2，低电平有效。当其有效时，在传送控制信号$\overline{XFER}$的作用下，可将锁存在输入锁存器的 8 位数据送到 DAC 寄存器。

$\overline{XFER}$：数据传输控制信号，低电平有效。当$\overline{XFER}$为低电平，$\overline{WR2}$输入负脉冲时，则$\overline{LE2}$信号为正脉冲，此时 DAC 寄存器的输出与输入锁存器输出的状态相同，$\overline{LE2}$的负跳变将输入锁存器输出的内容锁存在 DAC 寄存器。

V_{REF}：基准电压输入端，可在－10～＋10 V 范围内调节。

DI7～DI0：数字量数据输入端。

I_{OUT1}、I_{OUT2}：电流输出引脚。电流 I_{OUT1} 与 I_{OUT2} 的和为常数，I_{OUT1}、I_{OUT2}随寄存器的内容线性变化。

R_{FB}：DAC0832 内部反馈电阻引脚。

V_{CC}：电源输入引脚，＋5～＋15 V。

DGND、AGND：分别为数字信号地、模拟信号地。

8.1.2 DAC0832 与微控制器的接口

DAC0832 可工作于单缓冲、双缓冲及直通 3 种工作方式。

1. 单缓冲工作方式

此时输入锁存器和 DAC 寄存器相应的控制信号引脚分别连在一起，使数据直接写入 DAC 寄存器，立即进行 D/A 转换（这种情况下，输入锁存器不起锁存作用）。此方式适用于只有一路模拟量输出，或有几路模拟量输出但并不要求同步的系统。图 8-3 所示为单极性单路模拟量输出的 DAC0832 与 80C51 的接口电路图。V_{REF} 接－5 V 时，I_{OUT1} 输出电流经运算放大器输出 0～＋5 V 单极性电压。由于$\overline{CS}$和$\overline{XFER}$都与 80C51 的 P2.7 相连。因此，输入锁存器和 DAC 寄存器的地址都为 7FFFH。CPU 对 DAC0832 执行一次写操作，将一个数据直接写入 DAC 寄存器，DAC0832 的输出模拟量随之变化。由于 DAC0832 具有数字量的输入锁存功能，所以数字量可以直接从 80C51 的 P0 口送入 DAC0832。

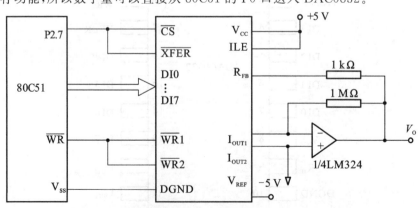

图 8-3　单极性单路模拟量输出的 DAC0832 与 80C51 的接口电路图

执行下面几条指令就能完成一次 D/A 转换。

```
MOV     DPTR,♯7FFFH        ;指向 DAC0832 口地址(P2.7 为 0)
MOV     A,♯data
MOVX    @DPTR,A            ;启动 D/A 转换
```

单极性输出 V_o 的正负由 V_{REF} 的极性确定。当 V_{REF} 的极性为正时,V_o 为负;当 V_{REF} 的极性为负时,V_o 为正。

在有些场合,还需要双极性输出模拟电压,因此要在编码和电路方面做些改变,可以参考相关书籍。

2. 双缓冲工作方式

对于多路 D/A 转换输出,如果要求同步进行,可以采用双缓冲工作方式。DAC0832 工作于双缓冲工作方式下时,数字量的输入锁存和 D/A 转换是分两步完成的。首先 CPU 的数据总线分时地向各路 D/A 转换器输入要转换的数字量,并将其锁存在各自的输入锁存器中,然后 CPU 对所有的 DAC 发出控制信号,使各个 DAC 输入锁存器中的数据被送入 DAC 寄存器,实现同步转换输出。DAC0832 双缓冲工作方式接口如图 8-4 所示。

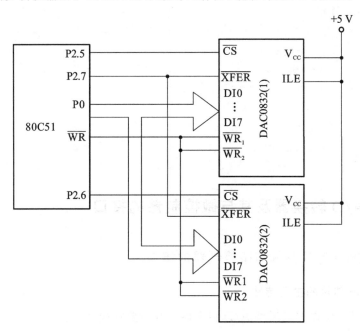

图 8-4　DAC0832 双缓存工作方式接口

80C51 的 P2.5 和 P2.6 分别选择两路 DAC 的输入锁存器,P2.7 连接到两路 DAC 的 $\overline{XFER}$ 端控制同步转换。

完成两路 D/A 同步转换的程序段如下。

```
MOV     DPTR,♯0DFFFH        ;指向 DAC0832(1)输入锁存器
MOV     A,♯data1
MOVX    @DPTR,A             ;data1 送 DAC0832(1)输入锁存器
MOV     DPTR,♯0BFFFH        ;指向 DAC0832(2)输入锁存器
MOV     A,♯data2
MOVX    @DPTR,A             ;data2 送 DAC0832(2)输入锁存器
```

```
        MOV       DPTR,#7FFFH           ;同时启动 DAC0832(1)、DAC0832(2)
        MOVX      @DPTR,A               ;完成 D/A 转换输出
```

在需要多路 D/A 转换输出的场合,除了采用上述方法外,还可以采用多通道 DAC 芯片。这种 DAC 芯片在同一个芯片的封装里有两个以上相同的 DAC,它们可以各自独立工作。例如:AD7528 是双通道 8 位 DAC 芯片,可以同时输出两路模拟量;AD7526 是四通道 8 位 DAC 芯片,可以同时输出四路模拟量。

3. 直通工作方式

当 DAC0832 芯片的片选信号$\overline{CS}$、写信号$\overline{WR1}$、写信号$\overline{WR2}$及数据传送控制信号$\overline{XFER}$的引脚全部接地,允许输入锁存信号 ILE 引脚接+5V 时,DAC0832 芯片就处于直通工作方式,数字量一旦输入,就直接进入 DAC 寄存器,进行 D/A 转换。

例 8-1 接口电路如图 8-3 所示。试编写程序段,实现产生三角波功能。已知三角波的最低值和最高值分别为 WL 和 WH。

```
        MOV         DPTR,#7FFFH
        MOV         R7,#WL
UP:INC      R7
        MOV         A,R7
        MOVX        @DPTR,A
        CJNE        R7,#WH,UP
DOWN:DEC    R7
        MOV         A,R7
        MOVX        @DPTR,A
        CJNE        R7,#WL,DOWN
        JMP         UP
```

8.2 A/D 转换器及其与微控制器的接口

8.2.1 ADC0809 芯片及其与微控制器的接口

1. ADC0809 芯片的主要特性

ADC0809 是 8 位逐次逼近型 A/D 转换器。其主要性能如下。

(1) 分辨率为 8 位。

(2) 精度:± 1 LSB(ADC0808 为$\pm 1/2$ LSB)。

(3) 单+5 V 供电,模拟输入电压范围为 0~+5 V。

(4) 具有锁存控制的 8 路输入模拟开关。

(5) 可锁存三态输出,输出与 TTL 电平兼容。

(6) 功耗为 15 mW。

(7) 不必进行零点和满度调整。

(8) 转换速度取决于芯片外接的时钟频率(时钟频率范围为 10~1 280 kHz,时钟频率典型值为 640 kHz),转换时间约为 100 μs。

2. ADC0809 的内部结构及引脚功能

ADC0809 的内部结构及引脚如图 8-5 所示。片内带有具有锁存功能的 8 路输入模拟开

关,它可对8路输入模拟信号分时转换,具有多路开关的地址译码和锁存电路、8位A/D转换器和三态输出锁存器等。

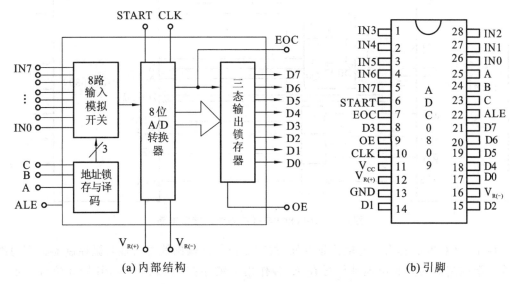

(a) 内部结构   (b) 引脚

图 8-5   ADC0809 的内部结构及引脚

引脚功能如下。

IN0～IN7:8路模拟量输入端。

D7～D0:8位数字量输出端。

ALE:地址锁存允许信号输入端。通常向此引脚输入一个正脉冲时,可将三位地址选择信号 A、B、C 锁存于地址寄存器内并进行译码,选通相应的模拟输入通道。

START:启动 A/D 转换控制信号输入端。一般向此引脚输入一个正脉冲,上升沿复位内部逐次逼近寄存器,下降沿后开始 A/D 转换。

CLK:时钟信号输入端。

EOC:转换结束信号输出端。A/D 转换期间 EOC 为低电平,A/D 转换结束后 EOC 为高电平。

OE:输出允许控制端,控制三态输出锁存器的三态门。当 OE 为高电平时,转换结果数据出现在 D7～D0 引脚。当 OE 为低电平时,D7～D0 引脚对外呈高阻状态。

C、B、A:8路输入模拟开关的地址选通信号输入端,这 3 个输入端的信号为 000～111 时,接通 IN0～IN7 对应通道。

$V_{R(+)}$、$V_{R(-)}$:分别为基准电源的正、负输入端。

V_{CC}:电源输入端,+5 V。

GND:地。

3. ADC0809 与微控制器的接口

ADC0809 与微控制器的接口可以采用查询方式和中断方式。

1) 查询方式

ADC0809 与微控制器的接口电路如图 8-6 所示。由于 ADC0809 片内无时钟电路,故利用 80C51 提供的地址锁存允许信号 ALE 经 D 触发器 4 分频后获得时钟信号。

ALE 引脚的频率是微控制器时钟频率的 1/6,如果微控制器时钟频率为 12 MHz,则 ALE 引脚的频率为 2 MHz,再经 4 分频后为 500 kHz,所以 ADC0809 能可靠工作。

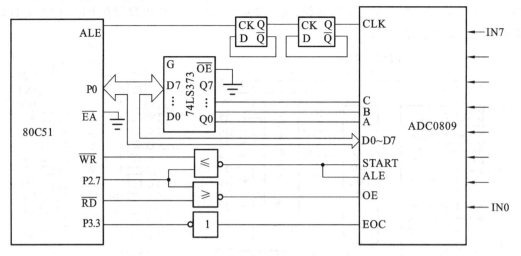

图 8-6　ADC0809 与微控制器的接口电路

由于 ADC0809 具有三态输出锁存器,故其 8 位数据输出线可直接与微控制器数据总线相连。微控制器的低 8 位地址信号在 ALE 作用下锁存在 74LS373 中,其低 3 位分别加到 ADC0809 的通道选择端 A、B、C,作为通道编码。微控制器的 P2.7 作为片选信号,与 $\overline{WR}$ 进行或非操作得到一个正脉冲加到 ADC0809 的 ALE 和 START 引脚上。由于 ALE 和 START 连接在一起,因此 ADC0809 在锁存信道地址的同时也启动转换。读取转换结果时,用微控制器的读信号引脚 $\overline{RD}$ 和 P2.7 引脚经或非门后产生的正脉冲作为 OE 信号,用以打开三态输出锁存器。显然,进行上述操作时,P2.7 应为低电平。ADC0809 的 EOC 端经反相器连接到微控制器的 P3.3($\overline{INT1}$)引脚,输出作为查询或中断信号。

下面的程序段采用查询方式,分别对 8 路模拟信号轮流采样一次,并依次把转换结果存储到片内 RAM 以 DATA 为起始地址的连续单元中。

```
MAIN: MOV    R1,#DATA        ;置数据区首地址
      MOV    DPTR,#7FF8H     ;指向 0 通道
      MOV    R7,#08H         ;置通道数
LOOP: MOVX   @DPTR,A         ;启动 A/D 转换
HER:  JB     P3.3,HER        ;查询 A/D 转换结束
      MOVX   A,@DPTR         ;读取 A/D 转换结果
      MOV    @R1,A           ;存储数据
      INC    DPTR            ;指向下一个通道
      INC    R1              ;修改数据区指针
      DJNZ   R7,LOOP         ;8 个通道转换完否?
```

对于上面的程序,也可以采用软件延时的方法读取每次 A/D 转换的结果,即在启动 A/D 后,延时 100 μs 左右,等待转换结果。

2)中断方式

采用中断方式可大大节省 CPU 的时间。当转换结束时,EOC 向微控制器发出中断申请信号,响应中断请求后,由中断服务程序读取 A/D 转换结果并存储到 RAM 中,然后启动 ADC0809 的下一次转换。

例 8-2　ADC0809 与微控制器的接口电路如图 8-6 所示,试采用中断方式编写程序,完成读取 IN0 信道的模拟量转换结果,并送至片内 RAM 以 DATA 为首地址的连续单元中。

![解] 程序如下。

```
            ORG     0000H
            AJMP    MAIN
            ORG     0013H           ;INT1中断服务程序入口
            AJMP    PINT1
            ORG     0100H
    MAIN:   MOV     R1,#DATA        ;置数据区首地址
            SETB    IT1             ;INT1为边沿触发方式
            SETB    EA              ;开中断
            SETB    EX1             ;允许INT1中断
            MOV     DPTR,#7FF8H     ;指向IN0通道
            MOVX    @DPTR,A         ;启动A/D转换
    LOOP:   SJMP    $               ;等待中断
            AJMP    LOOP            ;注意:上条指令中断后,要执行该指令
            ORG     1000H           ;中断服务程序入口
    PINT1:  PUSH    PSW
            PUSH    ACC             ;保护现场
            PUSH    ACC
            PUSH    DPL
            PUSH    DPH
            MOV     DPTR,#7FF8H
            MOVX    A,@DPTR         ;读取转换后数据
            MOV     @R1,A           ;数据存入以DATA为首地址的RAM
            INC     R1              ;修改数据区指针
            MOVX    @DPTR,A         ;再次启动A/D转换
            POP     DPH             ;恢复现场
            POP     DPL
            POP     ACC
            POP     PSW
            RETI
```

8.2.2　AD574A 芯片及其与微控制器的接口

AD574 是美国 AD 公司生产的 12 位逐次逼近型 A/D 转换器。其转换时间为 $25\ \mu s$,转换精度小于或等于 0.05%。AD574 片内配有三态输出缓冲电路,因而可直接与各种典型的 8 位或 16 位微处理器接口,且能与 CMOS 及 TTL 电平兼容。由于 AD574 片内包含高精度的参考电压源和时钟电路,所以该芯片可在不需要任何外加电路和时钟信号的情况下完成 A/D 转换,应用非常方便。

AD574A 是 AD574 的改进产品。它们的引脚、内部结构和外部应用特性基本相同,但转换时间由 $25\ \mu s$ 缩短至 $15\ \mu s$。

AD574A 的性能参数如下。

(1) 是逐次逼近型 ADC,可工作于 12 位,也可工作于 8 位,转换后的数据有两种读出方式:12 位一次读出;分 8 位、4 位两次读出。

(2) 具有可控三态输出缓冲器,输入、输出电平为 TTL 电平。

（3）非线性误差：AD574AK 为±1/2 LSB。

（4）转换时间：15 μs。

（5）输入模拟信号可以是单极性的，也可以是双极性的。单极性输入时，输入信号范围为 0～+10 V 和 0～+20 V，从不同引脚输入。双极性输入时，输入信号范围为 0～±5 V 和 0～±10 V，从不同引脚输入。

（6）输出码制：单极性输入时，输出数字量为原码；双极性输入时，输出数字量为偏移二进制码。

（7）具有+10.000 V 的高精度内部基准电压源，只需外接一只适当阻值的电阻，便可向 DAC 部分的解码网络提供参考输入。内部有时钟电路。

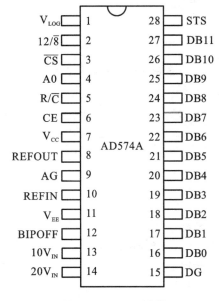

图 8-7 AD574A 引脚

（8）需 3 组电源：+5 V；V_{CC}（+12～+15 V）；V_{EE}（−12～−15 V）。由于转换精度高，所提供电源必须有良好的稳定性，并进行充分滤波，以防止高频噪声的干扰。

（9）低功耗：典型功耗为 390 mW。

1. AD574A 引脚功能

AD574A 为 28 引脚双列直插式封装，其引脚排列如图 8-7 所示。

AD574A 是单片高速 12 位逐次逼近型 A/D 转换器，内置双极性电路构成的混合集成转换芯片，具有外接元件少、功耗低、精度高等特点，并且具有自动校零和自动极性转换功能。其引脚功能如下。

DB11～DB0：12 位数据输出线。DB11 为最高位，DB0 为最低位，它们可由控制逻辑决定是输出数据还是对外呈高阻状态。

12/$\overline{8}$：数据模式选择。当此引脚输入为高电平时，12 位数据并行输出；当此引脚为低电平时，与引脚 A0 配合，把 12 位数据分两次输出（见表 8-1）。应该注意，此引脚不与 TTL 兼容，若要此脚为高电平，则应接引脚 1，若要此脚为低电平，应接引脚 15。

表 8-1 AD574A 各控制输入脚功能

CE	$\overline{CS}$	R/$\overline{C}$	12/$\overline{8}$	A0	功能说明
0	×	×	×	×	不起作用
×	1	×	×	×	不起作用
1	0	0	×	0	启动 12 位转换
1	0	0	×	1	启动 8 位转换
1	0	1	接引脚 1	×	12 位数据并行输出
1	0	1	接引脚 15	0	高 8 位数据输出
1	0	1	接引脚 15	1	低 4 位数据尾接 4 位 0 输出

A0：字节选择控制。此引脚有两个功能。一个功能是决定转换方式是 12 位还是 8 位。

若 A0＝0,进行全 12 位转换,转换时间为 25 μs;若 A0＝1,仅进行 8 位转换,转换时间为 16 μs。另一个功能是决定输出数据是高 8 位还是低 4 位。若 A0＝0,高 8 位数据有效;若 A0＝1,低 4 位有效,中间 4 位为 0,高 4 位处于高阻状态。因此,低 4 位数据读出时,应遵循左对齐原则(即:高 8 位＋低 4 位＋中间 4 位的"0000")。

$\overline{\text{CS}}$:芯片选择。当 $\overline{\text{CS}}$＝0 时,AD574A 被选中,否则 AD574A 不进行任何操作。

R/$\overline{\text{C}}$:读/转换选择。当 R/$\overline{\text{C}}$＝1 时,允许读取结果;当 R/$\overline{\text{C}}$＝0 时,允许 A/D 转换。

CE:芯片启动信号。当 CE＝1 时,允许读取结果;当 CE＝0 时,到底是转换还是读取结果,与 R/$\overline{\text{C}}$ 有关。

STS:状态信号。STS＝1 表示正在进行 A/D 转换,STS＝0 表示转换已完成。

REFOUT:＋10 V 基准电压输出。

REFIN:基准电压输入。只有由此脚把从"REFOUT"脚输出的基准电压引入到 AD574A 内部的 12 位 DAC(AD565),才能进行 A/D 转换。

BIPOFF:双极性补偿。此引脚适当连接,可实现单极性或双极性输入。

10V$_{\text{IN}}$:10 V 量程模拟信号输入端。对单极性信号,为 10 V 量程的模拟信号输入端;对双极性信号,为±5 V 量程模拟信号输入脚。

20V$_{\text{IN}}$:20 V 量程模拟信号输入端。对单极性信号,为 20 V 量程的模拟信号输入端;对双极性信号,为±10 V 量程模拟信号输入脚。

DG:数字地,各数字电路(译码器、门电路、触发器等)及"＋5 V"电源的地。

AG:模拟地,各模拟器件(放大器、比较器、多路开关、采样保持器等)地及"＋15 V"和"－15 V"电源地。

V$_{\text{LOG}}$:逻辑电路供电输入端,＋5 V。

V$_{\text{CC}}$:正电源端,其范围为＋12～＋15 V。

V$_{\text{EE}}$:负电源端,其范围为－12～－15 V。

2. AD574A 的单极性和双极性输入

AD574A 系列各型号芯片,通过外部适当连接可以实现单极性输入,也可以实现双极性输入,如图 8-8 所示。输入信号均以模拟地 AG 为基准。模拟输入信号的一端必须与 AG 相连,并且接点应尽量靠近 AG 引脚,接线应尽可能短。

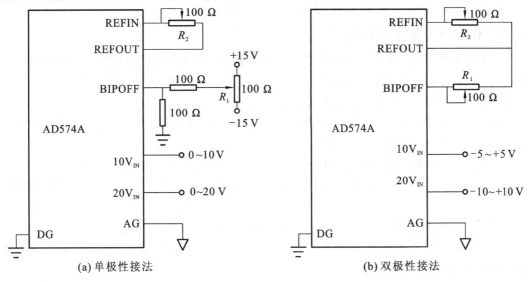

(a) 单极性接法　　　　　　　　(b) 双极性接法

图 8-8　AD574A 模拟输入电路

片内 10 V 基准电压输出引脚 REFOUT 通过电位器 R_2 与片内 DAC（AD565）的基准电压输入引脚 REFIN 相连，以供给 DAC 基准电流。电位器 R_2 用于微调基准电流，从而微调增益。基准电压输出也是以 AG 为基准的。通常数字地 DG 与 AG 连在一起。所有电位器（调增益和调零点用）均应采用低温度系数电位器，如金属膜陶瓷电位器。

1）单极性输入电路

图 8-8（a）所示为 AD574A 的模拟量单极性输入电路。当输入电压为 $V_{IN}=0\sim+10$ V 时，应从引脚 $10V_{IN}$ 输入；当 $V_{IN}=0\sim+20$ V 时，应从 $20V_{IN}$ 引脚输入。输出数字量 D 为无符号二进制码，计算公式为

$$D=4\ 096 \cdot V_{IN}/V_{FS}$$

或

$$V_{IN}=D \cdot V_{FS}/4\ 096$$

式中：V_{IN} 为输入模拟量（V）；V_{FS} 是满量程，如果从 $10\ V_{IN}$ 引脚输入，$V_{FS}=10$ V，1 LSB = 10/4 096 V = 2.4 mV；若信号从 $20V_{IN}$ 引脚输入，$V_{FS}=20$ V，1 LSB = 20/4 096 V = 4.9 mV。

图中电位器 R_1 用于调零，即保证在 $V_{IN}=0$ 时，输出数字量 D 为全 0。

2）双极性输入电路

AD574A 的模拟量双极性输入电路如图 8-8（b）所示。图中 R_2 用于调整增益。其作用与图 8-8（a）中的 R_2 相同。图中 R_1 用于调整双极性输入电路的零点。如果输入信号 V_{IN} 为 $-5\sim+5$ V，应从 $10V_{IN}$ 引脚输入；若 V_{IN} 为 $-10\sim+10$ V，应从 $20V_{IN}$ 引脚输入。

双极性输入时，输出数字量 D 与输入模拟电压 V_{IN} 之间的关系如下。

$$D=2\ 048(1+2V_{IN}/V_{FS})$$

或

$$V_{1N}=(D/2\ 048-1)V_{FS}/2$$

式中，V_{FS} 的定义与单极性输入情况下对 V_{FS} 的定义相同。

由上式求出的数字量 D 是 12 位偏移二进制码。把 D 的最高位求反便得到补码。补码对应模拟量输入的符号和大小。同样，从 AD574A 读到的或应代到式中的数字量也是偏移二进制码。例如，当模拟信号从 $10V_{IN}$ 引脚输入，则 $V_{FS}=10$ V，若读得 D = FFFH，即 111111111111B = 4 095，代入式中可求得 $V_{IN}=4.997\ 6$ V。

3. AD574A 与微控制器的接口

AD574A 系列的所有型号的引脚功能和排列都相同，因而它们与微控制器的接口电路也相同。只需注意一点：AD1674 内部有采样保持器，不需外接；而其他型号芯片，对于快速变化的输入模拟信号，还应外接采样保持器。

AD574A 系列的所有型号都有内部时钟电路，不需任何外接器件和连线。图 8-9 所示为 AD574A 与 80C51 微控制器的接口电路。

该电路采用双极性输入方式，可对 ±5 V 或 ±10 V 的模拟信号进行转换。当 AD574A 与 80C51 微控制器配置时，由于 AD574A 输出 12 位数据，所以当微控制器读取转换结果时，应分两次进行：当 A0 = 0 时，读取高 8 位；当 A0 = 1 时，读取低 4 位。

根据 STS 信号线的三种不同接法，转换结果的读取有以下三种方式。

（1）如果 STS 悬空不接，微控制器就只能在启动 AD574A 转换后延时 25 μs 以上再读取转换结果，即延时方式。

（2）如果 STS 与 80C51 的一条端口线相连接，微控制器就可以采用查询方式。当查得

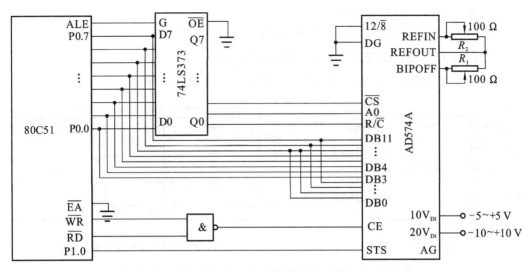

图 8-9　AD574A 与 80C51 微控制器的接口电路

STS 为低电平时,表示转换结束。

(3) 如果 STS 接到 80C51 的 $\overline{INT1}$ 端,则可以采用中断方式读取转换结果。

图中 AD574A 的 STS 与 80C51 的 P1.0 线相连,故采用查询方式读取转换结果。

当 80C51 微控制器执行对外部数据存储器写指令,使 CE=1,$\overline{CS}$=0,R/$\overline{C}$=0,A0=0时,便启动转换。当 80C51 微控制器查得 STS 为低电平时,转换结束,80C51 微控制器使CE=1,$\overline{CS}$=0,R/$\overline{C}$=1,A0=0,读取高 8 位;CE=1,$\overline{CS}$=0,R/$\overline{C}$=1,A0=1,读取低 4 位。

AD574A 的转换程序段如下。

AD574A:	MOV	DPTR,♯0FFF8H	;送端口地址入 DPTR
	MOVX	@DPTR,A	;启动 AD574A
	SETB	P1.0	;置 P1.0 为输入方式
LOOP:	JB	P1.0,LOOP	;检测 P1.0 口
	INC	DPTR	;使 R/$\overline{C}$ 为 1
	MOVX	A,@DPTR	;读取高 8 位数据
	MOV	41H,A	;高 8 位内容存入 41H 单元
	INC	DPTR	;使 R/$\overline{C}$、A0 均为 1
	INC	DPTR	;
	MOVX	A,@DPTR	;读取低 4 位
	MOV	40H,A	;将低 4 位内容存入 40H 单元

上述程序是按查询方式设计的,也可按中断方式编制相应的中断服务程序。

8.2.3　串行 A/D 转换器 TLC0831 及其与微控制器的接口

1. TLC0831 的主要性能

TLC0831 是 TI 公司生产的 8 位串行 A/D 转换器。其主要性能如下。

(1) 分辨率为 8 位。

(2) 单通道输入,串行输出。

(3) +5 V 供电时,输入电压范围为 0～+5 V。

（4）输出电平与 TTL 电平兼容。

（5）转换速度：转换时间 32 μs（工作频率为 250 kHz 时）。

2. TLC0831 的引脚定义及与 80C51 微控制器的接口

TLC0831 的引脚及与 80C51 微控制器的接口电路如图 8-10 所示。

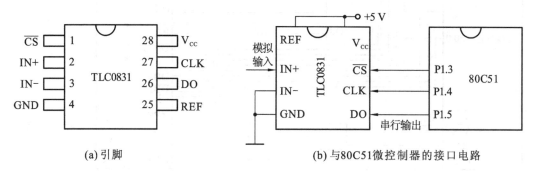

(a) 引脚　　　　　　　　　　　(b) 与80C51微控制器的接口电路

图 8-10　TLC0831 的引脚及与 80C51 微控制器的接口电路

$\overline{CS}$：片选信号输入端。

IN+：差分+输入端。

IN−：差分−输入端（一般接地）。

REF：参考电压输入端。

DO：SPI 串行数据输出端。

CLK：SPI 时钟输入端。

V_{CC}：电源端。

GND：接地引脚。

3. TLC0831 的转换时序

TLC0831 属于 SPI 接口器件，其操作时序如图 8-11 所示。

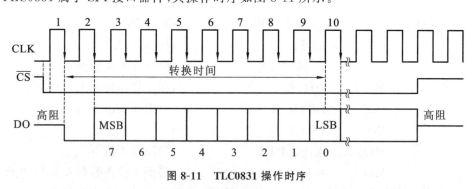

图 8-11　TLC0831 操作时序

80C51 微控制器内部没有硬件 SPI 接 VI，需要利用软件模拟 SPI 的时序，在片选$\overline{CS}$有效（低电平）的期间内，利用时钟信号 CLK 来同步读取 DO 引脚上的数据。

对于图 8-10(b)所示的连接，A/D 转换子程序如下。

```
ATOD:CLR    P1.3        ;置CS为低电平,开始一次转换
     NOP
     NOP
     SETB   P1.4        ;置 CLK 为 1
     NOP
```

```
          NOP
          CLR     P1.4        ;置 CLK 为 0,由此开始起始位
          NOP
          NOP
          SETB    P1.4        ;置 CLK 为 1
          NOP
          NOP
          CLR     P1.4        ;置 CLK 为 0,由此开始数据位
          NOP
          NOP
          MOV     R7,#8       ;置计数值(8 个位)
    AD:   MOV     C,P1.5      ;读数据
          MOV     ACC.0,C
          RL      A
          SETB    P1.4
          NOP
          NOP
          CLR     P1.4        ;形成下一个脉冲
          NOP
          NOP
          DJNZ    R7,AD
          SETB    P1.3        ;完成一个字节,置CS为高电平
          CLR     P1.4        ;使 CLK 为低电平
          SETB    P1.5        ;置 DO 为高电平,以备读下一个字节
          RET
```

本 章 小 结

D/A 转换器和 A/D 转换器是计算机测控系统中常用的芯片,它们可以把数字信号转换成模拟信号输出到外部设备,或把模拟信号转换成数字信号输入到计算机。

DAC0832 是 8 位的 D/A 转换器,输出为电流型,通常需要外接运算放大器将电流输出转换为电压输出。DAC0832 有三种工作方式,改变 ILE、$\overline{WR1}$、$\overline{WR2}$ 和 $\overline{XFER}$ 的连接方式,可使 DAC0832 工作于单缓冲、双缓冲或直通方式下。

ADC0809 为 8 位 8 通道 A/D 转换器,片内带有三态输出缓冲器,其数据输出线可与微控制器的数据总线直接相连。微控制器读取 A/D 转换结果,可以采用中断方式或查询方式。

AD574A 是 12 位快速 A/D 转换器,片内配有三态输出缓冲电路,可直接与各种典型的 8 位或 16 位微处理器相连;片内还包含高精度的参考电压源和时钟电路,因而简化了外围电路,使用十分方便。AD574A 的模拟输入信号可以是单极性的,也可以是双极性的。当 AD574A 与 80C51 微控制器接口时,由于 AD574A 输出 12 位数据,所以微控制器读取转换结果时需要分两次进行:当 A0=0 时,读取高 8 位;当 A0=1 时,读取低 4 位。

使用串行接口芯片可以明显地减小电路板面积,从而有效地减小产品的体积。近年来出现了各种各样的串行接口芯片,TLC0831 就是一种使用极为方便的串行 A/D 接口芯片。

习　题

1. 试设计 MCS-51 与 DAC0832 的接口电路,编制程序,输出锯齿波。

2. D/A 转换器和 A/D 转换器的主要功能分别是什么?

3. 根据 ADC0809 与 80C51 微控制器的硬件接口图,模拟量输入选择 7 通道,编制 A/D 转换程序,将转换结果送 30H 单元。

第9章 80C51 微控制器的人机接口

内容概要

　　51 单片机应用系统在运行过程中,通常需要和用户进行信息交流。信息交流包括用户的数据输入和 51 单片机的数据输出显示两部分内容。前者通常是指用户将命令、参数或应用系统的状态等信息输入 51 单片机。后者是指 51 单片机将当前的状态和数据提供给用户查看。51 单片机的人机接口,是用户和 51 单片机应用系统进行信息交流的通道。常见的人机接口输入通道设备有按键和键盘,常见的人机接口输出通道设备有 LED、数码管、液晶模块、蜂鸣器等。本章将介绍 LED 数码管和液晶显示器的显示、键盘及蜂鸣器的接口电路设计和程序,以供读者借鉴参考。

9.1 80C51 与 LED 的显示电路设计

　　显示器常用作单片机最简单的输出设备,用于显示单片机的运行状态和运行结果。常用的显示设备有 LED 显示屏和液晶显示屏,它们都具有耗电少、成本低、线路简单、寿命长的优点,广泛应用于单片机的数字量显示场合。本节以 LED 显示屏为例,介绍其结构、工作原理及与单片机的接口技术。

　　LED 数码管发出的颜色有红色、绿色、黄色、白色、蓝色等几种。LED 数码管广泛应用于仪表、时钟、车站、家电等场合,选用时要注意产品的尺寸、颜色、功耗、亮度等。

9.1.1 LED 数码管的显示和接口

1. LED 数码管的工作原理

　　常见的 LED 数码管为"8"字形的,共计 a、b、c、d、e、f、g 和 dp 8 段。每一段对应一个发光二极管。这种数码管显示器有共阳极和共阴极两种,如图 9-1 所示。

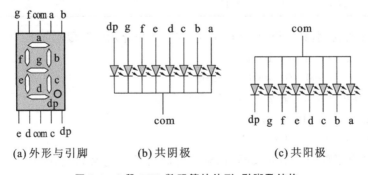

(a) 外形与引脚　　　　(b) 共阴极　　　　(c) 共阳极

图 9-1　8 段 LED 数码管的外形、引脚及结构

　　共阴极 LED 数码管的发光二极管的阴极连接在一起,通常此公共阴极接地。当某个发光二极管的阳极为高电平时,发光二极管被点亮,相应的段显示。共阳极 LED 数码管的发光二极管的阳极连接在一起,通常此公共阳极接正电压,当某个发光二极管的阴极接低电平时,发光二极管被点亮,相应的段显示。

根据上面的分析,可用万用表测试并判断 LED 数码管的类型。用万能表正极(黑笔)接 com 端,负极(红笔)接各段,如果灯亮,说明是共阳极 LED 数码管,否则是共阴极 LED 数码管。

为了使 LED 数码管显示不同的符号或数字,要把某些段的发光二极管点亮,这样就要为 LED 数码管提供段码,用这些段码使 LED 显示不同的符号。

LED 数码管共计 8 段,因此提供给 LED 数码管的段码(或字型显示码)正好是 1 字节。在使用中,习惯上是以 a 段对应段码字节的最低位。各段与字节中各位对应关系如表 9-1 所示。

表 9-1　段码与字节中各位的对应关系

代　码　位	D7	D6	D5	D4	D3	D2	D1	D0
显　示　段	dp	g	f	e	d	c	b	a

从表 9-1 可推算出共阳极和共阴极时的段码如表 9-2 所示。

表 9-2　8 段 LED 数码管的段码

显示字符	共阴极段码	共阳极段码	显示字符	共阴极段码	共阳极段码
0	3FH	C0H	C	39H	C6H
1	06H	F9H	D	5EH	A1H
2	5BH	A4H	E	79H	86H
3	4FH	B0H	F	71H	8EH
4	66H	99H	P	73H	8CH
5	6DH	92H	U	3EH	C1H
6	7DH	82H	T	31H	CEH
7	07H	F8H	Y	6EH	91H
8	7FH	80H	H	76H	89H
9	6FH	90H	L	38H	C7H
A	77H	88H	"灭"	00H	FFH
B	7CH	83H	…	…	…

以共阳极段码为例,共阳极时,低电平时灯亮,若要显示"0",段码如下。

```
dp g f e d c b a
1  1 0 0 0 0 0 0    C0h
```
共阴极时,高电平时亮,若要显示"0",段码表如下。
```
dp g f e d c b a
0  0 1 1 1 1 1 1    3Fh
```
表 9-2 只列出了部分常用的段码,如果需要时可重新定义和设计某些显示的字符。除了"8"字形的 LED 数码管外,市面上还有"土 1"形、"米"字形和"点阵"形 LED 数码管,同时生产厂家也可根据用户的需要定做特殊字形的 LED 数码管。

2. LED 数码管的显示方法

LED 数码管有静态显示和动态显示两种显示方式。

1）静态显示

静态显示是指多位 LED 数码管同时处于显示状态。LED 数码管工作于静态显示方式下时，各位的共阴极（或共阳极）连接在一起并接地（或接＋5 V）；每位的段码线（a～dp）分别与一个 8 位的 I/O 口锁存器输出相连。如果送往各个 LED 数码管所显示字符的段码确定，则相应 I/O 口锁存器锁存的段码输出将维持不变，使数码管按段码点亮，直到送入另一个字符的段码为止。

静态显示方式的优点是，显示无闪烁，亮度较高，软件控制比较容易。

图 9-2 所示为 4 位 8 段 LED 数码管静态显示原理图，各位可独立显示，只要在该位的段码线上保持段码电平，该位就能保持显示相应的字符。由于各位分别由一个 8 位数字输出端口控制段码线，故在同一时间里每一位显示的字符可以各不相同。

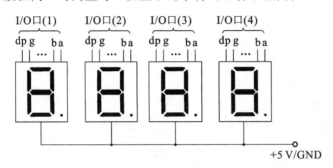

图 9-2　4 位 8 段 LED 数码管静态显示原理图

静态显示方式的缺点是占用口线较多。对于图 9-2 所示电路，要占用 4 个 8 位 I/O 口。如果 LED 数码管的数目增多，则需要更多的 I/O 口，因此静态显示通常适用于 LED 数码管较少的情况。

图 9-3 所示为静态显示时单片机与 LED 数码管的连接，两个 LED 数码管分别接到单片机的 P1 口和 P2 口。当 LED 数码管较少时，可以采用此种方式。

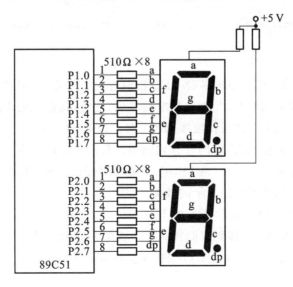

图 9-3　静态显示时单片机与 LED 数码管的连接

例 9-1　有一个共阳极 LED 数码管，它与单片机的 P1 口相连接。请用静态显示方法设计 0～9 简易秒表。

参考程序如下。

```
          ORG    0000H
          AJMP   START
          ORG    0100H
   START: MOV    SP,#5FH
          MOV    P1,#0FFH
          MOV    R7,#10
          MOV    R0,#0
          MOV    DPTR,#TABL1
    LOOP: MOV    A,R0
          MOVC   A,@A+DPTR
          MOV    P1,A
          INC    R0
          CALL   D1S
          DJNZ   R7,LOOP
          JMP    START
     D1S: MOV    R6,#100
     D2S: MOV    R5,#10
     D3S: MOV    R4,#249
     D4S: NOP
          NOP
          DJNZ   R4,D4S
          DJNZ   R5,D3S
          DJNZ   R6,D2S
          RET
   TABL1: DB 0xc0,0xf9,0xa4,0xb0,0x99,0x92,0x82,0xf8,0x80,0x90
          END
```

2）动态显示

动态显示是一种按位轮流点亮各位 LED 数码管的显示方式,即在某一时段,只让其中一位 LED 数码管的位选端有效,并送出相应的段码,此时,其他位的 LED 数码管因位选端无效而都处于熄灭状态,下一时段按顺序选通另外一位 LED 数码管,并送出相应的段码,依此规律循环下去,可使各位 LED 数码管分别间断地显示出相应的字符。由于 LED 数码管的余晖和人眼的"视觉暂留"(约 20 ms)作用,只要控制好每位显示的时间和间隔,则可以造成"多位同时亮"的假象,达到同时显示的效果。

当显示位数较多时,静态显示所需的 I/O 口太多,这时常采用动态显示。为节省 I/O 口,通常将所有 LED 数码管的段码线的相应段并联在一起,由一个 8 位 I/O 口控制,而各位 LED 数码管的公共端分别由相应的 I/O 线控制。图 9-4 所示为一个 4 位 8 段 LED 动态显示器电路。

每一时刻,使其中 1 位位选端有效,段码线提供显示码,逐位地每隔一定时间轮流点亮各位 LED 数码管。动态显示的缺点是占用单片机的大量时间,因此动态显示的实质是以牺牲单片机 CPU 的运行时间来换取 I/O 口的减少。

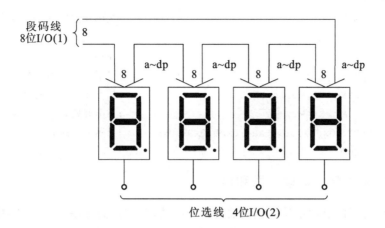

图 9-4　4 位 8 段 LED 数码管动态显示电路

例 9-2　单片机与 6 位 8 段 LED 数码管动态显示电路如图 9-5 所示,试编制程序,要求使 6 位数码管动态显示"012345"。

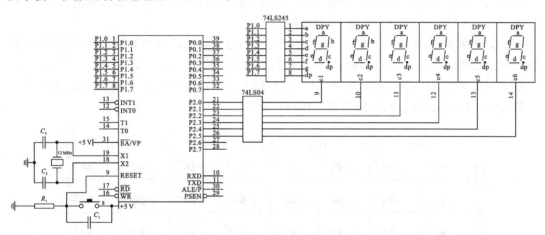

图 9-5　单片机与 6 位 8 段 LED 数码管动态显示电路

采用 P1 口经 74LS245 缓冲驱动器接 LED 的显示字符端,提供段码;用 P2 口的 6 条线经 74LS04 反相器接 LED 控制口每一位,提供位选,控制 LED 数码管的亮和灭。

参考程序如下。

```
        ORG     0000H
        LJMP    START
        ORG     0030H
START:  MOV     DPTR,#TABLE1
DIR:    MOV     R0,#00H          ;R0是数的代码寄存器
        MOV     R1,#0feH         ;R1是数码管选择位 11111110
NEXT:   MOV     P1,#0ffh         ;清除显示
        MOV     P2,#0ffh         ;清除显示
        MOV     A,R0
        MOVC    A,@A+DPTR        ;用查表方式取代码
        MOV     P1,A             ;送 P1 口显示
        MOV     A,R1
```

```
        MOV    P2,A                          ;数码管选择,由 P2 口输出
        INC    R0                            ;取下一个码
        RL     A                             ;左移一位
        MOV    R1,A                          ;取下一个数码管端口
        CJNE   R1,#0dfh,NEXT                 ;如果 6 个数送完,重新开始
        SJMP   START                         ;重新开始
TABLE1:DB      0xc0,0xf9,0xa4,0xb0,0x99,0x92 ;显示 012345
        END
```

9.1.2　LED 大屏幕点阵显示器和接口

LED 数码管可以显示字符。当需要显示汉字或图形时,需要用 LED 大屏幕点阵显示器来实现。

1. LED 大屏幕点阵显示器的结构及原理

LED 大屏幕点阵显示器是把很多 LED 发光二极管按矩阵方式排列在一起,通过对每个 LED 进行发光控制,显示各种字符或图形。最常见的 LED 大屏幕点阵显示器有 5×7(5 列 7 行)、7×9(7 列 9 行)、8×8(8 列 8 行)结构。

LED 点阵由一个一个的点(发光二极管)组成,总点数为行数与列数之积,引脚数为行数与列数之和。一个 8×8 的点阵式 LED 结构如图 9-6 所示:8 条行线(Y0~Y7)用数字 0~7 表示;8 条列线(X0~X7)用字母 A~H 表示;每个点都由一个发光二极管组成,总点数是行数与列数的乘积(64 个),引脚数是行数和列数的和(16 条)。

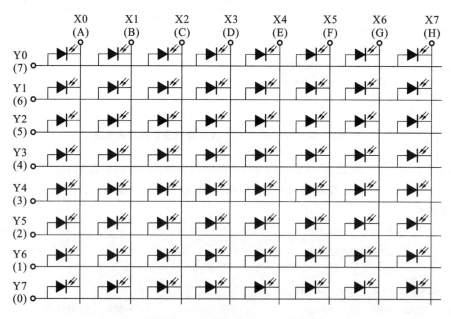

图 9-6　8×8 的点阵式 LED 结构

由图 9-6 可见,当某条行线给高电平,某条列线给低电平时,该行和该列交叉点的发光二极管点亮。通过设计,使 LED 大屏幕点阵显示器各行和各列电平不同,LED 大屏幕点阵显示器可以按要求显示汉字或图形。下面以显示汉字"大"的过程为例,说明 LED 大屏幕点阵显示器的应用。

(1) 在 8×8 的 LED 大屏幕点阵显示器上设计显示"大"字,如图 9-7 所示。

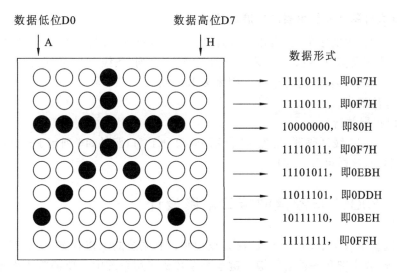

图 9-7 8×8 的 LED 大屏幕点阵显示器显示汉字"大"示意图

（2）根据设计，当行输出高电平，对应的列输出低电平时，由行、列指出的 LED 发光。按图 9-7 写出数据的编码。

（3）采用动态扫描，先给第一行送高电平（行高电平有效），同时给 8 列送 11110111（列低电平有效），然后给第二行送高电平，同时给 8 列送 11110111……最后给第八行送高电平，同时给 8 列送 11111111。每行点亮延时时间为 1 ms，第八行结束后再从第一行开始循环显示。利用视觉驻留现象，人们看到的就是一个稳定的"大"字。

2. LED 大屏幕点阵显示器与单片机的连接

如图 9-8 所示：每一块 8×8 LED 点阵式屏幕有 8 行（ROW0～ROW7）和 8 列（COL0～COL7），共 16 个引脚，用单片机的 P1 口控制 8 条行线，用 P0 口控制 8 条列线。

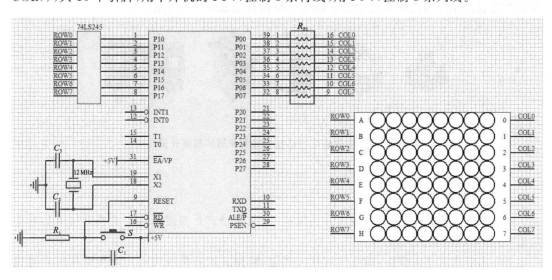

图 9-8 8×8 的 LED 大屏幕点阵显示器与单片机的连接

应用时，每一条列线串接一个 300 Ω 的限流电阻。为了提高单片机的负载能力，增加一个 74LS245 缓冲驱动器与 P1 口相连，提高 P1 的输出电流，起到保证 LED 亮度、保护单片机的作用。

3. LED 大屏幕点阵显示器的扩展连接

当需要显示较大的字形时,可以将 4 片 8×8 LED 点阵扩展为 16×16 LED 点阵。由于 16×16 LED 大屏幕点阵显示器需要 16(行)条线＋16(列)条线＝32 条线,故单片机 P0~P3 全部用作端口接线。显然,这种连线占用太多 I/O 线。

解决的方法如下。

(1) 可以扩展并行口。

(2) 采用 4~16 线译码器,例如 16 行用 P0 口和 P2 口驱动,16 列用 P1.0~1.3 经 4/16 译码器输出驱动,这样可节省端口。

9.2 80C51 与键盘的接口电路设计

在单片机应用系统中,为了输入数据、查询和控制系统的工作状态,一般都配有键盘,键盘上有复位键、数字键和各种功能键。键盘是单片机应用系统中主要的输入设备,用户可以通过键盘向计算机输入数据或命令。根据键盘的识别方法分类,键盘有编码和非编码两种。靠硬件识别按键的键盘称为编码键盘,每按下一个键,键盘能自动生成按键代码,还有去抖动的功能,使用方便,但硬件复杂。非编码键盘仅提供键开/关状态,其他工作都由软件完成,即依靠程序来识别闭合键,去抖动,产生相应的代码,转入执行该键的功能程序。一般这种非编码键盘上键的数量较少,所以又称为小键盘,硬件简单。单片机系统多用非编码键盘。

9.2.1 按键介绍

1. 单片机中常用的按键

在单片机应用系统中常见的键盘有触摸式键盘、薄膜式键盘和按键式键盘,最常用的是按键式键盘。单片机应用系统中经常使用的按键开关如图 9-9 所示。

(a)　　　(b)　　　(c)　　　(d)　　　　(e)

图 9-9　单片机应用系统中经常使用的按键开关

2. 按键分类

1) 按照结构原理分类

(1) 触点式开关按键,如机械式开关按键、导电橡胶式开关按键等。该类型按键具有造价低、寿命短的特点。

(2) 无触点式开关按键,如电气式开关按键、磁感应式开关按键等。该类型按键具有造价高、寿命长的特点。

2) 按照接口原理分类

按键按照接口原理分为编码与非编码两类,二者的区别是识别键符及键码的方法不同。

(1) 采用编码按键的键盘用硬件实现按键的识别,硬件结构复杂,功能强;一般与系统微机相连。

（2）采用非编码按键的键盘是利用按键直接与单片机相连接而成,采用这种按键的键盘通常使用在按键数量较少的场合。使用这种键盘,系统功能通常比较简单,需要处理的任务较少,由于硬件简单,可以降低成本、简化电路设计。被按下的按键的键号信息通过软件来获取,因此软件编程量大。

3. 按键防抖

按键在闭合和断开时,触点会存在抖动现象,如图 9-10 所示,时间为 5～10 ms,会影响其识别。常采用的按键去抖动的方法有软件去抖和硬件去抖两种。

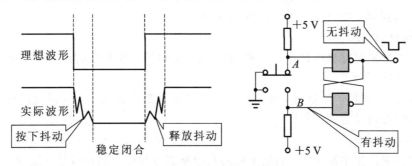

图 9-10　按键抖动及按键防抖

1）软件去抖

软件去抖,即用软件延时来消除按键抖动,基本思想是:检测到有按键被按下时,该按键所对应的行线为低电平,执行一段延时 10 ms 的子程序后,确认该行线电平是否仍为低电平,如果仍为低电平,则确认该行确实有按键被按下;当按键被松开时,行线的低电平变为高电平,执行一段延时 10 ms 的子程序后,检测该行线为高电平,说明按键确实已经被松开。

2）硬件去抖

可采用如图 9-10(b)的触发器去抖。初始状态 A 点为低电平,B 点为高电平,与 A 点输入的与非门输出高电平 1。当按键按下时,在抖动阶段,B 点电平不为 0,触发器不会翻转。按键稳定与 B 点接触,B 点为低电平,与 A 点输入的与非门输出低电平 0。

9.2.2　独立式按键及其接口

1. 按键相互独立,每个按键接一根数据输入线

当单片机应用系统需要的功能键较少时,通常采用独立式键盘,如图 9-11 所示。

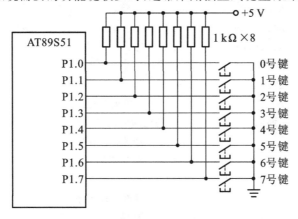

图 9-11　独立式键盘与单片机的连接

独立式键盘每个按键各接一条 I/O 口线,通过检测 I/O 口线的状态,可以很容易地判断哪个按键被按下。如图 9-11 中的上拉电阻保证按键释放时,输入检测线上有稳定的高电平,当某一按键被按下时,对应的检测线变为低电平,只需读入 I/O 口线的状态,判别哪一条 I/O 口线为低电平,就可识别出哪个按键被按下了。

独立式键盘的优点是,电路简单,各条检测线独立,识别按键键号的软件编程简单;缺点是,适用于按键数目较少的场合,在按键数目较多的场合,要占用较多的 I/O 口线。

2. 按键的判别

按键的判别可采用随机扫描、定时扫描或中断扫描方式。

1）随机扫描方式

编写程序随机对键盘接口进行查询,某个端口低电平说明对应的按键被按下了。

2）定时扫描方式

利用定时/计数器产生定时中断,在定时/计数器中断服务程序中对键盘进行扫描,有按键被按下时转按键功能处理程序。

3）中断扫描方式

有键闭合时产生中断,CPU 响应中断后在中断服务程序中判别键号并做相应处理。

例 9-3　键盘为图 9-11 所示的独立式键盘,现采用随机查询方式实现独立式键盘的键值读取。

独立式键盘的接口电路参考程序如下。

```
            ORG   0000H
            AJMP  START
            ORG   0050H
     START: MOV   A,#0FFH
            MOV   P1,A
            MOV   A,P1              ;键盘状态输入
            CPL   A
            JZ    START             ;无键按下
            JB    ACC.0,K0          ;0号键按下,转 K0 处理
            JB    ACC.1,K1
            JB    ACC.2,K2
            JB    ACC.3,K3
            JB    ACC.4,K4
            JB    ACC.5,K5
            JB    ACC.6,K6
            JB    ACC.7,K7
            JNP   START
        K0: …                      ;0号键处理程序
            AJMP  START             ;处理后返回
        K1: …                      ;1号键处理程序
            AJMP  START             ;处理后返回
            …
        K7: …                      ;7号键处理程序
            AJMP  START             ;处理后返回
            END
```

独立式键盘的接口电路如图 9-12 所示,采用中断扫描方式可以提高单片机扫描键盘的工作效率。当键盘中有按键被按下时,74LS30 的输出经过 74LS04 反相后向单片机的中断请求输入引脚发出中断请求信号,单片机响应中断,执行键盘扫描程序中断服务子程序,识别出被按下按键的键号,并跳向该按键的处理程序。

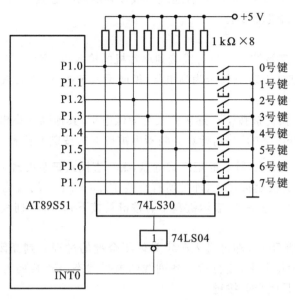

图 9-12 独立式键盘的接口电路

9.2.3 矩阵式按键及其接口

当单片机应用系统需要的功能键较多时,应当采用矩阵式(也称行列式)键盘,如图 9-13 所示。

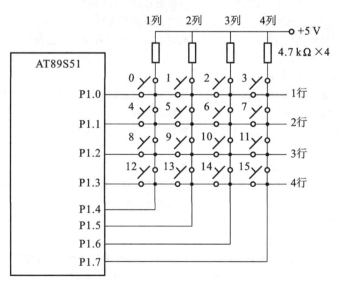

图 9-13 矩阵式键盘与单片机的连接

矩阵式键盘用于按键数目较多的场合,它由行线和列线组成,按键位于行、列的交叉点上。

图 9-13 中,共 16 个按键,采用矩阵接法。4 条行线接单片机 P1.0～P1.3,4 条列线接单片机 P1.4～P1.7。对于 16 个按键,采用独立式接口需要 16 条 I/O 线,采用矩阵式接口仅

需 8 条线,因此,当单片机应用系统需要扩充较多功能键时,应采用矩阵式接口,可以节省较多的 I/O 口线。

1. 按键的判别

当按键被按下时,行线和列线短接,通过行线和列线的状态判断按键的状态。常用的按键判别方法有扫描法和线反转法。

1) 扫描法

步骤 1:判有无按键被按下。将行线接到单片机的输入口,列线接到输出口,先使所有列线为低电平,读行线状态。若行线全为高电平,说明无按键按下;若行线有低电平,说明有按键按下,记录此行号。

步骤 2:判断哪个按键被按下。逐次让某列为低电平,其他列为高电平,检查行的输入状态,并记录使行线为低电平的列号,计算并判断出被按下的按键的位置。

例 9-4 对图 9-13 所示的矩阵式键盘,编写查询式键盘处理程序。

首先判断键盘有无按键被按下,即把所有行线 P1.0～P1.3 均置为低电平,然后检查各列状态,若列线不全为高电平,则表示键盘中有按键被按下;若所有列线列均为高电平,说明键盘中无按键被按下。

在确认有按键被按下后,即可进入确定具体闭合键的过程。判断闭合键所在位置的方法是,依次将行线置为低电平,逐行检查各列线的电平状态。若某列为低电平,则该列线与行线交叉处的按键就是闭合的按键。

判断有无按键被按下,以及被按下的按键的位置的参考程序如下。

```
          ORG    0100H
SMKEY:MOV   P1,#0FH          ;置 P1 口低 4 位为输入状态
      MOV   A,P1             ;读 P1 口行号,判断有无按键被按下
      ANL   A,#0FH           ;屏蔽高 4 位
      CJNE  A,#0FH,HKEY      ;有按键被按下,转 HKEY
      SJMP  SMKEY            ;无按键被按下转回
HKEY: LCALL DELAY10          ;延时 10 ms(延时程序略),去抖
      MOV   A,P1
      ANL   A,#0FH
      CJNE  A,#0FH,WKEY      ;确认有按键被按下,转判哪一按键被按下程序
      SJMP  SMKEY            ;是抖动转回
WKEY: MOV   P1,#1110 1111B   ;置扫描码,检测 P1.4 列
      MOV   A,P1
      ANL   A,#0FH           ;查行
      CJNE  A,#0FH,PKEY      ;行不全为 1,P1.4 列有按键被按下,转按键功能处理程序
      MOV   P1,#1101 1111B   ;置扫描码,检测 P1.5 列
      MOV   A,P1
      ANL   A,#0FH
      CJNE  A,#0FH,PKEY      ;P1.5 列(Y1)有按键被按下,转按键功能处理程序
      MOV   P1,#1011 1111B   ;置扫描码,检测 P1.6 列
      MOV   A,P1
      ANL   A,#0FH
      CJNE  A,#0FH,PKEY      ;P1.6 列(Y2)有按键被按下,转按键功能处理程序
      MOV   P1,#0111 1111B   ;置扫描,检测 P1.7 列
      MOV   A,P1
```

```
        ANL     A,#0FH
        CJNE    A,#0FH,PKEY        ;P1.7列(Y3)有键按下,转键功能处理程序
        LJMP    SMKEY
PKEY:   …                          ;键处理省略
        END
```

2) 线反转法

线反转法比扫描法速度快,其原理是:先将行线作为输出线,列线作为输入线,使行线输出全 0 信号,读取列线的值,那么在闭合键所在的列线上的值必为 0;然后使列线输出全 0 信号,读取行线的输入值,闭合键所在的行线值必为 0;这样,当一个按键被按下时,必定可读到一对唯一的行列值,再由这一对行列值可以求出闭合键所在的位置。

 9.3　80C51 与蜂鸣器的接口电路设计

蜂鸣器是 51 单片机应用系统最常见的发声器件,常常用于需要发出声音进行报警、提示错误、提示操作无效等的场合。蜂鸣器可以发出音长和频率不同的各种简单声音,通常可以用于系统的提示或者报警。在 51 单片机的控制下,它也可以发出各种音乐,甚至可以演奏简单的歌曲。

按照工作原理,蜂鸣器可以分为压电式蜂鸣器和电磁式蜂鸣器,前者又被称为有源蜂鸣器,后者被称为无源蜂鸣器。有源蜂鸣器和无源蜂鸣器中的"源"指的不是电源,而是振荡源,二者最大区别是:前者只需要在蜂鸣器两端加上固定的电压差则可激励蜂鸣器发声,而后者必须加上相应频率振荡信号方可;前者操作简单,但是发声频率固定,后者操作复杂,但是可控性强,可以发出不同频率的声音。

压电式蜂鸣器主要由多谐振荡器、压电蜂鸣片、阻抗匹配器及共鸣箱、外壳等组成。多谐振荡器由晶体管和集成电路构成,当接通电源后,多谐振荡器起振,输出 1.5~2.5 kHz 的音频信号,阻抗匹配器推动压电式蜂鸣片发声。图 9-14 所示为一款压电式蜂鸣器。其有两个引脚,一长一短。其中,长引脚为蜂鸣器的正端引脚,需要外加较高的驱动电压。

电磁式蜂鸣器由振荡器、电磁线圈、磁铁、振动膜片及外壳等组成。接通电源后,振荡器产生的音频信号电流通过电磁线圈,使电磁线圈产生磁场,振动膜片在电磁线圈和磁铁的相互作用下,周期性地振动发声。

例 9-5　单片机报警电路如图 9-15 所示,要求编写简单的报警程序。

图 9-14　压电式蜂鸣器

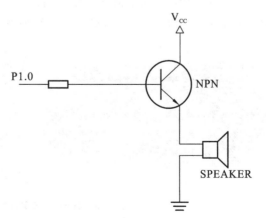

图 9-15　单片机报警电路

参考程序如下。

```
        BELL    BIT   P1.0        ;蜂鸣器的接口
        ORG     00H
        JMP     START
        ORG     40H
START:  CPL     BELL              ;蜂鸣器的接口控制取反
        CALL    DELAY
        JMP     START
DELAY:  MOV     R2,#3
  L1:   MOV     R1,#200
  L2:   DJNZ    R1,L2
        DJNZ    R2,L1
        RET
        END
```

9.4 80C51 与液晶显示器的接口

液晶显示器(liquid crystal display,LCD)具有省电、抗干扰能力强等优点,被广泛应用在智能仪器仪表和单片机测控系统中。

9.4.1 LCD 的分类

液晶显示器种类繁多,接排列形状可分为字段型、点阵字符型和点阵图形型。

(1) 字段型:以长条状组成字符显示。该类液晶显示器主要用于数字显示,也可用于显示西文字母或某些字符,广泛用于电子表、计算器、数字仪表中。

(2) 点阵字符型:专门用于显示字母、数字、汉字和符号等。每一个点阵显示一个字符。此类液晶显示器广泛应用在各类单片机应用系统中。

(3) 点阵图形型:是在平板上排列多行或多列,形成矩阵式的晶格点,点的大小可根据显示的清晰度来设计。这类液晶显示器通常应用于图形显示。

在单片机应用系统中,常使用点阵字符型液晶显示器。

9.4.2 1602 点阵字符型液晶显示器

本节对目前应用广泛的点阵字符型液晶显示模块:1602 点阵字符型液晶显示器(2 行显示,每行 16 个字符)加以介绍。1602 点阵字符型液晶显示器如图 9-16 所示。

图 9-16 1602 点阵字符型液晶显示器

1. 1602 点阵字符型液晶显示器引脚

1602 点阵字符型液晶显示器引脚如图 9-17 所示。16 条引脚大致分为以下 4 个部分。

图 9-17　1602 点阵字符型液晶显示器引脚

1）电源和接地

(1) V_{SS}：＋5 V 电源管脚(V_{CC})。

(2) V_{DD}：地管脚(GND)。

(3) V_O：液晶显示驱动电源(0～5 V)。

2）数据线：DB0～DB7

8 位数据线。

3）背光控制

(1) A：背光控制正电源。

(2) K：背光控制地。

4）选择及控制信号：RS、R/W 和 E

RS、R/W 决定液晶显示器的四种基本操作即写命令、读状态、写显示数据、读显示数据，如表 9-3 所示。

(1) RS：数据和指令选择控制端。RS＝0：命令/状态。RS＝1：数据。

(2) R/W：读写控制线。R/W＝0：写操作。R/W＝1：读操作。

(3) E：数据读写操作控制位。E 线向液晶显示器发送一个脉冲，液晶显示器与单片机之间将进行一次数据交换。

表 9-3　1602 点阵字符型液晶显示器引脚 RS、R/W

RS	R/W	操　　作
0	0	写命令操作(初始化、光标定位等)
0	1	读状态操作(读忙标志)
1	0	写显示数据操作(写要显示的内容)
1	1	读显示数据操作(可以把显示存储区中的数据读出来)

2. 1602 点阵字符型液晶显示器的构成

1602 点阵字符型液晶显示器由显示模块、LCD 控制器、驱动器组成，如图 9-18 所示。由于 LCD 的面板较为脆弱，制造商已将 LCD 控制器、LED 驱动器、RAM、ROM 和液晶显示器用 PCB 连接到一起，称为液晶显示器模块(LCD module，LCM)。使用时，购买现成的液晶显示器模块即可。

单片机控制 LCM 时，只要向 LCM 送入相应的命令和数据就可显示所需要显示的内容，这种模块与单片机接口简单，使用灵活方便。

LCD 控制器采用 HD44780。HD44780 集成电路的特点如下。

(1) 可选择 5×7 或 5×10 点字符。

(2) HD44780 不仅用作控制器，而且还具有驱动 40×16 点阵液晶像素的能力，在外部加一 HD44100 外扩展多 40 路/列驱动，则可驱动 16 字×2 行 LCD。

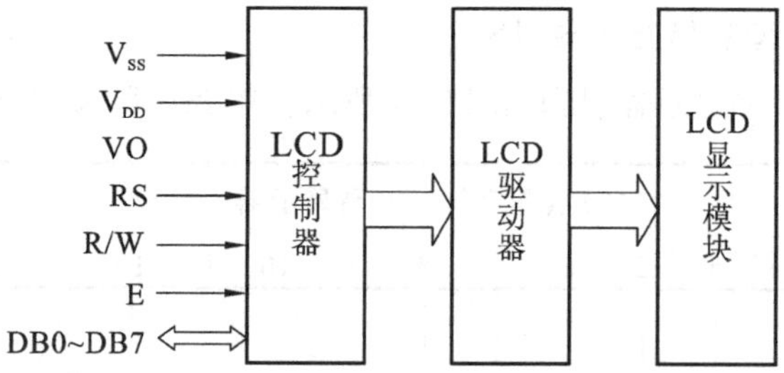

图 9-18　1602 点阵字符型液晶显示器的构成

（3）HD44780 内藏显示缓冲区 DDRAM、字符发生存储器（ROM）及用户自定义的字符发生器 CGRAM。

HD44780 内藏的字符发生存储器（ROM）已经存储了很多点阵字符图形，如表 9-4 所示。

表 9-4　ROM 点阵字符图形

低4位	高4位															
	0000	0001	0010	0011	0100	0101	0110	0111	1000	1001	1010	1011	1100	1101	1110	1111
××××0000	CG RAM (1)			0	@	P	`	p				ー	タ	ミ	α	p
××××0001	(2)		!	1	A	Q	a	q			。	ア	チ	ム	ä	q
××××0010	(3)		"	2	B	R	b	r			「	イ	ツ	メ	β	θ
××××0011	(4)		#	3	C	S	c	s			」	ウ	テ	モ	ε	∞
××××0100	(5)		$	4	D	T	d	t			、	エ	ト	ヤ	μ	Ω
××××0101	(6)		%	5	E	U	e	u			・	オ	ナ	ユ	σ	ü
××××0110	(7)		&	6	F	V	f	v			ヲ	カ	ニ	ヨ	ρ	Σ
××××0111	(8)		'	7	G	W	g	w			ァ	キ	ヌ	ラ	g	π
××××1000	(1)		(	8	H	X	h	x			ィ	ク	ネ	リ	√	x̄
××××1001	(2)		)	9	I	Y	i	y			ゥ	ケ	ノ	ル	⁻¹	u
××××10101	(3)		*	:	J	Z	j	z			ェ	コ	ハ	レ	j	千
××××1011	(4)		+	;	K	[	k	{			ォ	サ	ヒ	ロ	ˣ	万
××××1100	(5)		,	<	L	¥	l	|			ャ	シ	フ	ワ	¢	円
××××1101	(6)		-	=	M	]	m	}			ュ	ス	ヘ	ン	£	÷
××××1110	(7)		.	>	N	^	n	→			ョ	セ	ホ	゛	ñ	
××××1111	(8)		/	?	O	_	o	←			ッ	ソ	マ	゜	ö	█

点阵字符有阿拉伯数字、大写英文字母、小写英文字母、常用的符号和日文假名等,每一个字符都有一个固定的代码。比如数字"1"的代码是 00110001B(31H),大写的英文字母"A"的代码是 01000001B(41H)。可以看出,英文字母的代码与 ASCII 编码相同。要显示"1"时,我们只需将 ASCII 码 31H 存入 DDRAM 指定位置,显示器模块就会在相应的位置把数字"1"的点阵字符图形显示出来,我们就能看到数字"1"了。

HD44780 有 80 个字节的显示缓冲区,分 2 行,地址分别为 00H～27H,40H～67H,它与实际显示位置的排列顺序跟 LCD 的型号有关,液晶显示器模块 RT-1602C 的显示地址与实际显示位置的关系如图 9-19 所示。

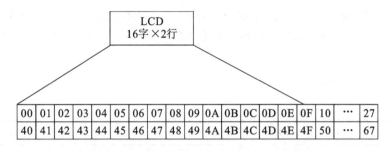

图 9-19　液晶显示器模块 RT-1602C 的显示地址与实际显示位置的关系

(4) HD44780 具有 8 位数据和 4 位数据传输两种方式,可与 4/8 位 CPU 相连。

(5) HD44780 具有简单而功能较强的指令集,可实现字符移动、闪烁等显示功能。

3. 命令格式与命令功能

LCD 控制器 HD44780 内有多个寄存器,通过 RS 和 R/W 引脚共同决定选用哪一个寄存器。LCD 控制器共有 11 条命令,它们的格式和功能如下。

1) 清屏命令

格式:

RS	R/W	D7	D6	D5	D4	D3	D2	D1	D0
0	0	0	0	0	0	0	0	0	1

功能:清除屏幕,将显示缓冲区 DDRAM 的内容全部写入空格。

2) 光标复位命令

格式:

RS	R/W	D7	D6	D5	D4	D3	D2	D1	D0
0	0	0	0	0	0	0	0	1	0

功能:光标复位,回到显示器的左上角,地址计数器 AC 清零,显示缓冲区 DDRAM 的内容不变。

3) 输入方式设置命令

格式:

RS	R/W	D7	D6	D5	D4	D3	D2	D1	D0
0	0	0	0	0	0	0	1	I/D	S

功能:设定当写入一个字节后,光标的移动方向以及后面的内容是否移动。当 I/D＝1 时,光标从左向右移动;当 I/D＝0 时,光标从右向左移动;当 S＝1 时,内容移动;当 S＝0 时,内容不移动。

4)显示开关控制命令

格式:

RS	R/W	D7	D6	D5	D4	D3	D2	D1	D0
0	0	0	0	0	0	1	D	C	B

功能:控制显示的开关,当 D＝1 时显示,当 D＝0 时不显示;控制光标开关,当 C＝1 时光标显示,当 C＝0 时光标不显示;控制字符是否闪烁,当 B＝1 时字符闪烁,当 B＝0 时字符不闪烁。

5)光标移位置命令

格式:

RS	R/W	D7	D6	D5	D4	D3	D2	D1	D0
0	0	0	0	0	1	S/C	R/L	*	*

功能:移动光标或整个显示字幕移位。当 S/C＝1 时,整个显示字幕移位;当 S/C＝0 时,只光标移位。当 R/L＝1 时,光标右移;当 R/L＝0 时,光标左移。

6)功能设置命令

格式:

RS	R/W	D7	D6	D5	D4	D3	D2	D1	D0
0	0	0	0	1	DL	N	F	*	*

功能:设置数据位数,当 DL＝1 时数据位为 8 位,DL＝0 时数据位为 4 位;设置显示行数,当 N＝1 时双行显示,当 N＝0 时单行显示;设置字形大小,当 F＝1 时 5×10 点阵,F＝0 时为 5×7 点阵。

7)设置字符发生器 CGRAM 地址命令

格式:

RS	R/W	D7	D6	D5	D4	D3	D2	D1	D0
0	0	0	1	CGRAM 的地址						

功能:设置用户自定义 CGRAM 的地址,对用户自定义 CGRAM 访问时,要先设定 CGRAM 的地址,地址范围为 0～63。

8)显示缓冲区 DDRAM 地址设置命令

格式:

RS	R/W	D7	D6	D5	D4	D3	D2	D1	D0
0	0	1	DDRAM 的地址							

功能:设置当前显示缓冲区 DDRAM 的地址,对 DDRAM 访问时,要先设定 DDRAM 的

地址,地址范围为 0～127。

9）读忙标志及地址计数器 AC 命令

格式：

RS	R/W	D7	D6	D5	D4	D3	D2	D1	D0
0	1	BF				AC 的值			

功能：读忙标志及地址计数器 AC,当 BF＝1 时表示忙,这时不能接收命令和数据;当 BF＝0 时表示不忙;低 7 位为读出的 AC 的地址,值为 0～127。

10）写 DDRAM 或 CGRAM 命令

格式：

RS	R/W	D7	D6	D5	D4	D3	D2	D1	D0
0	0				写入的数据				

功能：向 DDRAM 或 CGRAM 当前位置中写入数据。对 DDRAM 或 CGRAM 写入数据之前须设定 DDRAM 或 CGRAM 的地址。

11）读 DDRAM 或 CGRAM 命令

格式：

RS	R/W	D7	D6	D5	D4	D3	D2	D1	D0
0	0				读出的数据				

功能：从 DDRAM 或 CGRAM 当前位置中读出数据。当从 DDRAM 或 CGRAM 读出数据时,须先设定 DDRAM 或 CGRAM 的地址。

上述 1～9 条命令归纳如表 9-5 所示。

表 9-5　1602 命令格式表

编　号	命 令 作 用	控 制 信 号		命 令 字							
		RS	R/W	D7	D6	D5	D4	D3	D2	D1	D0
1	清屏	0	0	0	0	0	0	0	0	0	1
2	归 home 位	0	0	0	0	0	0	0	0	1	0
3	输入方式设置	0	0	0	0	0	0	0	1	I/D	S
4	显示状态设置	0	0	0	0	0	0	1	D	C	B
5	光标画面滚动	0	0	0	0	0	1	S/C	R/L	*	*
6	工作方式设置	0	0	0	0	1	DL	N	F	*	*
7	CGRAM 地址设置	0	0	0	1	A5	A4	A3	A2	A1	A0
8	DDRAM 地址设置	0	0	1	A6	A5	A4	A3	A2	A1	A0
9	读 BF 和 AC	0	1	BF	AC6	AC5	AC4	AC3	AC2	AC1	AC0

4. LCD 的应用

单片机对 LCD 模块有写命令、读状态、写显示数据、读显示数据 4 种操作。

（1）读状态。在写入命令、写入数据或读出数据前,需要先进行读状态操作,检查 LCD 是否"忙"。只有"忙"信号为 0,才能进行上述 3 种操作。读状态操作见上文第 9 条命令:读忙标志及地址计数器 AC 命令,当 BF＝1 时则表示忙,这时不能接收命令和数据;BF＝0 时表示不忙。

（2）写命令。当 BF＝0 时,可以写入命令决定 LCD 的工作方式、显示状态、输入位置和方式,初始化过程如图 9-20 所示。

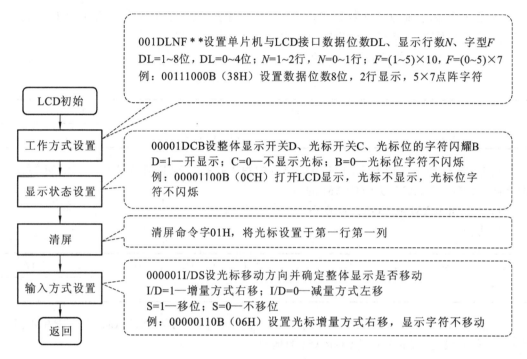

001DLNF＊＊设置单片机与LCD接口数据位数DL、显示行数N、字型F
DL=1~8位, DL=0~4位;N=1~2行, N=0~1行;F=(1~5)×10, F=(0~5)×7
例:00111000B（38H）设置数据位数8位,2行显示,5×7点阵字符

00001DCB设整体显示开关D、光标开关C、光标位的字符闪耀B
D=1—开显示;C=0—不显示光标;B=0—光标位字符不闪烁
例:00001100B（0CH）打开LCD显示,光标不显示,光标位字符不闪烁

清屏命令字01H,将光标设置于第一行第一列

000001I/DS设光标移动方向并确定整体显示是否移动
I/D=1—增量方式右移;I/D=0—减量方式左移
S=1—移位;S=0—不移位
例:00000110B（06H）设置光标增量方式右移,显示字符不移动

图 9-20　初始化过程

（3）写显示数据。要将字符显示在液晶显示屏的指定位置上,必须先将要显示的数据写在 DDRAM 中。

若想在指定位置上显示字符,需要 2 个步骤。

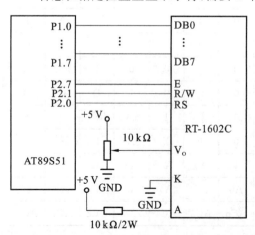

图 9-21　RT-1602C LCD 与 89S51 单片机
　　　　　的接口原理图

① 进行光标定位,需要写入光标位置命令。
② 在光标位置写入显示字符(用 ASCII 码)。

5．应用举例

例 9-6　图 9-21 所示为 RT-1602C LCD 与 AT89S51 单片机的接口原理图。图中,RT-1602C 的数据线与 AT89S51 的 P1 口相连,RS 与 P2.0 相连,R/W 与 P2.1 相连,E 与 P2.7 相连。试编程,要求在 LCD 显示器的第一行、第一列开始显示"GOOD",第二行、第六列开始显示"BYE"。

汇编语言程序参考如下。

```
            RS      BIT    P2.0
            RW      BIT    P2.1
            E       BIT    P2.7
            ORG     00H
            AJMP    START
            ORG     50H                 ;主程序
    START:  MOV     SP,#50H
            ACALL   INIT
            MOV     A,#10000000B        ;写入显示缓冲区起始地址为第 1 行第 1 列
            ACALL   WC51R
            MOV     A,"G"               ;第 1 行第 1 列显示字母"G"
            ACALL   WC51DDR
            MOV     A,"O"               ;第 1 行第 2 列显示字母"O"
            ACALL   WC51DDR
            MOV     A,"O"               ;第 1 行第 3 列显示字母"O"
            ACALL   WC51DDR
            MOV     A,"D"               ;第 1 行第 4 列显示字母"D"
            ACALL   WC51DDR
            MOV     A,#11000101B        ;写入显示缓冲区起始地址为第 2 行第 6 列
            ACALL   WC51R
            MOV     A,"B"               ;第 2 行第 6 列显示字母"B"
            ACALL   WC51DDR
            MOV     A,"Y"               ;第 2 行第 7 列显示字母"Y"
            ACALL   WC51DDR
            MOV     A,"E"               ;第 2 行第 8 列显示字母"E"
            ACALL   WC51DDR
    LOOP:   AJMP    LOOP
            ;初始化子程序
            INIT:   MOV  A,#00000001H   ;清屏
            ACALL   WC51R
            MOV     A,#00111000B        ;使用 8 位数据,显示 2 行,使用 5*7 点字符
            LCALL   WC51R
            MOV     A,#00001110B        ;显示器开,光标开,字符不闪烁
            LCALL   WC51R
            MOV     A,#00000110B        ;字符不动,光标自动右移一格
            LCALL   WC51R
            RET
            ;检查忙子程序
    F_BUSY: PUSH    ACC                 ;保护现场
            PUSH    DPH
            PUSH    DPL
            PUSH    PSW
    WAIT:   CLR     RS
            SETB    RW
            CLR     E
```

```
            SETB      E
            MOV       A,P1
            CLR       E
            JB        ACC.7,WAIT      ;忙,等待
            POP       PSW             ;不忙,恢复现场
            POP       DPL
            POP       DPH
            POP       ACC
            ACALL     DELAY
            RET
            ;写入命令子程序
WC51R:      ACALL     F_BUSY
            CLR       E
            CLR       RS
            CLR       RW
            SETB      E
            MOV       P1,ACC
            CLR       E
            ACALL     DELAY
            RET
            ;写入数据子程序
WC51DDR:    ACALL     F_BUSY
            CLR       E
            SETB      RS
            CLR       RW
            SETB      E
            MOV       P1,ACC
            CLR       E
            ACALL     DELAY
            RET
            ;延时子程序
DELAY:      MOV       R6,#5
D1:         MOV       R7,#248
            DJNZ      R7,$
            DJNZ      R6,D1
            RET
            END
```

本章小结

人机交互通道承担了 51 单片机应用系统与用户交互的任务。通常来说,它是 51 单片机应用系统中必不可少的组成部分。读者应该熟练掌握以下几个方面的内容。

(1) 在 51 单片机应用系统中使用数码管和 LED 大屏幕点阵显示器的方法。

(2) 在 51 单片机应用系统中使用键盘的方法。

（3）在 51 单片机应用系统中使用蜂鸣器的方法。

（4）在 51 单片机应用系统中使用 1602 点阵字符型液晶显示器的方法。

习　题

1．请画出一个 8 段 LED 数码管的外形图，并写出在共阴极的情况下 0～F 的显示段码。

2．LED 的静态显示方式与动态显示方式有何区别？它们各有什么优缺点？

3．要实现 LED 动态显示需要不断调用动态显示程序，除采用子程序调用法外，还可采用什么方法？试比较其与子程序调用法的优劣。

4．对于由机械式开关按键组成的键盘，应如何消除按键抖动？独立式按键和矩阵式按键分别具有什么特点？它们各适用于什么场合？

5．请简要描述 4×4 矩阵式键盘的工作原理。

6．请说出利用扫描法以及线反转法对键盘进行扫描的基本步骤。

7．设计独立式键盘接口电路，采用中断扫描方式，编制键盘管理程序。

8．字符型 LCD 显示器和图形型 LCD 显示器均属于点阵型结构，它们与 80C51 系列单片机的接口电路有哪些形式？分别具有什么特点？字符型 LCD 的数据传输方式有哪几种？分别具有什么特点？

第10章 80C51 微控制器的 C51 语言程序设计

51 单片机常见的编程语言有汇编语言、C 语言、BASIC 语言和 PL/M 语言 4 种。目前使用最多的单片机开发语言是汇编语言和 C51 语言,这两种语言都有良好的编译器支持。一般来说,C51 语言用于较复杂的大型程序编写,而汇编语言用于对效率要求较高的场合,尤其是底层函数的编写。本章以 51 单片机为背景,结合标准 C 语言的相关知识,介绍了 51 单片机的 C51 的特点,如 C51 语言的程序结构、标识符和关键字、数据类型、数据的存储类型和存储模式、指针与函数的定义与使用,同时介绍了 C 语言与汇编语言的混合编程以及集成开发环境 Keil μVision5。本章重点掌握的内容包括 C51 数据的存储类型和存储模式、它对 SFR、可寻址位、存储器和 I/O 口的定义和访问。学完本章之后,读者将对单片机的 C51 程序设计有一个初步的完整印象。

10.1 C51 概述

10.1.1 单片机支持的高级语言

单片机应用系统是由硬件和软件组成的。前面我们讲到的汇编语言,是一种用助记符来代表机器语言的符号语言。因为它最接近机器语言,所以汇编语言对单片机的操作直接、简洁,用它编制的程序紧凑、执行效率高。但是,不同种类的单片机,其汇编语言存在差异,在一种单片机上开发的应用程序不能直接应用于另一种单片机上,因此程序的移植性差,而且汇编的可读性差。此外,当应用系统复杂且规模较大时,程序开发的工作量非常大。

为了提高软件的开发效率,许多软件公司致力于单片机高级语言的开发研究,许多型号的单片机内部 ROM 已经达到 64 KB 甚至更大,且具备在系统编程(ISP,in system programmable)功能,进一步推动了高级语言在单片机应用系统开发中的应用。

51 单片机支持 PL/M 语言、BASIC 语言和 C 语言三种高级语言。PL/M 语言是一种结构化的语言,很像 PASCAL 语言,PL/M 编译器像汇编器一样产生紧凑的机器代码,PL/M 语言可以说是高级汇编语言,但它不支持复杂的算术运算,无丰富的库函数支持,学习 PL/M 语言无异于学习一种新的语言。BASIC 语言适用于简单编程且对编程效率、运行速度要求不高的场合。

C 语言是美国国家标准协会(ANSI)制定的编程语言标准。1987 年,ANSI 公布 87 ANSI C,即标准 C 语言。C 语言作为一种非常方便的语言而得到广泛的支持,很多硬件开发(如各种单片机、DSP、ARM 等)都用 C 语言编程。C 语言与自然语言比较接近,入门容易,编程效率较高,程序可读性和可移植性好。而且 C 语言程序中可以嵌套汇编语言,以满足对执行效率或操作有特殊要求的场合。因此,在单片机及嵌入式系统应用程序的开发中,C 语言逐步成为主要的编程语言。

C 语言的设计目标是提供一种能以简易的方式编译、处理低级存储器、产生少量的机器码以及不需要任何运行环境支持便能运行的编程语言。尽管 C 语言提供了许多低级处理的功能,但它仍然保持着良好的跨平台的特性,甚至包含一些嵌入式处理器(单片机或称 MCU)以及超级计算机等作业平台。

10.1.2　C51 语言编程

单片机的 C 语言编程称为 C51 编程。C51 语言是在 ANSI C 的基础上针对 51 单片机的硬件特点进行扩展,并向 51 单片机上移植而形成的一种编程语言。经过多年努力,C51 语言已经成为公认的高效、简洁而又贴近 51 单片机硬件的实用高级编程语言。

用 C 语言编写的应用程序必须经专门 C 语言编译器编译生成可以在单片机上运行的可执行文件。支持 51 单片机的 C 语言编译器有很多种,如 TASKING CrossView51、Keil/Franklin C51(一般称为 Keil C51)、IAR EW8051 等。其中,最为常见的单片机编译器为 Keil C51。

Keil C51 是美国 Keil Software 公司开发的用于 51 单片机的 C51 语言开发软件。Keil C51 在兼容 ANSI C 的基础上,增加很多与 51 单片机硬件相关的编译特性,使得开发 51 单片机程序更为方便和快捷。C51 语言程序代码运行速度快,所需存储器空间小,完全可以和汇编语言相媲美。它支持众多的 MCS-51 架构的芯片,同时集编辑、编译、仿真等功能于一体,具有强大的软件调试功能,是众多的单片机应用开发软件中最优秀的软件之一。

Keil Software 公司已推出 V7.0 以上版本的 Keil C51 编译器,并将其完全集成到功能强大的集成开发环境(IDE)μVision5 中,该环境下集成了文件编辑处理、编译链接、项目管理、窗口、工具引用和仿真软件模拟以及 Monitor51 硬件目标调试等多种功能。Keil μVision5 内部集成了源程序编辑器,并允许用户在编辑源文件时设置程序调试断点,便于在程序调试过程中快速检查和修改程序。此外,Keil μVision5 还支持软件模拟仿真(simulator)和用户目标板调试(Monitor51)两种工作方式,在软件模拟仿真方式下不需要任何 51 单片机及其外围硬件即可完成用户程序仿真调试。

与用汇编语言编程相比,应用 C51 语言编程具有以下优点。

(1) C51 编译器管理内部寄存器和存储器的分配,编程时,无须考虑不同存储器的寻址和数据类型等细节问题。

(2) 程序有规范的结构,可分成不同的函数,这种方式具有良好的模块化结构,使已编好的程序容易移植。

(3) 有丰富的子程序库可直接引用,具有较强的数据处理能力,从而大大减少用户编程的工作量。

(4) C 语言和汇编语言可以交叉使用。汇编语言程序代码短、运行速度快,但对于复杂运算编程耗时,可用汇编语言编写与硬件有关的部分程序,用 C 语言编写与硬件无关的运算部分的程序,充分发挥两种语言的长处,提高开发效率。

C51 语言的基本语法与标准 C 语言相同,但它对标准 C 语言进行了扩展。单片机 C51 编译器之所以与 ANSI C 有所不同,主要是由于它们所针对的硬件系统有其各自不同的特点。C51 语言的特点和功能主要是由 80C51 系列单片机自身特点引起的。

C51 语言与标准 C 语言的主要区别如下。

(1) 头文件:51 单片机有不同的生产厂家和系列,不同单片机的主要区别在于内部资源,为了实现内部资源功能,只需将相应的功能寄存器的头文件加载在程序中,就可实现指定的功能。因此,C51 头文件集中体现了各系列芯片的不同功能。

(2) 数据类型:由于 51 系列器件包含了位操作空间和丰富的位操作指令,因此 C51 语言在 ANSI C 语言的基础上扩展了 4 种数据类型,以便能够灵活地进行操作。

(3) 数据存储类型:通用计算机采用的是程序和数据统一寻址的冯·诺伊曼结构,而 51 单片机采用哈佛结构,有程序存储器和数据存储器,数据存储器又分片内和片外数据存储器,片内数据存储器还分直接寻址区和间接寻址区,因此 C51 语言专门定义了与以上存储器相对应的数据存储器类型,包括 code、data、idata、xdata 以及根据 80C51 系列单片机特点而设定的 pdata 类型。

(4) 中断处理:标准 C 语言没有处理中断的定义,而 C51 语言为了处理单片机的中断,专门定义了 interrupt 关键字。

(5) 数据运算操作和程序控制:从数据运算操作和程序控制语句以及函数的使用上来讲,C51 语言与标准 C 语言几乎没有什么明显的差别。只是由于单片机系统的资源有限,它的编译系统不允许太多的程序嵌套。同时由于 51 单片机是 8 位机,所以扩展 16 位字符 unicode 不被 C51 语言支持,ANSI C 所具备的递归特性也不被 C51 语言支持,所以在 C51 语言中如果要使用递归特性,必须用 reetrant 关键字声明。

(6) 库函数:ANSI C 部分库函数不适合单片机,因此被排除在外,如字符屏幕和图形函数。也有一些 ANSI C 库函数在 C51 语言中继续使用,但这些库函数是厂家针对硬件特点开发的,与 ANSI C 的构成和用法有很大的区别,如 printf 和 scanf。

10.1.3　C51 语言程序的结构

同标准 C 语言一样,C51 语言的程序由函数组成。C 语言的函数以"{"开始,以"}"结束。其中必须有一个主函数 main(),程序的执行从主函数 main() 开始,调用其他函数后返回主函数 main(),最后在主函数中结束整个程序,而不管函数的排列顺序如何。

C51 语言程序的组成结构示意如下。

```
全局变量说明                    /* 可被各函数引用 */
main( )                         /* 主函数 */
{
    局部变量说明                /* 只在本函数引用 */
    执行语句(包括函数调用语句);
}
fun1(形式参数表)                /* 函数 1 */
形式参数说明
{
  局部变量说明
  执行语句(包括调用其他函数语句)
}
…
funn(形式参数表)                /* 函数 n */
形式参数说明
{
  局部变量说明
  执行语句
}
```

10.2　C51 语言的关键字与数据类型

10.2.1　C51 语言的标识符和关键字

标识符用来标识源程序中某个对象的名字,这些对象可以是语句、数据类型、函数、变量、数组等。标识符区分大小写,第一个字符必须是字母或下划线。

C51 语言中有些库函数的标识符是以下划线开头的,所以一般不要以下划线开头命名标识符。C51 编译器规定标识符最长可达 255 个字符,但只有前面 32 个字符在编译时有效,因此在编写源程序时标识符的长度不要超过 32 个字符,这对于一般应用程序来说已经足够了。

关键字是编程语言保留的特殊标识符,有时又称为保留字,它们具有固定名称和含义。在 C 语言的程序编写中不允许标识符与关键字相同。与其他计算机语言相比,C 语言的关键字较少,ANSI C 标准一共规定了 32 个关键字,如表 10-1 所示。

表 10-1　ANSI C 标准规定的关键字

关　键　字	用　　途	说　　明
auto	存储种类说明	用以说明局部变量,缺省值为此
break	程序语句	退出最内层循环体
case	程序语句	switch 语句中的选择项
char	数据类型说明	单字节整型数或字符型数据
const	存储类型说明	在程序执行过程中不可更改的变量值
continue	程序语句	转向下一次循环
default	程序语句	switch 语句中的失败选择项
do	程序语句	构成 do⋯while 循环结构
double	数据类型说明	双精度浮点数
else	程序语句	构成 if⋯else 选择结构
enum	数据类型说明	枚举
extern	存储种类说明	在其他程序模块中说明了的全局变量
float	数据类型说明	单精度浮点数
for	程序语句	构成 for 循环结构
goto	程序语句	构成 goto 转移结构
if	程序语句	构成 if⋯else 选择结构
int	数据类型说明	基本整型数
long	数据类型说明	长整型数
register	存储种类说明	使用 CPU 内部寄存的变量
return	程序语句	函数返回
short	数据类型说明	短整型数

关　键　字	用　　途	说　　明
signed	数据类型说明	有符号数,二进制数据的最高位为符号位
sizeof	运算符	计算表达式或数据类型的字节数
static	存储种类说明	静态变量
struct	数据类型说明	结构类型数据
switch	程序语句	构成 switch 选择结构
typedef	数据类型说明	重新进行数据类型定义
union	数据类型说明	联合类型数据
unsigned	数据类型说明	无符号数据
void	数据类型说明	无类型数据
volatile	数据类型说明	该变量在程序执行中可被隐含地改变
while	程序语句	构成 while 和 do…while 循环结构

　　Keil C51 编译器除了支持 ANSI C 标准规定的 32 个关键字外,还根据 51 单片机的特点扩展了相关的关键字,如表 10-2 所示。在 Keil C51 开发环境的文本编辑器中编写 C 程序,系统可以将保留字以不同颜色显示,缺省颜色为蓝色。

表 10-2　Keil C51 编译器扩展的关键字

关　键　字	用　　途	说　　明
_at_	地址定位	为变量定义存储空间绝对地址
alien	函数特性说明	声明与 PL/M51 兼容的函数
bdata	存储器类型说明	可位寻址的内部 RAM
bit	位变量声明	声明一个位变量或位类型的函数
code	存储器类型说明	程序存储器空间
compact	存储器模式	使用外部分页 RAM 的存储模式
data	存储器类型说明	直接寻址的 8051 内部数据存储器
idata	存储器类型说明	间接寻址的 8051 内部数据存储器
interrupt	中断函数声明	定义一个中断服务函数
large	存储器模式	使用外部 RAM 的存储模式
pdata	存储器类型说明	分页寻址的 8051 外部数据存储器
priority	多任务优先声明	RTX51 的任务优先级
reentrant	再入函数声明	定义一个再入函数
sbit	位变量声明	声明一个可位寻址变量
sfr	特殊功能寄存器声明	声明一个特殊功能寄存器(8 位)
sfr16	特殊功能寄存器声明	声明一个 16 位的特殊功能寄存器
small	存储器模式	内部 RAM 的存储模式

关 键 字	用 途	说 明
task	任务声明	定义实时多任务函数
using	寄存器组定义	定义 8051 的工作寄存器组
xdata	存储器类型说明	8051 外部数据存储器

10.2.2 C51 语言的数据类型

C51 编译器除了支持 ANSI C 的基本数据类型外,还能支持 ANSI C 的组合型数据类型,如数组类型、指针类型、结构类型、联合类型等数据类型。

根据 51 单片机的存储空间结构,C51 语言在标准 C 语言的基础上,扩展了 4 种数据类型,即 bit、sfr、sfr16 和 sbit。

C51 语言中定义的库函数与标准 C 语言中定义的库函数不同。C51 语言与标准 C 语言的输入输出处理不相同。C51 语言与标准 C 语言在函数使用方面也有一定的区别。C51 语言的数据类型和标准 C 语言中的数据类型有一定的区别,变量类型如 int 类型占用空间不一样,像特殊位型 sbit 在标准 C 语言中就没有。C51 语言中的变量的存储模式与标准 C 语言中的变量的存储模式不相同。C51 编译器支持的基本数据类型如表 10-3 所示。

表 10-3　C51 编译器支持的基本数据类型

位 型	数 据 类 型	长 度	取 值 范 围
	bit	1 bit	0 或 1
字符型	signed char	1 Byte	$-128\sim+127$
	unsigned char	1 Byte	$0\sim255$
整型	signed int	2 Byte	$-32\ 768\sim+32\ 767$
	unsigned int	2 Byte	$0\sim65\ 535$
	signed long	4 Byte	$-2\ 147\ 483\ 648\sim+2\ 147\ 483\ 647$
	unsigned long	4 Byte	$0\sim4\ 294\ 967\ 295$
实型	float	4 Byte	$1.176\times10^{-38}\sim3.40\times10^{38}$
指针型	data/idata/ pdata	1 Byte	1 字节地址
	code/xdata	2 Byte	2 字节地址
	通用指针	3 Byte	其中第 1 字节为储存器类型编码,第 2、3 字节为地址偏移量
访问 SFR 的数据类型	sbit	1 bit	0 或 1
	sfr	1 Byte	$0\sim255$
	sfr16	2 Byte	$0\sim65\ 535$

1. 位变量 bit

用 bit 可以定义位变量,但不能定义位指针和位数组。用 bit 定义的位变量的值可以是 1(true),也可以是 0(false)。位变量必须定位在 MCS-51 单片机片内 RAM 的位寻址空间中。Borland C 和 Visual C/C++中也有位(变量)数据类型(boolean 型)。但是,在 X86 结构的系统中没有专用的位变量存储区域,位变量存放在 1 个字节的存储单元中。而 51 系列单片机的 CPU 内部支持 128 bit 的可位寻址存储区间(字节地址为 20H~2FH),当程序设计者在程序中使用了位变量,并且使用的位变量个数小于 128 个时,C51 编译器自动将这些变量存放在 51 单片机的可位寻址存储区间,每个变量占用 1 位存储空间,1 个字节可以存放 8 个位变量。

位变量的一般语法格式如下。

    bit   位变量名;

例如:

    bit direction_bit;   / * 把 direction_bit 定义为位变量 * /

    bit look_pointer;   / * 把 look_pointer 定义为位变量 * /

函数可包含类型为"bit"的参数,也可以将其作为返回值。例如:

    bit func(bit b0,bit b1)   / * 变量 b0,b1 作为函数的参数 * /

    {

        return (b1);   / * 变量 b1 作为函数的返回值 * /

    }

2. 访问特殊功能寄存器的数据 sfr

这种数据类型在 C51 编译器中等同于 unsigned char 数据类型,占用 1 个内存单元,用于定义和访问 51 单片机的特殊功能寄存器(特殊功能寄存器定义在片内 RAM 区的高 128 个字节中)。

sfr 的格式如下。

    sfr   寄存器名＝寄存器地址;

其中,寄存器地址必须大写。

例如:

    sfr SCON＝0x98;   / * 串行通信控制寄存器地址 98H * /

    sfr TMOD＝0x89;   / * 定时/计数器模式控制寄存器地址 89H * /

    sfr ACC＝0xE0;   / * A 累加器地址 E0H * /

    sfr P1＝0x90;   / * P1 端口地址 90H * /

定义了以后,程序中就可以直接引用寄存器,对其进行相关的操作。

3. 访问特殊功能寄存器的数据 sfr16

sfr16 数据类型占用两个内存单元。sfr16 和 sfr 一样用于操作特殊功能寄存器,所不同的是,它定义的是 16 位的特殊功能寄存器,如定时/计数器 T0、T1,数据指针寄存器 DPTR。

例如:

    sfr16   DPTR＝0x82;   / * 数据指针寄存器 DPTR,其低 8 位字节地址为 82H *

4. 可寻址位 sbit

sbit 可以访问芯片内部的 RAM 中的可寻址位和特殊功能寄存器中的可寻址位。

用 sbit 定义特殊功能寄存器的可寻址位有以下三种方法。

1)sbit 位变量名＝位地址;

将位的绝对地址赋予位变量,位地址必须位于 0x80H~0xFF。如:

    sbit CY＝0xD7;

2）sbit 位变量名＝特殊功能寄存器名^位位置；

当可寻址位位于特殊功能寄存器中时，可采用这种方法。如：

  sfr PSW＝0xd0；   / * 定义 PSW 寄存器地址为 0xd0 * /

  sbit OV＝PSW^2；   / * 定义 OV 位为 PSW.2 * /

这里的运算符"^"相当于汇编中的"·"，其后的最大取值取决于该位的变量的类型，如定义为 char 型，最大值只能为 7。

3）sbit 位变量名＝字节地址^位位置；

这种情况下，字节地址必须在 0x80H～0xFF。例如：

  sbit CY＝0xD0^7；

sbit 也可以访问 51 单片机内可位寻址区间（bdata 存储器类型，字节地址为 20H～2FH 的可寻址位。

例如：

  int bdata bi_var1；   / * 在位寻址区定义了一个整型变量 * /

  sbit bi_var1_bit0＝bi_var1^0； / * 位变量 bi_var1_bit0 访问 bi_var1 第 0 位 * /

> **注意**：不要把 bit 与 sbit 混淆。bit 用来定义普通的位变量，值只能是二进制的 0 或 1。而 sbit 定义的是特殊功能寄存器的可寻址位，其值是可进行位寻址的特殊功能寄存器的位绝对地址。

还要给大家提到的是，C51 编译器建有头文件 reg51.h、reg52.h，在这些头文件中对 51 或 52 单片机所有的特殊功能寄存器进行了 sfr 定义，对特殊功能寄存器的有位名称的可寻址位进行了 sbit 定义。因此，编写程序时，只要用包含语句"♯include ＜reg51.h＞"或"♯include ＜reg52.h＞"，就可以直接引用特殊功能寄存器名，或直接引用位变量。

定义变量类型应考虑如下问题：程序运行时该变量可能的取值范围，是否有负值，绝对值有多大，以及需要的存储空间的大小。在够用的情况下，尽量选择 1 个字节的 char 型，特别是 unsiged char。对于 51 系列这样的定点机而言，浮点类型变量将明显增加运算时间、增长程序长度，如果可以的话，尽量使用灵活巧妙的算法来避免浮点类型变量的引入。

在实际编程过程中，为了方便，我们常常使用简化形式定义数据类型。方法是，在源程序开头使用♯define 语句自定义简化的类型标识符。例如：

  ♯define uchar unsigned char

  ♯define uint unsigned int

这样，在编程中，就可以用 uchar 代替 unsigned char、用 uint 代替 unsigned int 来定义变量。

10.3　C51 语言的存储种类、存储器类型和存储器模式

C51 编译器通过使用将变量、常量定义成不同存储类型的方法将它们定义在单片机的不同存储区中。

同 ANSI C 一样，C51 语言规定变量必须先定义后使用。C51 语言对变量进行定义的格式如下。

  ［存储种类］数据类型［存储器类型］变量名表；

其中，存储种类和存储器类型是可选项。

10.3.1　变量的存储种类

按变量的有效作用范围可以将变量划分为局部变量和全局变量。还可以按变量的存储方式划分变量存储种类。

在 C 语言中,变量有四种存储种类,即自动(auto)、外部(extern)、静态(static)和寄存器(register)。

1. 自动变量(auto)

定义一个变量时,在变量名前面加上存储种类说明符"auto",即将该变量定义为自动变量。自动变量是 C 语言中使用最为广泛的一类变量。定义变量时,如果省略存储种类说明符,则该变量默认为自动变量。

自动变量的作用范围在定义它的函数体或复合语句的内部,只有在定义它的函数内被调用,或是定义它的复合语句被执行时,编译器才为其分配内存空间,开始其生存期。当函数调用结束返回,或复合语句执行结束时,自动变量所占用的内存空间就被释放,变量的值当然也就不复存在,其生存期结束。自动变量始终是相对于函数或复合语句的局部变量。

2. 外部变量(extern)

使用存储种类说明符"extern"定义的变量称为外部变量。

按照缺省规则,凡是在所有函数之前,在函数外部定义的变量都是外部变量,定义时可以不写 extern 说明符。但是,在一个函数体内说明一个已在该函数体外或别的程序模块文件中定义过的外部变量时,则必须要使用 extern 说明符。

一个外部变量被定义之后,它就被分配了固定的内存空间。外部变量的生存期为程序的整个执行时间,即在程序的执行期间外部变量可被随意使用,当一条复合语句执行完毕或从某一个函数返回时,外部变量的存储空间并不被释放,其值也仍然保留。因此,外部变量属于全局变量。

C 语言允许将大型程序分解为若干个独立的程序模块文件,各个模块可分别进行编译,然后再将它们连接在一起。在这种情况下,如果某个变量需要在所有程序模块文件中使用,只要在一个程序模块文件中将该变量定义成全局变量,而在其他程序模块文件中用 extern 说明该变量是已被定义过的外部变量就可以了。

另外,由于函数是可以相互调用的,因此函数都具有外部存储种类的属性。定义函数时,如果冠以关键字 extern,即将其明确定义为一个外部函数。例如:

　　　　extern int func (char a,b)。

如果在定义函数时省略关键字 extern,则隐含为外部函数。如果要调用一个在本程序模块文件以外的其他模块文件所定义的函数,则必须要用关键字 extern 说明被调用函数是一个外部函数。对于具有外部函数相互调用的多模块程序,可用 C51 编译器分别对各个模块文件进行编译,最后用 Keil μVision3 的 L51 连接定位器将它们连接成一个完整的程序。

3. 静态变量(static)

使用存储种类说明符"static"定义的变量称为静态变量。静态变量分为局部静态变量和全局静态变量。

局部静态变量不像自动变量那样只有当函数调用它时才存在,局部静态变量始终都是存在的,但只能在定义它的函数内部进行访问,退出函数之后,变量的值仍然保持,但不能进行访问。

全局静态变量是在函数外部被定义的,其作用范围是从它的定义点开始,一直到程序结束。当一个 C 语言程序由若干个模块文件所组成时,全局静态变量始终存在,但它只能在被定义的模块文件中被访问,其数据值可为该文件内的所有函数所共享,退出该文件后,虽然变量的值仍然保持着,但不能被其他模块文件访问。

局部静态变量是一种在两次函数调用之间仍能保持其值的局部变量。有些程序需要在多次调用之间仍然保持变量的值,使用自动变量无法实现这一点,使用全局变量有时又会带来意外的副作用,这时就可采用局部静态变量。

4. 寄存器变量(register)

为了提高程序的执行效率,C 语言允许将一些使用频率最高的变量,定义为能够直接使用硬件寄存器的寄存器变量。

定义一个变量时,在变量名前而冠以存储种类说明符"register",即将该变量定义为寄存器变量。

寄存器变量可以被认为是自动变量的一种,它的有效作用范围也与自动变量的相同。

C51 编译器能够识别程序中使用频率最高的变量,在可能的情况下,即使程序中并未将该变量定义为寄存器变量,C51 编译器也会自动将其作为寄存器变量处理。因此,用户无须专门声明寄存器变量。

10.3.2　数据的存储器类型

C51 语言是面向 51 单片机及硬件控制系统的开发语言,它定义的任何变量必须以一定的存储类型的方式定位在 51 单片机的某一存储区中,否则便没有意义。因此在定义变量类型时,还必须定义它的存储器类型,C51 编译器支持的数据存储器类型如表 10-4 所示。

表 10-4　C51 编译器支持的数据存储器类型

存储器类型	描　　述
data	直接寻址的片内数据存储区,位于片内 RAM 的低 128 字节
bdata	片内 RAM 位寻址区间(字节地址为 20H～2FH)
idata	间接寻址的内部数据存储区,包括全部内部地址空间(256 字节)
pdata	外部数据存储区的分页寻址区,1 页为 256 字节
xdata	外部数据存储区(64 KB)
code	程序存储区(64 KB)

1. 片内数据存储器

片内 RAM 可分为 3 个区域。

data 区:片内直接寻址区,位于片内 RAM 的低 128 字节。对 data 区的寻址是最快的,所以应该把使用频率高的变量放在 data 区,data 区除了包含变量外,还包含堆栈和寄存器组区间。

bdata 区:片内位寻址区,位于片内 RAM 位寻址区 20H～2FH。若在 data 区的可位寻址区定义了变量,这个变量就可进行位寻址。这对状态寄存器来说十分有用,因为它可以单独使用变量的每一位,而不一定要用位变量名引用位变量。C51 编译器不允许在 bdata 区中定义 float 和 double 类型的变量,如果想对浮点数的每 1 位进行寻址,可通过包含 float 和 long 的联合定义实现。例如:

> typedef union{ nusigned long lvalue; float fvalue;}bit_float;
>
> bit_float bdata myfloat;
>
> sbit float_ld＝myfloat. lvalue^31;

idata 区:片内间接寻址区,包括片内 RAM 所有地址单元(00H～FFH)。idata 区也可以存放使用比较频繁的变量,使用寄存器作为指针进行寻址,在寄存器中设置 8 位地址进行间接寻址。与外部存储器寻址比较,它的指令执行周期和代码长度都比较短。

2. 片外数据存储器

片外 RAM 包括 2 个区域。

pdata 区:片外数据存储器分页寻址区,一页为 256 字节。

xdata 区:片外数据存储器 RAM 的 64 KB 空间。

3. 程序存储器

code 区即程序代码区,空间大小为 64 KB。程序代码区的数据是不可改变的,程序代码区不可重写。一般程序代码区中可存放数据表、跳转向量和状态表,例如:

> unsigned int code unit_id[2]＝{0x1234,0x89ab};
>
> unsigned char code uchar_data[16]＝{0x00,0x01,0x02,0x03,0x04,
>
>   0x05,0x06,0x07,0x08,0x09,
>
>   0x10,0x11,0x12,0x13,0x14,0x15};

定义数据的存储器类型通常遵循如下原则:只要条件满足,尽量选择内部直接寻址的存储器类型 data,然后选择内部间接寻址的存储器类型 idata;对于那些经常使用的变量,要使用内部寻址;在内部数据存储器数量有限或不能满足要求的情况下才使用外部数据存储器;选择外部数据存储器时,可先选择 pdata 类型,然后选用 xdata 类型。

10.3.3　数据的存储器模式

如果在变量定义时省略了存储器类型标识符,C51 编译器会选择默认的存储器类型。默认的存储器类型由存储器模式指令决定。

存储器模式决定了变量的默认存储器类型、参数传递区和无明确存储器类型的说明。

如表 10-5 所示,C51 语言有三种存储器模式,即 small、large 和 compact。

表 10-5　C51 语言的存储器模式

存储器模式	描　　述
small	参数及局部变量放入可直接寻址的内部数据存储区(128 B,默认存储器类型是 data)
compact	参数及局部变量放入分页外部数据存储区(最大 256 B,默认存储器类型是 pdata)
large	参数及局部变量直接放入外部数据存储器(最大 64 KB,默认存储器类型为 xdata)

1. 小(small)模式

所有变量都默认在单片机的内部数据存储器中,这和用 data 定义变量起到相同的作用。在 small 存储模式下,未说明存储器类型时,变量默认被定位在 data 区。

2. 紧凑(compact)模式

此模式下,所有变量都默认在 8051 单片机的外部数据存储器的一页中,这和用 pdata 定义变量起到相同的作用。

3. 大(large)模式

在大模式下,所有的变量都默认在外部数据存储器中(xdata)。

在编写单片机源程序时,建议把存储器模式设定为 small,再在程序中对 xdata、pdata 和 idata 等类型变量进行专门声明。

假设单片机的 C 语言源程序为 test.C,在 Keil C51 中使程序中的变量类型和参数传递区限定在外部数据存储器,我们采用以下方法来设置。

方法 1:在程序的第一句加预处理命令:♯pragma compact。

方法 2:用 C51 语言对 PROR.C 进行编译时,在 Keil C51 的命令窗口,输入编译控制命令:C51 test.C compact。

方法 3:如图 10-1 所示,在 Keil C51 中选择目标选项中的项目选项栏,在该选项栏下对存储器模式进行设置。

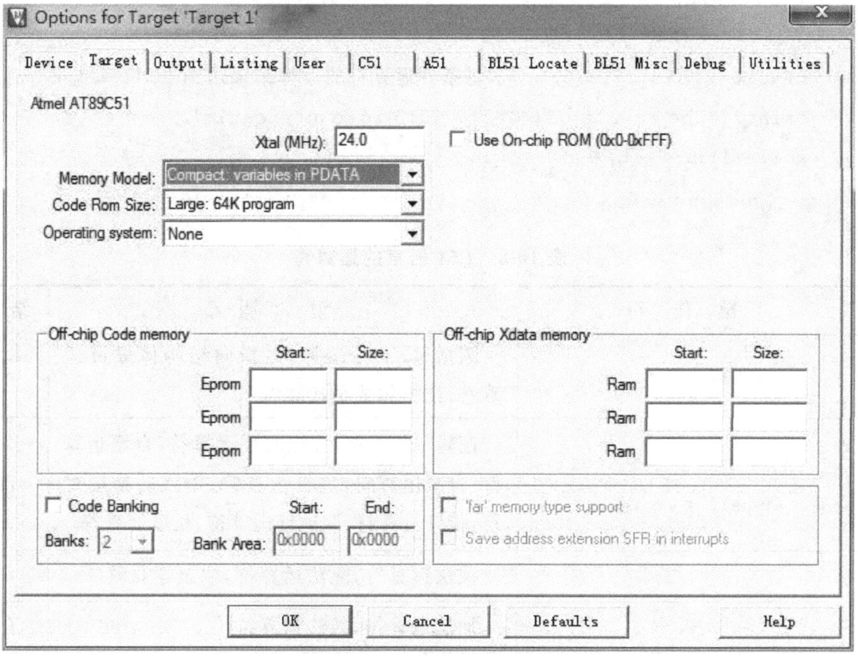

图 10-1 存储器模式的设置

数据存储中的大小端模式:所谓的大端模式(big-endian),是指数据的高字节保存在内存的低地址中,而数据的低字节保存在内存的高地址中,这样的存储模式有点类似于把数据当作字符串顺序处理,地址由小向大增加,而数据从高位往低位放;所谓小端模式(little-endian),是指数据的高字节保存在内存的高地址中,而数据的低字节保存在内存的低地址中,这种存储模式将地址的高低和数据位权有效结合起来,高地址部分权值高,低地址部分权值低,和我们的逻辑方法一致。

10.4 C51 语言的表达式和程序结构

10.4.1 C51 语言的运算符和表达式

C51 语言的运算符如表 10-6 所示。C51 语言的运算符和表达式与 ANSI C 完全兼容。

例 10-1 利用条件表达式判断两个数的大小,并将判断结果送到串行口输出显示。在 Keil C51 中新建工程 ex41,编写如下程序代码,编译并生成 ex41.hex 文件。

```
//例 10-1:利用串行口输出显示条件表达式的值
#include <reg52.h>        //包含特殊功能寄存器库
#include <stdio.h>        //包含 I/O 函数库
#define SYSTEM_CLK 12000000
//串行口初始化函数,其具体实现见本章后面内容
void uart_init(unsigned int baud);
void main(void)
{
    int result;
    uart_init(2400);
    result=(10>5)? 10:5;     //将条件运算符的运算结果送到 P0 口
    printf("The result of(10>5)? 10:5 is%d\n",result);
    while(1);     //结束
}
```

表 10-6 C51 语言的运算符

优先级	操 作 符	说 明	结合方向
1	(),[ ],→,.	圆括号,下标运算符,指向结构体成员运算符,结构体成员运算符	自左向右
2	!,~,++,−−,−,(type),＊,&,sizeof	逻辑非运算符,按位取反运算符,自增运算符,自减运算符,负号运算符,类型转换运算符,指针运算符,取地址运算符,长度运算符	自右向左
3	＊,/,%	乘法运算符,除法运算符,取余运算符	自左向右
4	+,−	加法运算符,减法运算符	自左向右
5	<<,>>	左移运算符,右移运算符	自左向右
6	<=,>=	关系运算符	自左向右
7	==,!=	等于运算符,不等于运算符	自左向右
8	&	按位与运算符	自左向右
9	^	按位异或运算符	自左向右
10			按位或运算符	自左向右
11	&&	逻辑与运算符	自左向右

优先级	操 作 符	说 明	结 合 方 向
12	||	逻辑或运算符	自左向右
13	?:	条件运算符	自右向左
14	=,+=,−=,∗=,/=,%= >>=,<<=,&=,^=,|=	赋值运算符	自右向左
15	,	逗号运算符	自左向右

10.4.2　C51语言程序的结构

C51语言程序的结构如图 10.2 所示。

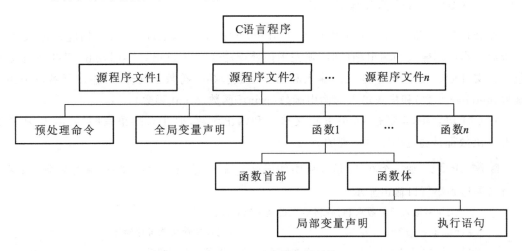

图 10.2　C51语言程序的结构

从程序流程的角度来看,程序分为三种基本结构,即顺序结构、分支结构、循环结构。这三种基本结构可以构造任何复杂的逻辑关系。C51语言提供了九种控制语句来实现这些程序结构。

(1) 条件判断语句:if 语句、switch 语句。

(2) 循环执行语句:do…while 语句、while 语句、for 语句。

(3) 转向语句:break 语句、goto 语句、continue 语句、return 语句。

例 10-2　使用 for 循环语句计算从 1 加到 10 的结果,并将结果送到单片机串行口显示。

在 Keil C51 中新建工程 ex42,编写如下程序代码,编译并生成 ex42.hex 文件。

```
//例 10-2:利用 for 语句求一组数据的和,并将结果送到单片机串行口显示
#include <reg52.h>              //包含特殊功能寄存器库
#include <stdio.h>              //包含 I/O 函数库
#define SYSTEM_CLK 12000000
//串行口初始化函数,其具体实现见本章后面内容
void uart_init(unsigned int baud);
void main(void)
```

```
    {
        unsigned int num,sum;        //定义两个变量
        uart_init(2400);
        sum=0;                       //变量赋初值
        for(num=0;num<11;num++)      //求 num 从 0 加到 10 的结果
        {
            sum=sum+num;             //求和结果送到存储求和值的变量中
        }
        printf("The result is %d\n",sum);
        while(1);                    //结束
    }
```

10.4.3　C51 语言的数据输入/输出

ANSI C 的标准函数库中提供了名为"stdio.h"的 I/O 函数库,定义了相应的输入和输出函数。当使用输入和输出函数时,须先用预处理命令"♯include ＜stdio.h＞"将该函数库包含到文件中。stdio.h 中定义的输入和输出函数包括字符数据的输入/输出函数(putchar 函数、getchar 函数)和格式输入与输出函数(printf 函数、scanf 函数)。

在 C51 语言中,也通过 stdio.h 定义输入和输出函数,但在 C51 语言的 stdio.h 中定义的 I/O 函数都是通过串行口实现的。

例 10-3　举一个在 51 单片机中使用格式输入/输出函数的例子:输入两个数求和,并将结果送到串行口输出显示。

```
//例 10-3:输入两个数求和,并将结果送到串行口输出显示
#include <reg52.h>                  //包含特殊功能寄存器库
#include <stdio.h>                  //包含 I/O 函数库
#define SYSTEM_CLK 12000000
void main(void)                     //主函数
{
    int x,y;                        //定义整型变量 x 和 y
                                    //串行口初始化

    int baud=2400;
    SCON=0x50;
    TMOD|=0x20;
    TH1=256-SYSTEM_CLK/baud/384;
    TR1=1;
    TI=1;
    printf("input  x,y:\n");        //输出提示信息
    scanf("%d,%d",&x,&y);           //输入 x 和 y 的值
    printf("\n");                   //输出换行
    printf("%d+%d=%d",x,y,x+y);     //按十进制形式输出
    printf("\n");                   //输出换行
    printf("%xH+%xH=%XH",x,y,x+y);  //按十六进制形式输出
    while(1);                       //结束
}
```

10.5 C51语言的函数

10.5.1 C51语言函数概述

在复杂的应用系统中,把大块程序分割成一些相对独立而且便于维护和阅读的小块程序是一种比较好的策略。把相关的语句组织在一起,并给它们注明相应的名称,使用这种方法把程序分块,这种形式的组合就形成了函数。

1. 函数的定义与调用

函数的一般形式为

　　　返回值类型标识符　函数名(参数表)
　　　{
　　　　　函数体语句
　　　}

类型标识符规定了函数中 return 语句返回值的类型,它可以是任何有效类型。参数表是用逗号分隔的变量表,各变量由变量类型和变量名组成。当函数被调用时,变量根据该类型接收变量的值。一个函数可以没有参数,这时参数表为空,为空时可以使用 void 来说明。但即使没有参数,括号仍然是必需的。函数的定义又可分为无参函数定义和有参函数定义。

C51 语言中的每一个函数都是一个独立的代码块。构成一个函数整体的代码对程序的其他部分是隐蔽的,除非它使用了全局变量。它既不能影响程序的其他部分,也不受程序的其他部分的影响。换句话说,由于两个函数有不同的作用域,因此定义在一个函数内的代码和数据不能与定义在另一个函数内的代码或数据相互作用。

在函数内部定义的变量称为局部变量。局部变量随着函数的运行而生成,随着函数的退出而消失,因此局部变量不能在两次函数调用之间保持其值。只有一个例外,就是用存储类型符 static 说明时,这时才能使编译程序在存储管理方面像对待全局变量那样对待它,但其作用域仍然被限制在该函数的内部。

C51 语言采用函数之间的参数传递方式,从而大大提高了函数的通用性与灵活性。当定义函数时,函数名后面括号中的变量名称为"形式参数",简称形参。在函数调用时,主调用函数名后面括号中的表达式称为"实际参数",简称实参。

在 C51 语言的函数调用中,实际参数与形式参数之间的数据传递是单向进行的,只能由实际参数传递给形式参数,而不能由形式参数传递给实际参数。实际参数与形式参数的类型必须一致,否则会发生数据类型不匹配的错误。

在 C51 语言程序中执行 return 语句有两个重要的作用:其一,return 语句使得包含它的那个函数立即退出,也就是使程序返回到调用语句的地方继续执行;其二,return 语句可以用来为函数返回一个值给调用程序。

除了那些返回值类型为 void 的函数外,其他所有函数都返回一个值,这个值是由返回语句指定的。返回值可以是任何合法的数据类型,但返回值的数据类型必须与函数声明中的返回值类型匹配。如果没有返回语句,编译器会产生警告和错误。这意味着,只要函数没有被说明为 void,它就可以作为操作数用在任何有效的 C51 语言表达式中。

我们将例 10-3 中串行口初始化相关的语句定义为一个专门的串行口初始化函数 uart_

init(unsigned int baud),则其程序变为:

```
#include <reg52.h>                          //包含特殊功能寄存器库
#include <stdio.h>                          //包含 I/O 函数库
#define SYSTEM_CLK 12000000
void uart_init(unsigned int baud)
{
    SCON=0x50;
    TMOD|=0x20;
    TH1=256-SYSTEM_CLK/baud/384;
    TR1=1;
    TI=1;
}
void main(void)                             //主函数
{
    int x,y;                                //定义整型变量 x 和 y
    uart_init(2400);
    printf("input x,y:\n");                 //输出提示信息
    scanf("%d,%d",&x,&y);                   //输入 x 和 y 的值
    printf("\n");                           //输出换行
    printf("%d+%d=%d",x,y,x+y);             //按十进制形式输出
    printf("\n");                           //输出换行
    printf("%xH+%xH=%XH",x,y,x+y);          //按十六进制形式输出
    while(1);                               //结束
}
```

2. C51 语言函数的递归调用

函数的递归调用是指当一个函数正被调用尚未返回时,又直接或间接调用函数本身。与 ANSI C 不同,C51 语言函数一般是不能递归调用的,这主要是因为 51 单片机的 RAM 空间非常有限,而递归调用一般需要非常大的堆栈,并且在运行时才能最终确定具体需要多少堆栈。所以,在 51 单片机上编程应尽量避免递归,甚至可以禁止用递归。

如非递归调用不可,那么递归所需存储空间大小必须在 51 单片机资源允许的范围内,而且要严格检查递归条件。函数递归调用的例子如下。

例 10-4 递归求数的阶乘 n!。

```
#include <reg52.h>                          //包含特殊功能寄存器库
#include <stdio.h>                          //包含 I/O 函数库
#define SYSTEM_CLK 12000000
void uart_init(unsigned int baud)
{
    SCON=0x50;
    TMOD|=0x20;
    TH1=256-SYSTEM_CLK/baud/384;
    TR1=1;
    TI=1;
}
```

```
        int fac(int n)reentrant
        {
            int result;
            if(n==0)
            result=1;
            else
            result=n*fac(n-1);
            return(result);
        }
        main()
        {
            int fac_result;
            uart_init(2400);
            fac_result=fac(11);
            printf("The result is %d\n",fac_result);
            while(1);                //结束
        }
```

这里,我们用扩展关键字 reentrant 把函数定义为可重入函数。所谓可重入函数,就是允许被递归调用的函数。

关于用 reentrant 声明重入函数,要注意以下几点。

(1) 用 reentrant 修饰的重入函数被调用时,实参表内不允许使用 bit 类型的参数,函数体内不允许存在任何关于位变量的操作,更不能返回 bit 类型的值。

(2) 编译时,系统为重入函数在内部或外部存储器中建立一个模拟堆栈区,称为重入栈。重入函数的局部变量及参数被放在重入栈中,使重入函数可以实现递归调用。

(3) 在参数的传递上,实际参数可以传递给间接调用的重入函数。无重入属性的间接调用函数不能包含调用参数,但是可以使用定义的全局变量来进行参数传递。

10.5.2 C51 语言的中断服务函数

由于标准 C 语言没有处理单片机中断的定义,为了可以直接编写中断服务程序,C51 编译器对函数的定义进行了扩展,增加了一个扩展关键字 interrupt,使用该关键字可以将函数定义成中断服务函数。

中断服务函数的一般形式为

函数类型 函数名(形式参数表)interrupt n[using m]

关键字 interrupt 后面的 n 是中断号,n 的取值为 $0\sim31$,对应的中断情况如下:0—外部中断 0;1—定时/计数器 T0 中断;2—外部中断 1;3—定时/计数器 T1 中断;4—串行口中断;5—定时/计数器 T2 中断;其他值预留。

关键字 using 是可选的,用于指定本函数内部使用的工作寄存器组,其中 m 的取值为 $0\sim3$,表示寄存器组号。

加入 using m 后,C51 语言程序在编译时自动地在函数的开始处和结束处加入以下指令。

```
        {
            PUSH   PSW      ;标志寄存器入栈
```

213

```
        MOV    PSW,♯与寄存器组号相关的常量
        …
        POP    PSW    ;标志寄存器出栈
    }
```

定义一个函数时,如果不选用 using 选项,则由编译器选择一个寄存器区作为绝对寄存器区访问。

还要注意,带 using 属性的函数原则上不能返回 bit 类型的值,且关键字 using 和关键字 interrupt 都不允许用于外部函数,也都不允许有一个带运算符的表达式。

例如,外部中断 1($\overline{INT0}$)的中断服务函数书写如下:

```
void int1() interrupt 2 using 0//中断号 n=2,选择 0 区工作寄存器区
```

编写 51 单片机中断服务程序时,还应注意以下问题。

(1) 中断服务函数没有返回值,如果定义了一个返回值,将会得到不正确的结果。因此建议在定义中断服务函数时,将其定义为 void 类型,以明确说明没有返回值。

(2) 中断服务函数不能进行参数传递,如果中断服务函数中包含任何参数声明,都将导致编译出错。

(3) 在任何情况下都不能直接调用中断服务函数,否则会产生编译错误。因为中断服务函数的返回是由指令 RETI 完成的。RETI 指令会影响 51 单片机中硬件中断系统内不可寻址的中断优先级寄存器的状态。如果在没有实际的中断请求的情况下,直接调用中断服务函数,不会执行 RETI 指令,其操作结果有可能产生一个致命的错误。

(4) 如果在中断服务函数中再调用其他函数,则被调用的函数所使用的寄存器区必须与中断服务函数使用的寄存器区不同。

(5) C51 编译器对中断服务函数进行编译时会自动在程序开始和结束处加上相应的内容,具体如下:在程序开始处对 ACC、B、DPH、DPL 和 PSW 入栈,结束时出栈;中断服务函数未加 using n 修饰符的,开始时还要将 R0~R1 入栈,结束时出栈;如中断服务函数加 using n 修饰符,则在开始将 PSW 入栈后还要修改 PSW 中的工作寄存器组选择位。因而在编写中断服务函数时可不必考虑这些问题,减轻了编写中断服务程序的烦琐程度,使程序员可以把精力放在如何处理引发中断请求的事件上。

(6) 中断服务函数最好写在文件的尾部,并且禁止使用 extern 存储类型说明,防止其他程序调用。

10.5.3   C51 语言的库函数

C51 语言的强大功能及其高效率的重要体现就在于其提供了丰富的可直接调用的库函数,包括 I/O 操作、内存分配、字符串操作、数据类型转换、数学计算等函数库。库函数包含标准的应用程序,每个函数都在相应的头文件(.h)中有原型声明。如果使用库函数,则必须在源程序中用预编译指令定义与该函数相关的头文件(包含了该函数的原型声明)。

在前面我们已经提到了部分输入和输出的库函数,这里我们介绍几类常用和重要的 C51 语言库函数。

1. 内部函数 intrins.h

这个库中提供的是一些用汇编语言编写的函数,这些函数主要有以下几种。

```
unsigned char _crol_(unsigned char val,unsigned char n);
```

unsigned int _irol_(unsigned int val,unsigned char *n*);

unsigned int _lrol_(unsignedlong val,unsigned char *n*);

上面三个函数都将 val 左移 *n* 位,类似于 RLA 指令。_crol_、_irol_、_lrol_ 的 val 变量类型分别为无符号字符型、无符号整型和无符号长整型。

unsigned char _cror_(unsigned char val,unsigned char *n*);

unsigned int _iror_(unsigned int val,unsigned char *n*);

unsigned int _lror_(unsignedlong val,unsigned char *n*);

上面三个函数都将 val 右移 *n* 位,类似于 RRA 指令。

应用举例如下。

```
#inclucle <intrins.h>
void main()
{
    unsigned int y;
    y=0x00ff;
    y=_irol_(y,4);
}
```

程序运行后,得到结果为:y=0x0ff0。

void _nop_(void);

_nop_产生一个 NOP 指令,该函数可用作 C 语言程序的时间比较。C51 编译器在_nop_函数工作期间不产生函数调用,即在程序中直接执行了 NOP 指令,例如:

```
p0&=~0x80;
p0|=0x80;
_nop_;
_nop_;
_nop_;
_nop_;
p0&=~0x80;
```

这里使用_nop_函数产生四个机器周期宽度的正脉冲。

bit _testbit_(bit x);

_testbit_产生一个 JBC 指令,该函数测试一个位,当置位时返回 1,否则返回 0。_testbit_只能用于可直接寻址的位,是不允许在表达式中使用的,例如:

```
#include <intrins.h>
bit flag; char var; void main()
{
    if(! _testbit_(flag))
        val--;
}
```

这里_testbit_的参数和函数值必须都是位变量。

2. 绝对地址访问函数 absacc.h

该文件定义提供了一组宏定义用来对 51 单片机的存储空间进行绝对地址访问。

```
#define CBYTE((unsigned char * )0x50000L)
#define DBYTE((unsigned char * )0x40000L)
#define PBYTE((unsigned char * )0x30000L)
#define XBYTE((unsigned char * )0x20000L)
```

上述宏定义用来对单片机的地址空间以字节寻址的方式进行绝对地址访问。CBYTE 寻址 code 区，DBYTE 寻址 data 区，PBYTE 寻址 xdata 区（通过 MOVX @R0 指令），XBYTE 寻址 xdata 区（通过 MOVX @DPTR 指令）。

```
#define CWORD((unsigned int * )0x50000L)
#define DWORD((unsigned int * )0x40000L)
#define PWORD((unsigned int * )0x30000L)
#define XWORD((unsigned int * )0x20000L)
```

上述宏定义用来对单片机的地址空间以字寻址（unsigned int 类型）的方式进行绝对地址访问。CWORD 寻址 code 区，DWORD 寻址 data 区，PWORD 寻址 xdata 区（通过 MOVX @R0 指令），XWORD 寻址 xdata 区（通过 MOVX @DPTR 指令）。

3. 缓冲区处理函数 string. h

1) 计算字符串 s 的长度

函数原型为

```
extern int strlen(char * s);
```

说明：返回 s 的长度，不包括结束符 NULL。

举例：

```
#include <string. h>
main()
{
    char * s="Golden Global View";
    printf("%s has %d chars",s,strlen(s));
    getchar();
    return 0;
}
```

2) 由 src 所指内存区域复制 count 个字节到 dest 所指内存区域

函数原型为

```
extern void * memcpy(void * dest,void * src,unsigned int count);
```

说明：src 和 dest 所指内存区域不能重叠，函数返回指向 dest 的指针。

举例：

```
#include <string. h>
main()
{
    char * s="Golden Global View";
```

```
        char d[20];
        memcpy(d,s,strlen(s));
        d[strlen(s)]=0;
        printf("%s",d);
        getchar();
        return 0;
    }
```

3）由 src 所指内存区域复制 count 个字节到 dest 所指内存区域

函数原型为

        extern void * memmove(void * dest,const void * src,unsigned int count);

> 说明：与 memcpy 工作方式相同，但 src 和 dest 所指内存区域可以重叠，但复制后 src 内容会被更改。函数返回指向 dest 的指针。

4）比较内存区域 buf1 和 buf2 的前 count 个字节

函数原型为

        extern int memcmp(void * buf1,void * buf2,unsigned int count);

10.6　C51 语言的指针与绝对地址访问

10.6.1　指针与指针变量

指针是 C 语言的一个重要概念，也是 C 语言的重要特色，同时也是学习和掌握 C51 语言的一个难点。使用指针可以有效地表示复杂的数据结构、数组，动态地分配存储器等。

内存中每一个存储单元（一个字节）有唯一一个编号，即地址，指针就是存储单元地址，存储这个地址的变量称为指针变量。

在汇编语言中，要取存储单元的内容，可用直接寻址方式，也可用寄存器间接寻址方式。在 C 语言中可用变量名表示所取变量的值（相当于直接寻址），也可用另一个变量（如 P）存放 m 的地址，P 就相当于 R1 寄存器，用 * P 取得 m 单元的内容（相当于间接寻址方式），这里 P 即为指针变量。

10.6.2　指针变量的类型

51 单片机的不同存储空间有不同的地址范围，即使对于同一外部数据存储器，也有用 @Ri 分页寻址（Ri 为八位）和用 @DPTR 寻址（DPTR 为十六位）两种寻址方式。

指针是指示变量的地址的，因此，在指针类型的定义中要说明被指的变量的数据类型和存储器类型。同时指针变量本身也是一个变量，有它的存储区和数据长度，即指针变量本身有它的存储器类型和数据长度，其数据长度是由被指的变量的存储器类型确定的。

如果指针变量指向片内数据存储器或片外数据存储器的低 256 个存储单元（指针变量的存储器类型为 data、idata 或 pdata），则其指针长度为 1 字节。如果指针变量指向程序存储器或片外数据存储器（指针变量的存储器类型为 code 或 xdata），则其指针长度为 2 字节。如果指针的存储器类型缺省，指针定义为通用型指针，表示指针可指向任何存储空间，此时指针长度为 3 字节。其第 1 个字节为存储器类型编码,第 2、3 字节存储 16 位地址。通用型指针的存储器类型编码如表 10-7 所示。

表 10-7　通用型指针的存储器类型编码

存储器类型	idata	xdata	pdata	data	code
编　码	1	2	3	4	5

例如,指针变量 px 值为 0x021203,即指针指向 xdata 区的 1203H 地址单元。

指针变量的数据类型有 char、int、long 等,表示指针指向的数据的长度是占 1 个单元、2 个单元还是 4 个单元。

指针变量说明有两种格式。一种形式为

　　　　［指针变量存储类型］　被指数据类型　［被指存储器类型］＊指针变量名;

其中,［］为可选项,在上述语句中的"＊"表示"指向"。

另外一种形式为

　　　　被指数据类型　［被指存储类型］＊［指针变量存储类型］　指针变量

例如:

　　　　char xdata ＊ data pd;

指针变量 pd 指向字符型 xdata 区,自身在 data 区,指针长度为 2 字节。

　　　　long xdata ＊ px;

指针变量 px 指向 long 型 xdata 区(被指的数据在 xdata 区,每个数据占 4 个单元),指针自身在默认存储器(如不指定编译模式,则在 data 区),指针长度为 2 字节。

　　　　data char xdata ＊ pd;　／＊ 与上例等效 ＊／

C 语言使用取地址符"&"和"＝"就可以使一个指针变量指向一个变量。

例如:

　　　　int i;

　　　　int ＊ pt;

　　　　pt＝&i

通过取地址运算和赋值运算,指针变量 pt 就指向了变量 i。

当完成了变量、指针变量的定义以及指针变量的引用后,就可以对内存单元进行间接访问了。此时,需要用到指针变量运算符(又称间接运算符)"＊"。

例如,要将变量 t 的值赋给变量 x,先定义两个变量:

　　　　int x;

　　　　int t;

直接访问方式为

　　　　x＝t;

间接访问方式为

　　　　int ＊ pt;

　　　　pt＝&t;

　　　　x＝ ＊ pt;

在使用指针前必须进行初始化,一般格式如下。

類型说明符指针变量＝初始地址值；

示例如下：

unsigned char * p；　/＊定义无符号字符型指针变量 p＊/

unsigned char m；　/＊定义无符号字符型数据 m＊/

p＝&m；　/＊将 m 的地址存放于 p 中(指针变量有了确定指向,即被初始化了)＊/

严禁使用未经初始化的指针,否则将引起严重后果。

例 10-5 进行一个简单的运算,以演示指针运算的结果,并将结果通过串行口显示。

```
#include <reg52.h>                    //包含特殊功能寄存器库
#include <stdio.h>                    //包含 I/O 函数库
#define SYSTEM_CLK 12000000
void uart_init(unsigned int baud)
{
    SCON=0x50;
    TMOD|=0x20;
    TH1=256-SYSTEM_CLK/baud/384;
    TR1=1;
    TI=1;
}
main()
{
    unsigned char*p1,*p2;             //定义无符号字符型指针变量
    unsigned char i,j;                //定义无符号字符型变量
    int add_result;
    uart_init(2400);
    i=30;                             //变量赋初值
    j=20;
    p1=&i;                            //指针初始化
    p2=&j;
    add_result=*p1+*p2;               // 指针变量的运算结果送 P0 口显示
    printf("The result is%d\n",add_result);
    while(1);                         //结束
}
```

10.6.3 指针的其他问题

1. 指针变量作为函数的参数

函数的形参不仅可以是整型、实型、字符型,还可以是指针型。指针变量存放的是地址,同样可以作为函数的参数来进行"地址传送",实际参数可以是地址常量或指针变量,形式参数则为指针变量。

2. 数组指针和指向数组的指针变量

指针既可以指向变量,也可以指向数组。数组在内存中是顺序存放的,每个数组元素都在内存中占用若干个存储单元,它们都有相应的地址。数组名存放的是数组起始地址,所谓数组的指针,即为数组的起始地址,也就是数组名。如果把数组的地址赋值给指针变量,那

么通过指针变量来存取数组的元素将非常灵活方便。

若有一个变量用来存放一个数组的起始地址(指针),则称它为指向数组的指针变量。

3. 指针与字符串

C51 语言中可以用两种方式表示字符串,一种是用数组部分介绍的字符数组实现,另一种是用字符指针实现。例如:

```
char  * pstr = "C language";
```

不定义字符数组,而定义一个字符指针,用字符指针指向字符串中的字符。虽然没有定义字符数组,但字符串在内存中是以数组形式存放的。它有一个起始地址,占用一片地址连续的存储单元,并且以"\0"结束。上述语句的作用是:使指针变量 pstr 指向字符串的首字符。pstr 的值是地址,一定不要认为该语句表示"将字符串中的字符赋予 pstr",也不要认为该语句表示"将字符串赋予 * pstr"。

使用字符数组和字符指针变量都能实现字符串的存储和各种运算,但两者之间是有区别的,要注意以下两点。

(1) 字符数组是由若干元素组成的,每个元素中存放一个字符,而字符指针变量中存放的是地址(字符串的首地址)。

(2) 赋值方式不同。字符数组只能对各个元素赋值,不能用一个字符串给一个字符数组的数组名赋值,但对于指针字符变量,可以用一个字符串给它赋值,这个值是该字符串的首地址。

4. 指针数组

一个数组当中的所有元素都为指针类型,就称该数组为指针数组。指针数组的定义形式为

类型标识符　* 数组名　[常量表达式]

5. 多级指针

如果把一个指针变量的地址再赋值给另一个指针变量,则称该指针为多级指针,即指向指针的指针。多级指针的定义形式为

类型标识　* * 指针变量名

例 10-6　利用 *(++p)控制输出数组元素的值和指针自增、自减运算的应用。

```
#include <reg52.h>                //包含特殊功能寄存器库
#include <stdio.h>                //包含 I/O 函数库
#define SYSTEM_CLK 12000000
void uart_init(unsigned int baud)
{
    SCON=0x50;
    TMOD|=0x20;
    TH1=256-SYSTEM_CLK/baud/384;
    TR1=1;
    TI=1;
}
main()
{
    static int a[]={12,34,45,67,89};    //定义整型数组 a,并且赋值
    int *p;
```

```
        uart_init(2400);
        p=a-1;                          //给指针变量赋初值
        for(;p<a+4;)
        printf("* (++p)=%4d\n",* (++p));  //循环输出数组中的元素
        p=a;                            //给指针变量赋初值
        for(;p<a+5; p++)
        printf("a[]=%d\np=%ld",*p,p);   //循环输出元素及指针变量的地址值
        while(1);                       //结束
    }
```

例 10-7 用指针数组处理多个字符串。

```
#include <reg52.h>               //包含特殊功能寄存器库
#include <stdio.h>               //包含 I/O 函数库
#define SYSTEM_CLK 12000000
void uart_init(unsigned int baud)
{
    SCON=0x50;
    TMOD|=0x20;
    TH1=256-SYSTEM_CLK/baud/384;
    TR1=1;
    TI=1;
}
main()
{
    //定义字符型数组 name 并赋初值为 5 个英文单词"PASCAL","BASIC",
    //"C Language","Computer","FORTRAN"*
    char *name[]={"PASCAL","BASIC","C Language","Computer","FORTRAN"};
    int i=0;
    uart_init(2400);
    //显示字符
    printf("output char aarray with printer array: \n");
    for(; i<5; ++i)
    printf("%s\n",name[i]);         //循环显示数组中的字符串
    while(1);                       //结束
}
```

10.6.4 C51 语言的绝对地址访问

C51 语言对存储器和外接 I/O 口的绝对地址可以通过指针访问,也可以通过预定义宏访问。

毫无疑问,采用指针的方法,可实现在 C51 语言程序中对任意指定的存储器地址进行操作。在本章的前面,我们也讲到了预定义宏定义在 absacc.h 中,该文件定义提供了一组宏定义用来对 51 单片机的存储空间进行绝对地址访问。

除此以外,我们还可以使用 C51 编译器扩展关键字_at_定义全局变量,对指定的存储器空间的绝对地址进行定位,其一般格式如下。

[存储器类型] 数据类型 标识符

下面的语句使用_at_在外部 RAM 空间 0000H 处定义了一个一维数组。

```
char xdata xram[0x8000] _at_ 0x0000;
```

例 10-8 使用上面所讲的三种方法实现片内 RAM 区间的 30H 单元与外部数据存储区间的 2000H 单元的数据交换。

（1）指针访问方法。

```
#define uchar unsigned char
main()
{
    uchar data *pa;
    uchar xdata *pb;
    uchar t;
    pa=0x30;
    pb=0x2000;
    *pa=1;
    *pb=2;
    t=*pa;
    *pa=*pb;
    *pb=t;
    while(1);
}
```

（2）预定义宏的方法。

```
#include <absacc.h>
main()
{
    unsigned char t;
    DBYTE[0X30]=1;
    XBYTE[0X2000]=2;
    t=DBYTE[0X30];
    DBYTE[0X30]=XBYTE[0X2000];
    XBYTE[0X2000]=t;
    while(1);
}
```

（3）对绝对地址进行定位的方法。

```
#define uchar unsigned char
uchar data i _at_ 0x30;
uchar xdata j _at_ 0x2000;
main()
{
    uchar t;
    i=1;
    j=2;
    t=i;
    i=j;
    j=t;
    while(1);
}
```

10.7 51单片机的混合编程

10.7.1 C51语言与汇编语言混合编程概述

目前多数开发人员在用 C51 语言开发单片机程序,但在一些速度、时序敏感或者有特殊要求的场合,必须通过汇编语言来编写程序,但是用汇编语言编写的程序远不如用 C51 语言编写的程序可读性好和效率高。一般采用 C51 语言与汇编语言混合编程来解决这个问题。

用汇编语言编程时,需要考虑单片机的存储器结构,尤其要考虑其片内数据存储器与特殊功能寄存器的合理、正确使用,及按实际地址处理端口数据,即要考虑如何组织、分配存储器资源和正确处理端口数据。

使用 C51 语言编程,虽不像使用汇编语言那样要具体地组织、分配存储器资源和处理端口数据,但是对数据类型和变量的定义,必须与单片机的存储器结构相关联,否则编译器就不能正确地映射定位。用 C51 语言编写程序与用标准 C 语言编写程序的不同之处在于,必须根据单片机的存储器结构以及内部资源定义相应的数据类型和变量。所以,如何定义与单片机相对应的数据类型和变量,是使用 C51 语言编程的一个重要问题。

混合编程多采用如下的编程思想:程序的框架或主体部分以及数据处理和运算用 C51 语言编写,用汇编语言编写与硬件有关的子程序;使用 C51 编译器将不同的模块(包括使用不同语言的模块)分别进行汇编或编译,再通过连接生成一个可执行文件。这种混合编程的方法将 C 语言和汇编语言的优点结合起来,已经成为目前单片机程序开发流行的编程方法。

在把汇编语言程序加入 C 语言程序前,须使汇编语言程序和 C51 语言程序一样具有明确的边界、参数、返回值和局部变量,必须为汇编语言编写的程序段指定段名并进行定义。如果要在它们之间传递参数,则必须保证汇编程序用来传递参数的存储区和 C51 函数使用的存储区是一样的。

在 C51 语言程序中使用汇编语言程序有以下三种方法,即在 C51 代码中嵌入汇编代码、C 语言程序调用汇编程序、汇编语言和 C 语言相互调用变量。

10.7.2 在 C51 代码中嵌入汇编代码

C51 代码中嵌入汇编代码通常是指在 C 函数内部插入汇编代码,也称内嵌汇编语句。内嵌汇编的实现,有以下几种情况。

1. 直接使用"asm"预编译指令

我们可以直接在函数体内的每个汇编语句前加 "asm"预编译指令,例如:

```
void reset_data(void)
{
    asm MOV   R1,#0AH
    asm LOOP:INC   A
    asm DJNZ R0,LOOP
    return;
}
```

2. 把"asm"作为关键字

我们可以把"asm"作为关键字,后续汇编用大括号括起来,例如:

```
void reset_data(void)
{
    asm
    {
    MOV   R1,＃0AH
    LOOP:INC   A
    DJNZ R0,LOOP
    }
    return ;
}
```

3. 通过"＃pragma"语句嵌入汇编代码

我们可通过用"＃pragma"语句在 C51 代码中嵌入汇编代码,具体结构为

```
＃pragma asm
汇编指令行
＃pragma endasm
```

这种方法是通过 asm 和 endasm 告诉 C51 编译器,中间的行不用编译为汇编指令行。

注意:Keil μVision5 的默认设置不支持内嵌汇编,采用内嵌汇编进行混合编程,需要在"Project"窗口中包含汇编代码的 C 文件上单击右键,选择"Options for File",然后在弹出的窗口中选中"Generate Assembler SRC File"和"Assemble SRC File"两项,如图 10-3 所示。选中这两项后,编译器才会将"asm"与"endasm"中的代码复制到输出的 SRC 文件中,然后才会将这些代码放入它所产生的目标文件中。在编译过程中产生的 SRC 文件为与 C 文件对应的汇编文件。

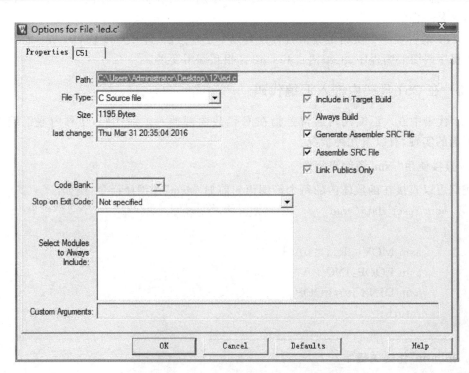

图 10-3　Keil C51 集成环境下 SRC 指令的使用

例 10-9 用 P0 口控制八个流水灯从左到右依次发光。

源程序如下。

```c
#include <reg52.h>
#include <intrins.h>
#define uchar unsigned char
#define uint unsigned int
//延时子程序,延时 200 ms (晶振频率为 11.059 2 MHz)
voidDelay200ms(void)
{
    #pragma asm
DELAY:
        MOV   R3,#2
DEL1:
        MOV   R2,#200
DEL2:
        MOV   R1,#230
DEL3:
        DJNZ  R1,DEL3        ;第一层循环
        DJNZ  R2,DEL2        ;第二层循环
        DJNZ  R3,DEL1        ;第三层循环
        RET
    #pragma endasm
}
main()
{
    uint i=1;
    uchar num=0xfe;
    P0=0xff;
    Delay200ms();
    while(1)
    {
        for(i=0;i<8;i++)
        {
            P0=num;
            Delay200ms();
            num=_crol_(num,1);
        }
        P0=0x0;
        Delay200ms();
    }
}
```

10.7.3 C 语言程序调用汇编语言程序

C 语言程序调用汇编语言程序时,要求在汇编语言程序中编写的子程序和用 C 编译器编译出来的代码风格一样,这样可以使开发的程序具有很好的可读性和可维护性,也便于和 C 语言编写的函数进行连接。被调汇编语言程序要在主函数中以函数的形式说明。而在汇

编语言程序中,首先在程序存储区中使用伪指令 CODE 定义可再定位程序段,并且利用 PUBLIC 声明函数为公共函数,再用 RSEG 表示函数可被连接器放置在任何地方,最后是编写汇编函数,对于为其他模块所使用的符号要进行 PUBLIC 声明,对外来符号进行 EXTERN 声明。

使用 PUBLIC 声明函数为公共函数时,要根据不同情况对在 C 语言程序中说明的函数名进行转换。混合编程时的函数名转换如表 10-8 所示。

表 10-8　混合编程时的函数名转换

说　明	符　号　名	解　释
void func(void)	FUNC	无参数传递或不含寄存器参数的函数名不做改变转入目标文件中,名字只是简单地转为大写形式
void func(char)	_FUNC	含寄存器参数的函数名加入"_"字符前缀以示区别,它表明这类函数包含寄存器内的参数传递
void func(void)reentrant	_?FUNC	对于重入函数加上"_?"字符前缀以示区别,它表明这类函数包含栈内的参数传递

用寄存器进行参数传递时,传递参数与寄存器的对应关系如表 10-9 所示。

表 10-9　传递参数与寄存器的对应关系

参数类型	char	int	long,float	一般指针
第一个参数	R7	R6,R7	R4～R7	R1,R2,R3
第二个参数	R5	R4,R5	R4～R7	R1,R2,R3
第三个参数	R3	R2,R3	无	R1,R2,R3

在混合编程中,关键是入口参数和出口参数的传递,Keil C 编译器可使用寄存器传递参数,也可以使用固定存储器或使用堆栈传递参数,由于 51 单片机的堆栈深度有限,因此多用寄存器或存储器传递参数。用寄存器传递参数最多只能传递三个参数。当要传递的参数多于 3 个时,剩余的参数将在默认的存储器中传递。C 语言将不同类型的实参存入相应的寄存器或存储器中,在汇编函数中只需对相应的寄存器或存储器进行操作,即可达到接收参数的目的。

汇编语言程序通过寄存器传递返回值给 C 语言程序,返回值与寄存器的对应关系如表 10-10 所示。

表 10-10　返回值与寄存器的对应关系

返　回　值	寄　存　器	说　明
bit	C	进位标志
(unsigned)char	R7	—
(unsigned)int	R6,R7	高位在 R6,低位在 R7
(unsigned)long	R4～R7	高位在 R4,低位在 R7
float	R4～R7	32 位 IEEE 格式,指数和符号位在 R7
指针	R1,R2,R3	R3 放存储器类型;高位在 R2,低位 R1

例 10-10 分别以无参函数和有参函数调用的方式实现例 10-9 的程序功能。

（1）以无参函数调用的方式实现的工程结构如图 10-4 所示。

图 10-4 以无参函数调用的方式实现的工程结构

main.c 文件的源代码如下。

```c
#include <reg52.h>
#include <intrins.h>
#define uchar unsigned char
#define uint unsigned int
//延时函数声明,延时 200 ms (晶振频率为 11.059 2 MHz)
voidDelay200ms(void);
main()
{
    uint i=1;
    uchar num=0xfe;
    P0=0xff;
    Delay200ms();
    while(1)
    {
        for(i=0;i<8;i++)
        {
            P0=num;
            Delay200ms();
            num= _crol_(num,1);
        }
        P0=0x0;
        Delay200ms();
    }
}
```

delay.asm 文件的源代码如下。

```
PUBLIC DELAY200MS
DE SEGMENT CODE;   定义可再定位程序段,段名为 DE
RSEG DE
DELAY200MS:
     MOV  R3,#2
DEL1:
     MOV  R2,#200
DEL2:
     MOV  R1,#230
```

```
DEL3:
        DJNZ  R1,DEL3        ;第一层循环
        DJNZ  R2,DEL2        ;第二层循环
        DJNZ  R3,DEL1        ;第三层循环
        RET
        END
```

（2）以有参函数调用的方式实现的工程结构也如图 10-4 所示。

main.c 文件的源代码如下。

```
#include <reg52.h>
#include <intrins.h>
#define uchar unsigned char
#define uint unsigned int
//延时函数声明,延时 100 ms 的整数倍 (晶振频率为 11.059 2 MHz)
void Delay100ms(uchar x);
main()
{
    uint i=1;
    uchar num=0xfe;
    P0=0xff;
    Delay100ms(2);
    while(1)
    {
        for(i=0;i<8;i++)
        {
            P0=num;
            Delay100ms(2);
            num=_crol_(num,1);
        }
        P0=0x0;
        Delay100ms(2);
    }
}
```

delay.asm 文件的源代码如下。

```
PUBLIC_DELAY100MS
DE SEGMENT CODE
RSEG DE
_DELAY100MS:
        NOP
DEL1:
        MOV  R2,#200
DEL2:
        MOV  R1,#230
DEL3:
        DJNZ  R1,DEL3        ;第一层循环
```

```
        DJNZ  R2,DEL2        ;第二层循环
        DJNZ  R7,DEL1        ;第三层循环
        RET
        END
```

10.7.4　汇编语言程序和C语言程序相互调用变量

当汇编语言程序需要访问C语言程序中的变量时,用_XX 就可以访问C语言程序中的变量XX了。访问数组时,可以用"_XX＋偏移量"来访问,如"_XX＋3"访问了数组中的"XX[3]"。

如果C语言程序需要访问汇编语言程序中的变量,则汇编程序中的变量名必须以下划线为首字符,并用global 使之成为全局变量。

 ## *10.8*　集成开发环境 Keil μVision5

10.8.1　Keil μVision5 简介

单片机开发中,除了硬件外,同样需要软件的支持。使用C语言编程,然后用C编译器把写好的C语言程序编译为机器码,这样就得到单片机能执行的程序。Keil C51 软件是众多单片机应用开发中的优秀软件之一。Keil C51 是美国 Keil Software 公司出品的 51 系列兼容单片机C语言软件开发系统,与汇编语言相比,C语言在功能、结构性、可读性、可维护性方面有明显的优势,因而易学易用。Keil 提供了包括C编译器、宏汇编、链接器、库管理和一个功能强大的仿真调试器等在内的完整开发方案,通过一个集成开发环境(μVision)将这些部分组合在一起。运行 Keil 软件需要 WIN 98、NT、WIN 2000、WIN XP、WIN 7 等操作系统。如果你使用C语言编程,那么 Keil 几乎是你的最佳选择,即使不使用C语言而仅用汇编语言编程,其方便易用的集成环境、强大的软件仿真调试工具也会令你事半功倍。Keil C51 版本已从 Keil μVision2 更新到 Keil μVision5。对 Keil C51 的历史版本介绍如下。

1. Keil μVision2

Keil μVision2 是美国 Keil Software 公司出品的 51 系列兼容单片机C语言软件开发系统,使用接近于传统C语言的语法来开发,与汇编语言相比,C语言易学易用,而且大大地提高了工作效率和缩短了项目开发周期,而且它还能嵌入汇编,程序员可以在关键的位置嵌入,使程序达到接近于汇编的工作效率。Keil C51 标准C编译器为 8051 微控制器的软件开发提供了C语言环境,同时保留了汇编代码高效、快速的特点。C51 编译器的功能不断增强,使程序员可以更加贴近 CPU 本身,及其他的衍生产品。C51 编译器已被完全集成到 μVision2 的集成开发环境中,这个集成开发环境包含编译器、汇编器、实时操作系统、项目管理器、调试器。μVision2 IDE 可为它们提供单一而灵活的开发环境。

2. Keil μVision3

2006 年 1 月 30 日,ARM 公司推出全新的针对各种嵌入式处理器的软件开发工具,集成 Keil μVision3 的 RealView MDK 开发环境。RealView MDK 开发工具 Keil μVision3 源自 Keil Software 公司。RealView MDK 集成了业内领先的技术,包括 Keil μVision3 集成开发环境与 RealView 编译器,支持 ARM7、ARM9 和最新的 Cortex-M3 核处理器,自动配置

启动代码,集成 FLASH 烧写模块,强大的 Simulation 设备模拟、性能分析等功能,与 ARM 公司之前的工具包 ADS 等相比,RealView 编译器的最新版本可将性能改善超过 20%。

3. Keil μVision4

Keil μVision4 于 2009 年 2 月发布。Keil μVision4 引入灵活的窗口管理系统,使开发人员能够使用多台监视器,并提供了视觉上的表面对窗口位置的完全控制的所有地方。新的用户界面可以更好地利用屏幕空间和更有效地组织多个窗口,提供一个整洁、高效的环境来开发应用程序。Keil μVision4 支持更多最新的 ARM 芯片,还添加了一些其他新功能。

4. Keil μVision5

2013 年 10 月,Keil 公司正式发布了 Keil μVision5 IDE。

10.8.2 软件的启动和运行

双击 Keil μVision5 软件的快捷方式图标,运行该软件,如图 10-5 所示。几秒钟后,出现编辑界面,如图 10-6 所示。

图 10-5　启动 Keil μVision5 时的界面

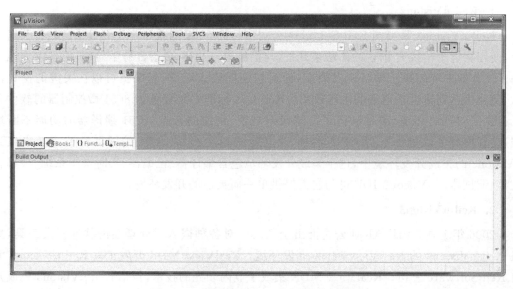

图 10-6　进入 Keil μVision5 后的编辑界面

10.8.3　软件的使用方法

下面通过简单的编程、调试，引导大家学习 Keil μVision5 软件的基本使用方法和基本调试技巧。

（1）建立一个新的工程，单击"Project"菜单，在弹出的下拉菜单中选中"New μVision Project…"选项，如图 10-7 所示。

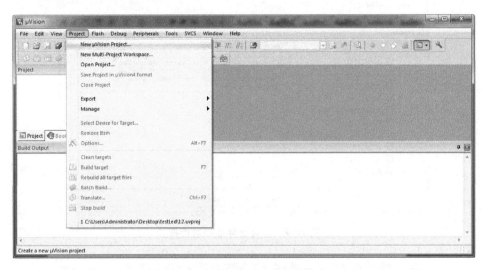

图 10-7　新建工程菜单

（2）选择要保存的路径，输入工程文件的名字，比如保存到桌面的"example"目录里，工程文件的名字为"c51"，如图 10-8 所示，然后单击"保存"按钮。

图 10-8　保存新建工程文件

（3）完成步骤（2），会弹出一个对话框，要求选择单片机的型号，这时可以根据使用的单片机选择。Keil μVision5 支持几乎所有的 51 内核的单片机，这里还是以大家普遍应用的

Atmel 公司的 AT89C52 来说明,如图 10-9 所示。选择 AT89C52 之后,右边栏是对这个单片机的基本说明,然后单击"OK"按钮,出现如图 10-10 所示的对话框。

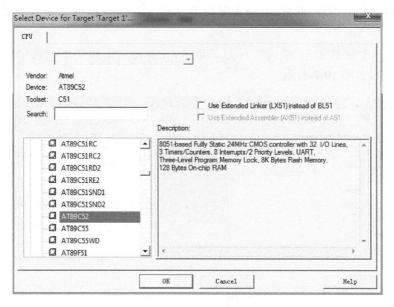

图 10-9　仿真器件选择对话框

图 10-10　仿真器件选择确定对话框

(4) 完成上一步骤后,出现工程编辑界面,如图 10-11 所示。

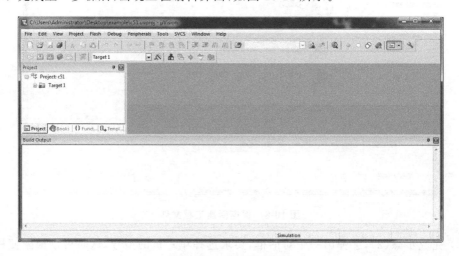

图 10-11　工程编辑界面

我们下面开始编写第一个程序。

（5）在图 10-12 中，单击"File"菜单，再在下拉菜单中单击"New…"选项，新建一个文件。

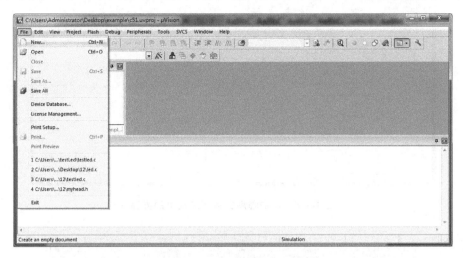

图 10-12　新建程序文件菜单

新建文件后，光标在编辑窗口里闪烁，表示可以键入用户的应用程序了，但建议先保存该文件，单击菜单上的"File"，在下拉菜单中选中"Save As…"，弹出如图 10-13 所示的窗口。在"文件名"栏右侧的编辑框中，键入欲使用的文件名，同时，必须键入正确的扩展名。注意，如果用 C 语言编写程序，则扩展名为". C"；如果用汇编语言编写程序，则扩展名必须为". asm"。输入后，单击"保存"按钮。

图 10-13　保存程序文件窗口

（6）在编辑界面，单击"Target 1"前面的"＋"号，然后在"Source Group 1"上单击右键，弹出如图 10-14 所示的菜单。

单击"Add Existing Files to Group 'Source Group 1'…"，出现选择添加文件对话框，如图 10-15 所示。选中"1. c"，然后单击"Add"按钮，弹出如图 10-16 所示的界面。注意到，"Source Group 1"文件夹中多了一个子选项"1.c"。子选项的多少与所增加的源程序的多少相同。

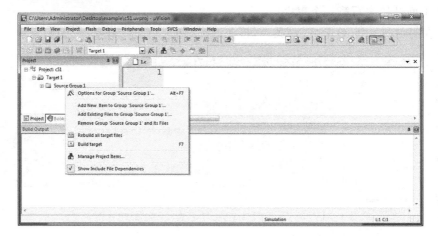

图 10-14　添加程序文件到工程中的界面

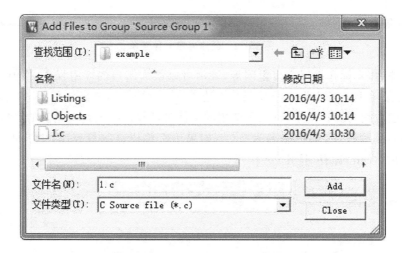

图 10-15　选择添加程序文件对话框

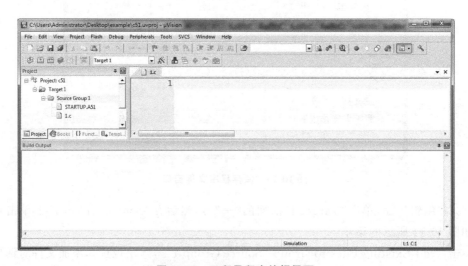

图 10-16　工程及程序编辑界面

（7）双击"1. c"，输入如下的 C 语言源程序。

```
#include <reg52.h>          //包含文件
#include <stdio.h>
void main(void)             //主函数
{
    SCON=0x52;
    TMOD=0x20;
    TH1=0xf3;
    TR1=1;
    printf("===starting===\n");
    while(1);
}
```

在输入上述程序时,读者已经看到了事先保存待编辑的文件的好处,即 Keil μVision5 会自动识别关键字,并以不同的颜色提示用户加以注意,这样会使用户少犯错误,有利于提高编程效率。

C 语言程序编辑界面如图 10-17 所示。

图 10-17　C 语言程序编辑界面

(8) 在图 10-17 中,单击“Project”菜单,再在下拉菜单中单击“Build Target”选项(或者使用快捷键 F7),编译成功后,再单击“Debug”菜单,在下拉菜单中单击“Start/Stop Debug Session”(或者使用快捷键 Ctrl+F5),出现如图 10-18 所示的 C 语言程序运行界面。

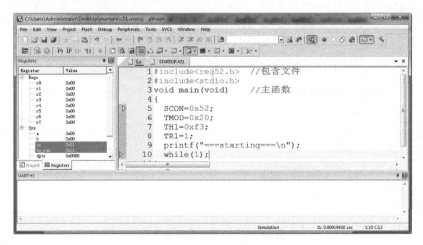

图 10-18　C 语言程序运行界面

（9）调试程序。在图 10-18 中，单击"Debug"菜单，在下拉菜单中单击"Run"选项（或者使用快捷键 F5）；单击"Debug"菜单，在下拉菜单中单击"Stop"选项；单击"View"菜单，在下拉菜单中单击"Serial Windows"中的"UART ♯1"选项，就可以看到程序运行后的结果。其结果如图 10-19 所示。

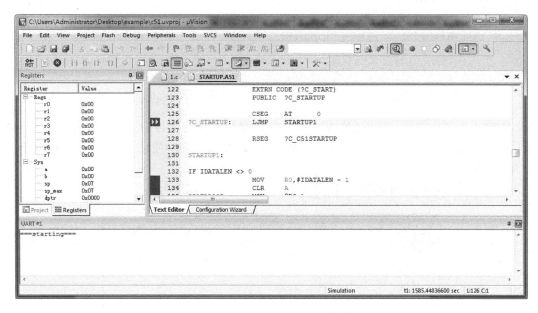

图 10-19　C 语言程序运行结果界面

至此，我们在 Keil μVision5 上完成了一个完整工程的全过程，但这只是软件开发的过程，那么，如何将所编的程序下载到器件中运行呢？

（10）单击"Project"菜单，在下拉菜单中单击"Options for Target 'Target 1'…"，如图 10-20 所示，随后弹出如图 10-21 所示的界面，单击"Output"选项卡，弹出如图 10-22 所示的界面。在图 10-22 中，选择"Create HEX File"选项，使程序编译后产生 HEX 代码，供下载器软件使用。

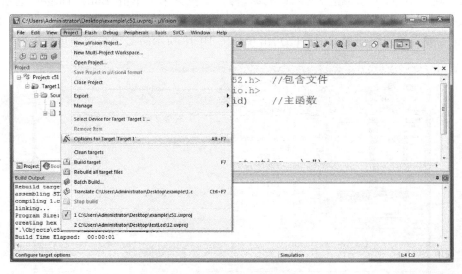

图 10-20　工程配置菜单界面

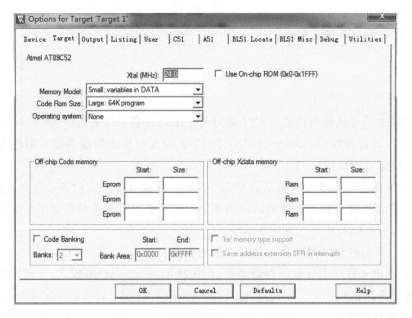

图 10-21　单片机硬件工程配置菜单

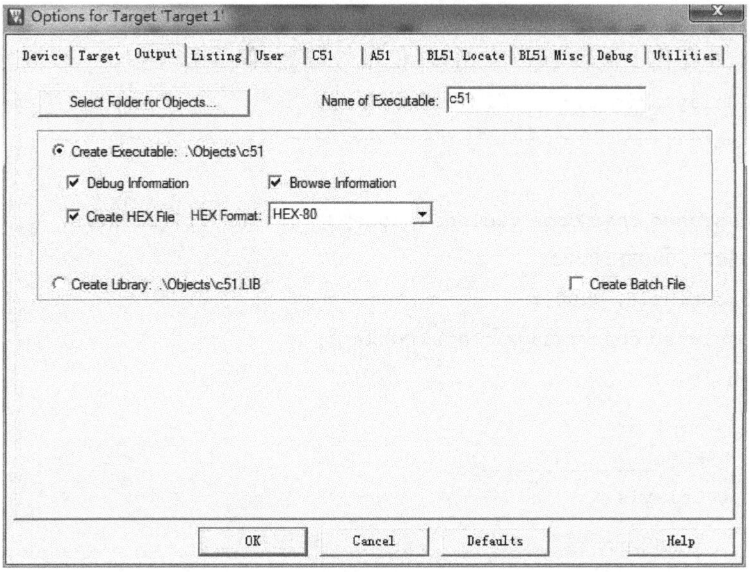

图 10-22　工程输出文件配置菜单

本 章 小 结

　　本章介绍了 51 单片机的 C51 语言基础,这是 51 单片机应用系统开发的基础,并通过一些程序举例来介绍 C51 语言的程序设计思想。最后,通过实例对 C51 语言程序的集成开发环境 Keil μVision5 进行了介绍。读者应该熟练掌握以下几个方面的内容。

　　(1) 位变量的使用方法。

　　(2) 3 个最基本的 C51 语言程序结构使用方法:顺序结构、选择结构和循环结构。

（3）函数的使用方法。

（4）全局变量和局部变量的区别。

习　　题

1. MCS-51 单片机的编程语言 C51 语言与汇编语言各有什么优缺点？

2. 在 C51 语言程序中，unsigned char 和 char 各表示什么数据类型？取值范围各是多少？为什么要尽可能使用它们？

3. 在 C51 语言中有哪几种数据类型是 ANSI C 所没有的？它们各有什么用途？

4. C51 语言为什么要定义变量的存储类型？C51 语言有哪几种存储类型？哪一种存储类型的变量所占空间最小且处理速度最快？

5. C51 语言的存储模式有哪三种？它们的含义是什么？

6. 如果不定义程序中变量的存储类型，而选择了 small 存储器模式，这时程序中使用变量的存储类型是什么？

7. 完成下面程序。

在单片机的 P1 口连接有 8 个发光二极管，改变 P1 口的状态即可控制发光管是发光还是不发光（'0' 表示发光，'1' 表示不发光）。编程实现 8 个发光管实现以下规律变化。总共 9 种状态，每隔 1 秒变化 1 次，9 次 1 个循环：仅 1 号灯亮，仅 2 号灯亮，…，仅 8 号灯亮，全亮。

```
void Delay1s(void);      //1秒延时函数
void main()
{
    unsigned char code vucCodeDpcode[9]={0x0FE,0x0FD,0x0FB,
    0x0F7,0x0EF,0x0DF,
    0x0BF,0x7F, 0x00};
    unsigned char data vucDataIndex=0;
    while(1)
    {
        P1=_____(1)_____;
        Delay1s();
        vucDataIndex++;
        _____(2)_____;
    }
}
```

第⑪章 微控制器的应用系统设计方法

内容概要

本章主要介绍有关单片机应用系统的设计与开发。内容包括：单片机应用系统设计的步骤，单片机应用系统的可靠性，单片机应用系统应用与开发实例。通过对本章的学习，读者应了解单片机应用系统设计与开发的思路、技术和方法。

11.1 单片机应用系统设计的步骤

随着用途不同，单片机应用系统的硬件和软件结构差别较大，但系统设计的方法和步骤是基本相同的。单片机应用系统设计过程包括总体设计、硬件设计、软件设计和软硬件联合调试等几个阶段。

11.1.1 总体设计

1. 确定任务

在设计单片机应用系统前，首先要明确要完成的任务，要以项目委托方的目标要求和市场需求为前提，进行广泛的市场调研，弄清项目的技术要求，研究项目的可行性。

2. 总体规划

查阅资料，尽可能地了解与设计系统相关的信息并收集资料，如系统目前在市场中是否有类似产品，及国内外此类产品的状况等。

搞清设计中信号的种类、数量、范围，输出信号的匹配和转换，要求的控制算法，明确各项技术指标，有必要时对产品的应用环境进行勘察，以避免应用现场的条件限制造成系统不能正常工作。

在此基础上进行应用系统的总体设计，包括系统的组成、硬件与软件的功能划分、单片机选型、芯片的大致选择、软件编程的思路、可靠性措施等。总体设计的成果是完成应用系统的总体报告，完成后还需进行科学的方案论证。总体设计的好坏直接影响系统的功能。

11.1.2 硬件设计

设计并画出硬件电路设计图，建议先进行硬件电路的 Proteus 仿真，无误后再制作硬件电路板。硬件设计包括单片机电路设计、扩展电路设计、输入/输出通道设计、控制面板设计等。

1. 单片机电路设计

单片机电路设计主要包括时钟电路、复位电路、供电系统的设计。

2. 扩展电路设计、输入/输出通道设计

扩展电路设计、输入/输出通道设计主要包括：存储器（ROM、RAM）的扩充；并行口的

扩展;若是模拟量检测,则需要设计传感器检测、放大、滤波电路,A/D 与 D/A 转换电路,驱动与执行器电路等。

3. 控制面板设计

控制面板包括人机交互需要的按键、显示、报警等电路。

硬件电路制作好后,要进行系统的硬件检测,确定电路是否正确、是否能达到功能的要求。

11.1.3 软件设计

软件设计包括数据采集和数据处理、控制算法、人机交互等程序的编写和调试。软件设计对应用系统功能的影响很大。

软件通常采用模块化设计和自顶向下的设计方法。可将任务按功能分成模块,分工编写,最后进行汇总和统调。

11.1.4 软硬件联合调试

进行系统的软硬件联合调试,出现问题需改进完善。在实验室调试过的系统到现场应用时仍可能出现问题,需要在现场进一步修改和调试。

单片机应用系统设计的步骤如图 11-1 所示。

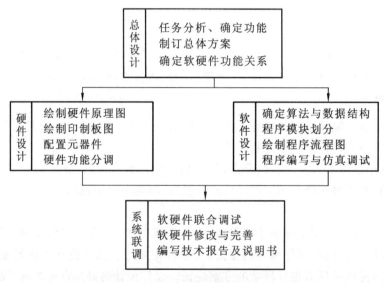

图 11-1　单片机应用系统设计过程图

 11.2 **单片机应用系统的可靠性**

可靠性对单片机应用系统来说至关重要。单片机应用系统的可靠性受以下因素影响:一是运行环境,环境温度和湿度变化大,有粉尘、振动、腐蚀和电气干扰,会影响到系统的正常工作,影响控制精度。二是单片机应用系统通常要求长期连续工作,不能随意关机、复位或重新启动。单片机应用系统应能抑制干扰的影响。当数据被破坏时,系统应能及时发现并纠正。当出现异常情况时,系统应能及时给出报警信息。抗干扰技术是提高可靠性的一项关键技术,一个没有采取抗干扰措施的系统是根本不能投入实际使用的。

11.2.1　可靠性的概念

1. 可靠性定义

应用系统的可靠性(reliability)通常是指该系统在一定条件下,在规定时间完成预定功能的能力。

一定条件:是指环境条件(如温度、湿度、粉尘、气体、振动和电磁干扰等)、工作条件(如电源电压、频率允许波动的范围、负载阻抗、允许连接的用户终端数等)、操作和维护条件(如开机关机过程、正常操作步骤、维修时间和次数等)。

规定的时间:常以数学形式表示可靠性的基本参量,如可靠度、失效率、平均故障间隔时间(MTBF,mean time between failures)、平均维护时间(MTTR,mean time to repair)等。

预定的功能:是指系统能完成任务的各项性能指标。

影响系统完成预定功能的因素有多种,如温度、湿度、振动、电磁干扰、误操作及元器件的失效、元器件的老化、元器件的设计缺陷等。

2. 故障的分类

故障按其发生时期通常分为早期故障、耗损故障和偶发故障。

(1)早期故障是由元器件质量差,软件、硬件设计欠完善等原因造成的,可通过系统试运行,更换质量不好的元器件、修改硬件电路、改正软件错误来排除。

(2)耗损故障的发生是由元器件使用寿命已到所致。如果已知元器件使用寿命的统计分布规律,预先更换元器件,就可防止耗损故障的发生。定期检查或更换关键元件和部件,也可防止耗损故障的发生。

(3)偶发故障是随机的,通常发生于早期故障和耗损故障之间,在故障发生后,需进行应急维修。

由于偶发故障的发生难以预见又不可避免,为减少由于故障发生所造成的损失,使系统尽快恢复正常工作,就需要采取故障恢复技术;要使系统仍然继续运行,需要采取特殊措施。

11.2.2　提高单片机应用系统可靠性的方法

1. 抑制电源的干扰

电源干扰的来源主要有:切换感性负载产生的瞬变噪声干扰、电力线从空间引入的场型干扰、由启动大功率设备引起的瞬时电压下降的干扰、由晶闸管等引起电源波形畸变而产生的高次谐波干扰等。

电源干扰的抑制方法主要有:(1)使用电源滤波器;(2)使用交流净化电源;(3)采用电源去耦电路;(4)采用电源变压器屏蔽措施;(5)使用在线式 UPS 不间断电源等。

2. 地线干扰及其抑制

1) 采用一点接地和多点接地

对低频电路,采用一点接地,寄生电感影响小,一点接地可以减少地线造成的地环路。若是高频电路,由于寄生电感及分布电容将造成各接地线间的耦合,影响突出,应采用多点接地。

2) 印刷电路板的地线分布原则

逻辑器件接地线呈辐射网状,避免环形,地线尽量加宽,最好不小于 3 mm,旁路电容地线不要太长,功率地应较宽,必须与小信号地分开。

3）信号电缆

采用双绞线,有抑制电磁干扰的作用。重要的地方用屏蔽线,有抑制静电感应干扰的作用。屏蔽层最佳的接地点在信号源侧(一点接地)。

3. 其他提高系统可靠性的方法

1）使用监控电路

监控电路应实现上电复位,监控电压变化,具有看门狗功能、备份电池切换开关等。

2）软件抗干扰措施

软件抗干扰措施包括输入/输出的抗干扰措施、开关量的软件延时避免抖动误读、数字滤波等。

3）避免单片机应用系统"死机"的方法

可采用软件 watchdog 和软件陷阱技术,当 CPU 出现死机时,使其复位或通过程序调整。

 # 11.3 单片机应用系统应用与开发实例

这里以一个化工合成装置的单片机温度检测控制系统为例,来介绍单片机应用系统的设计方法及在过程自动控制系统中的应用。

11.3.1 系统功能要求

（1）对化工合成装置的温度进行检测,并按工艺要求,控制最高加热温度。

（2）在升温阶段,控制化工合成装置的温度以每小时 15 ℃的速度上升。

（3）加入触媒以后的温度采用恒值控制:前期为 370 ℃,中期为 380 ℃,后期为 390 ℃,精度为±3 ℃。

（4）最高温度连续 3 次达到 400 ℃时发出报警信号。

（5）显示检测温度值。

（6）每半小时打印 1 次最高温度值及检测时间。

（7）留有扩充余地,以实现多回路控制。

根据上述功能要求,选用 MCS-51 系列单片机作为主控机,采用带有死区的控制法,当温度在给定的死区范围内时,不予调节;超出给定的死亡范围时,由计算机按照运算结果,驱动步进电机,调节加热装置,以控制化工合成装置的温度。

11.3.2 系统硬件设计

本系统的硬件电路由温度检测电路、信号放大电路、A/D 转换电路、控制温度设置电路、功率放大及执行电路、显示及报警电路等组成。图 11-2 所示为系统硬件方框图。

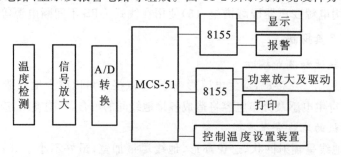

图 11-2 单片机温度检测控制系统硬件方框图

1. 温度检测电路

采用铂电阻作为测温元件。这类材料具有性能稳定、抗氧化能力强和测量精度高等特点。图 11-3 中,由测温元件 R_t 和电阻元件组成的桥式电路,将由于温度变化所引起的铂电阻的阻值变化转换成电压信号送入放大器。铂电阻安装在测量现场,通过长线接入控制台,为了减小引线电阻的影响,采用三线式接线法。显然,外界温度变化对连接导线电阻 R 的影响在桥路中相互抵消了。

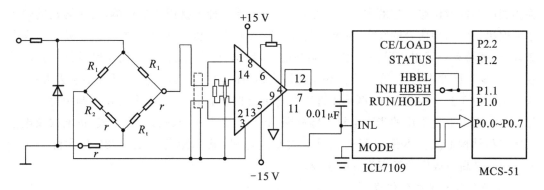

图 11-3　信号检测放大及 A/D 转换电路

2. 信号放大电路

信号放大电路由单芯片集成精密放大器 AD522 组成。

图 11-4 所示为 AD522 引脚图。IN＋和 IN－为信号差动输入端;2、14 脚之间外接电阻 R_G,用于调整放大倍数,4、6 脚为调零端;13 脚为数据屏蔽端;12 脚为测量端,11 脚为参考端,这两端间的电位差即为加到负载上的信号电压。使用时,测量端与输出端(7脚)在外部相连接,输出放大后的信号。在图 11-3 中,将信号地与放大器的电源地(9 脚)相连接,为放大器的偏置电流提供通路。

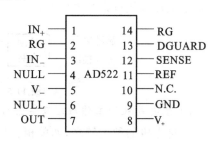

图 11-4　AD522 引脚图

AD522 的非线性度仅为 0.005%,在 $0.1 \sim 100$ Hz 的频带范围内,噪声的峰值为 $1.5~\mu V$,共模拟制比 CMRR＞100 dB。信号输入线的屏蔽接到放大器的数据屏蔽端,有效地减少了外电场对输入信号的干扰。

3. A/D 转换电路

采用 ICL7109 组成 A/D 转换电路,ICL7109 芯片是 Intel 公司的产品。ICL7109 转换速率为 7.55 次/s(时钟频率为 3.58 MHz),转换后以 12 位二进制代码输出。ICL7109 采用双积分式工作原理,转换速率不高,但可满足本系统对采样速率的要求。ICL7109 具有较强的抗噪声干扰能力,对保证系统的检测与控制精度是非常有利的。

4. 控制温度设置电路

采用 MCS-51 单片机的 P1 口的 P1.7～P1.4 设置 4 个开关 K4～K1,K4～K1 分别表示降温控制开关。当 K1 合上时,表示设置控制温度为 370 ℃(触媒使用的前期温度);K2 合上时,表示设置控制温度为 380 ℃(触媒使用的中期温度);K3 合上时,表示设置控制温度为

390 ℃（触媒使用的后期温度）；K4合上时，表示停止加热，系统进入降温过程。通过软件检测P1.7～P1.4的状态，发现某开关合上，则设置对应的控制温度，并转入相应的工作过程。（电路图略。）

4．功率放大及执行电路

1）执行元件

该检测控制系统采用步进电机作为执行元件，其作用是将计算机送出的电脉冲信号转换为相应的机械位移。它的主要特点是：步距值不受各种干扰因素的影响，转子运动的速度主要取决于电脉冲信号的频率，而转子的总位移量取决于总脉冲的个数；步进误差不长期积累，转子每转动一圈累积误差为零；控制性能好，启动、停车、反转及其他任何运行方式的改变，都在少数脉冲内完成；在一定的频率范围内运行时，在任何运行方式下都不会丢失一步。步进电机由于具有快速启停、精确步进以及直接接收数字量等特点，在工业控制中得到了广泛应用。在工业上常用的步进电机有螺旋圈棘轮式、反应式、永磁式、混合式、机电式及电液式等多种结构形式。本例采用三相反应式步进电机，其步距角为 1.5°/3°；最大静力矩为 5 N·m；最高空载启动频率为 550 步/秒。

2）执行控制系统的组成

步进电机的控制系统主要由步进电机控制器、功率放大器及步进电机组成。步进控制器包括环形脉冲分配器、控制逻辑及正反转控制门组成。其作用是，把输入脉冲信号按一定顺序进行分配，再通过功率放大送入步进电机绕组，以驱动步进电机转动。图 11-5 所示为步进电机控制执行系统方框图。

图 11-5　步进电机控制系统方框图

3）步进电机的工作原理及分配方式

步进电机的种类较多，如单相、双相、三相、四相、五相及六相等。在此以三相步进电机为例来介绍它的工作原理及工作方法。

三相步进电机有 A、B、C 三个绕组，按一定规律循环给三个绕组供电，就能使它按要求的规律转动。其工作原理如图 11-6 所示。

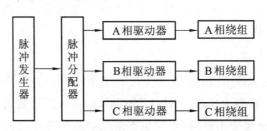

图 11-6　三相步进电机工作原理框图

脉冲发生器按要求产生一定频率的脉冲信号，通过脉冲分配器产生一定规律的电脉冲输出给驱动器，以驱动步进电机运转。此部分可由计算机或单片机作为主控机，而脉冲分配器可以使用可编程 I/O 接口。

步进电机脉冲分配方式及通电顺序如表 11-1 所示。

表 11-1 步进电机脉冲分配方式及通电顺序

分 配 方 式	通 电 顺 序
三相单三拍	A → B → C
三相双三拍	AB → BC → CA
三相六拍	A → AB → B → BC → C → CA

脉冲分配器每给出一组脉冲,步进电机走一步,转一个角度。计算机技术为步进电机的控制开辟了新的途径。可以通过程序随时改变脉冲分配方式和脉冲输出频率,灵活、方便地控制步进电机的转速和旋转方式。

本例中步进电机的控制由单片机和 8155 并行接口完成,8155 的 A 口 PA0～PA2 分别作步进电机的三相控制端口,其驱动电路如图 11-7 所示。步进电机驱动电路部分采用光电耦合,将单片机系统与步进电机驱动电路隔离,以增强系统抗干扰能力,并能防止三极管损坏时电机驱动电路的高压对单片机的安全造成威胁。三极管 T 可根据步进电机的电流选用合适的大功率管,以完成功率放大及电机驱动任务;二极管 D 为保护元件,为停电的电机绕组提供低阻抗续流回路,把集电极电位钳制在电源电压,防止过高的反向电压击穿三极管。

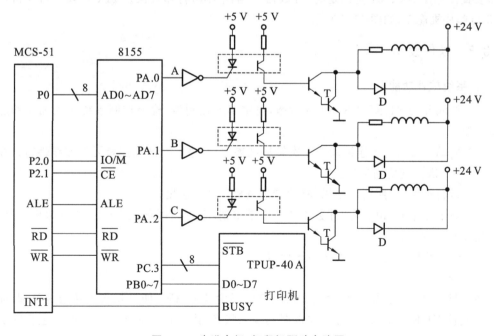

图 11-7 步进电机、打印机驱动电路图

4)步进电机脉冲分配方式及控制字

通过程序可设置各分配方式时的控制字,以控制步进电机的运转。各分配方式的控制字如表 11-2 所示。

表 11-2　步进电机分配方式与控制字

脉冲分配方式	转向		脉冲分配顺序			控制字	通电绕组
	正	反	C	A	B		
三相单三拍	↓	↑	0	0	1	01H	A
			0	1	0	02H	B
			1	0	0	04H	C
三相双三拍	↓	↑	0	1	1	03H	AB
			1	1	0	06H	BC
			1	0	1	05H	CA
三相六拍	↓	↑	0	0	1	01H	A
			0	1	1	03H	AB
			0	1	0	02H	B
			1	1	0	06H	BC
			1	0	0	04H	C
			1	0	1	05H	CA

5）打印机与单片机的接口

为了及时记录工业合成装置的温度和检测时间,选用微型打印机 TPUP-40A 作为记录打印装置。选用 MCS-51 内部定时/计数器,每隔半小时打印一次。TPUP-40A 打印机通过 8155 与单片机连接,如图 11-7 所示。

11.3.3　软件设计

1. 系统软件功能

（1）检测开关 K1、K2、K3、K4 的状态,设定温度控制值,检测控制系统转入相应的加热或降温阶段。

（2）启动 A/D 转换,连续读取 5 次转换结果之后,进行滤波及测量元件非线性特性校正处理,作为一次温度检测信号。

（3）进行运算,按照运算结果,驱动步进电机以调节温度。

（4）每隔半小时,由定时/计数器产生中断申请,在中断服务程序中启动打印机,打印记录温度及检测时间。

（5）若发现温度超限,可发出报警信号。

2）主程序

主程序的功能:完成系统初始化操作;判断温度是否超限,如果超限则转报警处理,如果未超限则读 K1、K2、K3、K4 状态,并根据其输入状态,执行相应的功能子程序。主程序流程如图 11-8 所示。

3. 主要的子程序

1）A/D 转换子程序

该子程序由单片机的 P2.2 启动 A/D 转换器,根据 ICL7109 的状态判断转换是否完成,若 A/D 转换完成,则将芯片置为保持状态,$\overline{\text{HOLD}}$信号有效。然后,分 2 次由 P0 口读转换后的 12 位数据并存入单片机内部 R0 指示的 RAM 单元中。连续采集 5 次数据,再经中值滤波及线性化程序段处理,得出 1 次温度检测值。图 11-9 所示为 A/D 转换子程序流程图。该程序检测一个温度点,未涉及对其他检测点和参量的巡回检测问题。

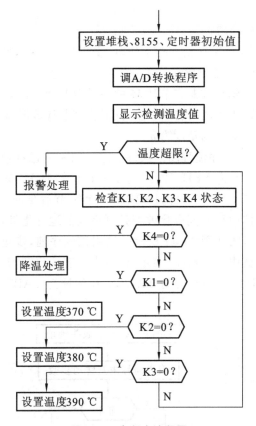

图 11-8　主程序流程图

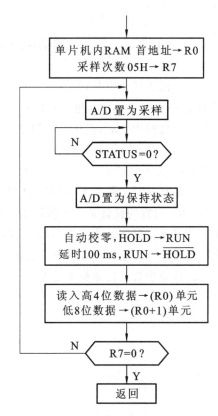

图 11-9　A/D 转换子程序流程图

2) 步进电机驱动程序

本系统用三相反应式步进电机,采用三相六拍工作方式,各绕组供电的步进信号由 8155 口控制,控制字表如表 11-3 所示。

表 11-3　控制字表

TAB0	DB	00H
TAB1	DB	01H
TAB2	DB	03H
TAB3	DB	02H
TAB4	DB	06H
TAB5	DB	04H
TAB6	DB	05H
TAB7	DB	00H

根据步进电机的转向与工作时绕组通电顺序变化规律,可以在 8155 的 RAM 中设置步

进电机的控制字表,表头地址为 TAB0,表尾地址为 TAB7。显然,驱动信号从 TAB0 开始控制通电顺序,则电机正转;若从 TAB7 开始控制通电顺序,则电机反转。

步进电机的转速由脉冲信号的周期决定,而脉冲信号的周期由 CPU 通过延时程序或定时/计数器确定。本系统的三相绕组由 8155 的 PA 口控制,程序中的延时时间 T 为 100 ms,则电机的转速为

$$n = 60/(N \times T)$$

式中,N 为电机转动一周应输出的控制字节数,采用三相六拍工作时,步距角为 1.5°,则有 $N = 360° / 1.5° = 240$,即转一周要输出 240 个字节控制字。

步进电机旋转角度的控制:设旋转角度 α 与输出控制字节数 M 的关系为 $M = \alpha/1.5°$,只要把 M 保存在字节计数器里,每输出一个字节,步进电机转动一步,同时将字节计数器减 1,则当字节计数器为 0 时,步进电机转动了 M 步,对应的角度为 α。

图 11-10 所示为驱动步进电机转动一步的子程序流程图。入口条件 DPTR 中已存放步进电机的控制字表的入口地址,设正转时 R5 置为 FFH,R6 置为 FAH,反转时 R5 置为 00H,R6 置为 06H。调用本程序前已对进行了 8155 初始化,每输出一个字节后延时 100 ms。R5、R6 内容的设置是为了保证步进电机按两种不同顺序改变控制字表的地址指针,以完成正转或反转操作。步进电机驱动程序流程图如图 11-11 所示。调用该程序前,步进电机的转动步数和方向标志存放在 R4、R3 寄存器中,符号为 1 表示反转,为 0 表示反转,其绝对值代表转动步数。控制模型已在 RAM 中建表,表首地址为 TAB0,表尾地址为 TAB7。

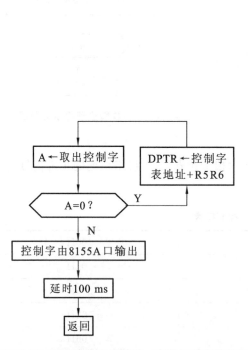

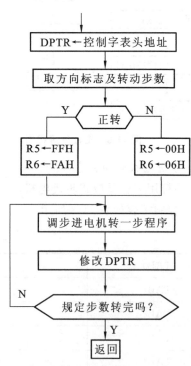

图 11-10 驱动步进电机转动一步的子程序流程图   11-11 步进电机驱动程序流程图

11.3.4 报警子程序

当工业合成装置的最高温度高于 400 ℃时,影响触媒的使用和产品质量。因此,当检测到温度超限时,应报警处理,该子程序是当连续采样三次温度超限后进行报警,这样是为了

减少误报。

11.3.5　打印机启动和定时时钟的产生

系统要求每隔半小时打印一次工业合成装置的温度和检测时间,为了实现打印机的定时启动,可利用单片机的 T0 加软件计数来定时半小时,半小时到通过 8155 启动打印机打印。

由于篇幅限制,各程序的清单略,读者可以通过前面几章各功能部件编程及应用方法自行设计程序。

$$\boxed{\text{本 章 小 结}}$$

本章主要介绍有关单片机应用系统的设计与开发。内容包括:单片机应用系统设计的步骤,单片机应用系统的可靠性,提高单片机应用系统可靠性的方法,单片机应用系统应用与开发实例。

习　题

1. 简述单片机应用系统设计的步骤。
2. 什么是单片机应用系统的可靠性?
3. 提高单片机应用系统可靠性的方法有哪些?

附　　录

 附录 A　MCS-51 系列单片机指令系统表

1. 数据传送类指令

附表 A-1　数据传送类指令

助　记　符	十六进制代码	功　　能	对标志位影响				字节数	晶振周期数
			P	OV	AC	CY		
MOV　A,Rn	E8~EF	A←(Rn)	√	×	×	×	1	12
MOV　A,direct	E5	A←(direct)	√	×	×	×	2	12
MOV　A,@Ri	E6,E7	A←((Ri))	√	×	×	×	1	12
MOV　A,♯data	74	A←data	√	×	×	×	2	12
MOV　Rn,A	F8~FF	Rn←(A)	×	×	×	×	1	12
MOV　Rn,direct	A8~AF	Rn←(direct)	×	×	×	×	2	24
MOV　Rn,♯data	78~7F	Rn←data	×	×	×	×	2	12
MOV　direct,A	F5	(direct)←(A)	×	×	×	×	2	12
MOV　direct,Rn	88~8F	(direct)←(Rn)	×	×	×	×	2	24
MOV　direct1,direct2	85	(direct1)←(direct2)	×	×	×	×	3	24
MOV　direct,@Ri	86,87	(direct)←((Ri))	×	×	×	×	2	24
MOV　direct,♯data	75	(direct)←data	×	×	×	×	3	24
MOV　@Ri,A	F6,F7	Ri←(A)	×	×	×	×	1	12
MOV　@Ri,direct	A6,A7	Ri←(direct)	×	×	×	×	2	24
MOV　@Ri,♯data	76,77	Ri←data	×	×	×	×	2	12
MOV DPTR,♯data	90	DPTR←data	×	×	×	×	3	24
MOV　C,bit	A2	(CY)←(bit)	×	×	×	√	2	12
MOV　bit,C	92	(bit)←(CY)	×	×	×	×	2	24
MOVC　A,@A+DPTR	93	A←(A)+(DPTR)	√	×	×	×	1	24
MOVC　A,@A+PC	83	A←(A)+(PC)	√	×	×	×	1	24
MOVX　A,@Ri	E2,E3	A←((Ri))	√	×	×	×	1	24
MOVX　A,@DPTR	E0	A←((DPTR))	√	×	×	×	1	24
MOVX　@Ri,A	F2,F3	(Ri)←(A)	×	×	×	×	1	24
MOVX　@DPTR,A	F0	DPTR←(A)	×	×	×	×	1	24
PUSH direct	C0	SP←(SP)+1 SP←(direct)	×	×	×	×	2	24

助 记 符	十六进制代码	功 能	对标志位影响				字节数	晶振周期数
			P	OV	AC	CY		
POP direct	D0	(direct)←((SP)) SP←(SP)−1	×	×	×	×	2	24
XCH A,Rn	C8~CF	(A) ←→ (Rn)	√	×	×	×	1	12
XCH A,direct	C5	(A)←→(direct)	√	×	×	×	2	12
XCH A,@Ri	C6,C7	(A)←→((Ri))	√	×	×	×	1	12
XCHD A,@Ri	D6,D7	(A)$_{3\sim0}$←→((Ri))$_{3\sim0}$	√	×	×	×	1	12

注:√表示影响,×表示不影响。

2. 算术运算类指令

附表 A-2　算术运算类指令

助 记 符	十六进制代码	功 能	对标志位影响				字节数	晶振周期数
			P	OV	AC	CY		
ADD A,Rn	28~2F	A←(A)+(Rn)	√	√	√	√	1	12
ADD A,direct	25	A←(A)+(direct)	√	√	√	√	2	12
ADD A,@Ri	26,27	A←(A)+((Ri))	√	√	√	√	1	12
ADD A,#data	24	A←(A)+data	√	√	√	√	2	12
ADDC A,Rn	38~3F	A←(A)+(Rn)+(CY)	√	√	√	√	1	12
ADDC A,direct	35	A←(A)+(direct)+(CY)	√	√	√	√	2	12
ADDC A,@Ri	36~37	A←(A)+((Ri))+(CY)	√	√	√	√	1	12
ADDC A,#data	34	A←(A)+data+(CY)	√	√	√	√	2	12
SUBB A,Rn	98~9F	A←(A)−(Rn)−(CY)	√	√	√	√	1	12
SUBB A,direct	95	A←(A)−(direct)−(CY)	√	√	√	√	2	12
SUBB A,@Ri	96,97	A←(A)−((Ri))−(CY)	√	√	√	√	1	12
SUBB A,#data	94	A←(A)−data−(CY)	√	√	√	√	2	12
INC A	04	A←(A)+1	√	×	×	×	1	12
INC Rn	08~0F	Rn←(Rn)+1	×	×	×	×	1	12
INC direct	05	(direct)←(direct)+1	×	×	×	×	2	12
INC @Ri	06,07	(Ri)←((Ri))+1	×	×	×	×	1	12
INC DPTR	A3	DPTR←(DPTR)+1	×	×	×	×	1	24
DEC A	14	A←(A)−1	√	×	×	×	1	12
DEC Rn	18~1F	Rn←(Rn)−1	×	×	×	×	1	12
DEC direct	15	(direct)←(direct)−1	×	×	×	×	2	12
DEC @Ri	16,17	(Ri)←((Ri))−1	×	×	×	×	1	12
MUL AB	A4	(A)(B)←(A)×(B)	√	√	×	√	1	48
DIV AB	84	(A)(B)←(A)÷(B)	√	√	×	√	1	48
DA A	D4	对(A)进行十进制调整	√	√	√	√	1	12

3. 逻辑运算类指令

附表 A-3　逻辑运算类指令

助记符	十六进制代码	功　能	对标志位影响				字节数	晶振周期数
			P	OV	AC	CY		
ANL　A,Rn	58～5F	A←(A)∧(Rn)	√	×	×	×	1	12
ANL　A,direct	55	A←(A)∧(direct)	√	×	×	×	2	12
ANL　A,@Ri	56,57	A←(A)∧((Ri))	√	×	×	×	1	12
ANL　A,#data	54	A←(A)∧data	√	×	×	×	2	12
ANL　direct,A	52	(direct)←(direct)∧(A)	×	×	×	×	2	12
ANL　direct,#data	53	(direct)←(direct)∧data	×	×	×	×	3	24
ORL　A,Rn	48～4F	A←(A)∨(Rn)	√	×	×	×	1	12
ORL　A,direct	45	A←(A)∨(direct)	√	×	×	×	2	12
ORL　A,@Ri	46～47	A←(A)∨((Ri))	√	×	×	×	1	12
ORL　A,#data	44	A←(A)∨data	√	×	×	×	2	12
ORL　direct,A	42	(direct)←(direct)∨(A)	×	×	×	×	2	12
ORL　direct,#data	43	(direct)←(direct)∨data	×	×	×	×	3	24
XRL　A,Rn	68～6F	A←(A)⊕(Rn)	√	×	×	×	1	12
XRL　A,direct	65	A←(A)⊕(direct)	√	×	×	×	2	12
XRL　A,@Ri	66,67	A←(A)⊕((Ri))	√	×	×	×	1	12
XRL　A,#data	64	A←(A)⊕data	√	×	×	×	2	12
XRL　direct,A	62	(direct)←(direct)⊕(A)	×	×	×	×	2	12
XRL　direct,#data	63	(direct)←(direct)⊕data	×	×	×	×	3	24
CLR　A	E4	A←0	√	×	×	×	1	12
CPL　A	F4	A←($\overline{A}$)	×	×	×	×	1	12
RL　A	23	(A)循环左移一位	×	×	×	×	1	12
RLC　A	33	(A),(CY)循环左移一位	√	×	×	√	1	12
RR　A	03	(A)循环右移一位	×	×	×	×	1	12
RRC　A	13	(A),(CY)循环右移一位	√	×	×	√	1	12
SWAP　A	C4	(A)半字节交换	×	×	×	×	1	12
CLR　C	C3	(CY)←0	×	×	×	√	1	12
CLR　bit	C2	(bit)←0	×	×	×	×	2	12
SETB　C	D3	(CY)←1	×	×	×	√	1	12
SETB　bit	D2	(bit)←1	×	×	×	×	2	12
CPL　C	B3	(CY)←($\overline{CY}$)	×	×	×	√	1	12
CPL　bit	B2	(bit)←($\overline{bit}$)	×	×	×	×	2	12
ANL　C,bit	82	(CY)←(CY)∧(bit)	×	×	×	√	2	24
ANL　C,/bit	B0	(CY)←(CY)∧($\overline{bit}$)	×	×	×	√	2	24
ORL　C,bit	72	(CY)←(CY)∨(bit)	×	×	×	√	2	24
ORL　C,/bit	A0	(CY)←(CY)∨($\overline{bit}$)	×	×	×	√	2	24

4. 控制转移类指令

附表 A-4　控制转移类指令

助　记　符	十六进制代码	功　　能	P	OV	AC	CY	字节数	晶振周期数
AJMP　addr11	Y1[①]	PC←(PC)+2 (PC)10~0←addr11	×	×	×	×	2	24
LJMP　addr16	02	PC←addr16	×	×	×	×	3	24
SJMP　rel	80	PC←(PC)+2 PC←(PC)+rel	×	×	×	×	2	24
JMP @A+DPTR	73	PC←(A)+(DPTR)	×	×	×	×	1	24
JZ　rel	60	PC←(PC)+2, 若(A)=0, 则 PC←(PC)+rel	×	×	×	×	2	24
JNZ　rel	70	PC←(PC)+2, 若(A)≠0, 则 PC←(PC)+rel	×	×	×	×	2	24
JC rel	40	PC←(PC)+2, 若(CY)=1, 则 PC←(PC)+rel	×	×	×	×	2	24
JNC　rel	50	PC←(PC)+2, 若(CY)=0, 则 PC←(PC)+rel	×	×	×	×	2	24
JB　bit,rel	20	PC←(PC)+3, 若(bit)=1, 则 PC←(PC)+rel	×	×	×	×	3	24
JNB　bit,rel	30	PC←(PC)+3, 若(bit)=0, 则 PC←(PC)+rel	×	×	×	×	3	24
JBC　bit,rel	10	PC←(PC)+3, 若(bit)=1,则(bit)←0 PC←(PC)+rel	×	×	×	×	3	24
CJNE　A,direct,rel	B5	PC←(PC)+3, 若(A)>(direct),则 PC←(PC)+rel,(CY)←0 若(A)<(direct),则 PC←(PC)+rel,(CY)←1	×	×	×	√	3	24
CJNE　A,♯data,rel	B4	PC←(PC)+3, 若(A)>data,则 PC←(PC)+rel,(CY)←0 若(A)<data,则 PC←(PC)+rel,(CY)←1	×	×	×	√	3	24

助　记　符	十六进制代码	功　　能	对标志位影响				字节数	晶振周期数
			P	OV	AC	CY		
CJNE　Rn，♯data，rel	B8～BF	PC←(PC)+3， 若(Rn)>data，则 PC←(PC)+rel，(CY)←0 若(Rn)<data，则 PC←(PC)+rel，(CY)←1	×	×	×	√	3	24
CJNE　@Ri，♯data，rel	B6，B7	PC←(PC)+3， 若((Ri))>data，则 PC←(PC)+rel，(CY)←0 若((Ri))<data，则 PC←(PC)+rel，(CY)←1	×	×	×	√	3	24
DJNZ　Rn，rel	D8～DF	PC←(PC)+2， (Rn)←(Rn)-1 若(Rn)≠0，则 PC←(PC)+rel	×	×	×	×	2	24
DJNZ　direct，rel	D5	PC←(PC)+3， (direct)←(direct)-1 若(direct)≠0，则 PC←(PC)+rel	×	×	×	×	3	24
ACALL　addr11	X1[②]	PC←(PC)+2， SP←(SP)+1， (SP)←(PCL)， SP←(SP)+1， (SP)←(PCH)， (PC)10~0←addr11	×	×	×	×	2	24
LCALL　addr16	12	PC←(PC)+3， SP←(SP)+1， (SP)←(PCL)， SP←(SP)+1， (SP)←(PCH)， (PC)10~0←addr16	×	×	×	×	3	24
RET	22	PCH←((SP))， SP←(SP)-1， PCL←((SP))， SP←(SP)-1	×	×	×	×	1	24
RETI	32	PCH←((SP))， SP←(SP)-1， PCL←((SP))， SP←(SP)-1 从中断返回	×	×	×	×	1	24
NOP	00	PC←(PC)+1，空操作	×	×	×	×	1	12

① 因为 AJMP　addr11 的机器代码为 $a_{10}a_9a_8 00001\ addr7\sim addr0$，所以 Y=0,2,4,6,8,A,C,E；

② 因为 ACALL addr11 的机器代码为 $a_{10}a_9a_8 10001\ addr7\sim addr0$，所以 X=1,3,5,7,B,D,F。

附录 B ASCII 表

附表 B-1　ASCII 表

十六进制	十进制	字符	十六进制	十进制	字符	十六进制	十进制	字符	十六进制	十进制	字符
00	0	NUL	20	32	SP	40	64	@	60	96	`
01	1	SOH	21	33	!	41	65	A	61	97	a
02	2	STX	22	34	"	42	66	B	62	98	b
03	3	ETX	23	35	#	43	67	C	63	99	c
04	4	EOT	24	36	$	44	68	D	64	100	d
05	5	ENQ	25	37	%	45	69	E	65	101	e
06	6	ACK	26	38	&	46	70	F	66	102	f
07	7	BEL	27	39	'	47	71	G	67	103	g
08	8	BS	28	40	(	48	72	H	68	104	h
09	9	HT	29	41	)	49	73	I	69	105	i
0A	10	LF	2A	42	*	4A	74	J	6A	106	j
0B	11	VT	2B	43	+	4B	75	K	6B	107	k
0C	12	FF	2C	44	,	4C	76	L	6C	108	l
0D	13	CR	2D	45	—	4D	77	M	6D	109	m
0E	14	SO	2E	46	.	4E	78	N	6E	110	n
0F	15	SI	2F	47	/	4F	79	O	6F	111	o
10	16	DLE	30	48	0	50	80	P	70	112	p
11	17	DC1	31	49	1	51	81	Q	71	113	q
12	18	DC2	32	50	2	52	82	R	72	114	r
13	19	DC3	33	51	3	53	83	S	73	115	s
14	20	DC4	34	52	4	54	84	T	74	116	t
15	21	NAK	35	53	5	55	85	U	75	117	u
16	22	SYN	36	54	6	56	86	V	76	118	v
17	23	ETB	37	55	7	57	87	W	77	119	w
18	24	CAN	38	56	8	58	88	X	78	120	x
19	25	EM	39	57	9	59	89	Y	79	121	y
1A	26	SUB	3A	58	:	5A	90	Z	7A	122	z
1B	27	ESC	3B	59	;	5B	91	[	7B	123	{
1C	28	FS	3C	60	<	5C	92	\	7C	124	|
1D	29	GS	3D	61	=	5D	93	]	7D	125	}
1E	30	RS	3E	62	>	5E	94	^	7E	126	~
1F	31	US	3F	63	?	5F	95	_	7F	127	DEL

附录 C　常用集成电路引脚图

1. TTL 数字集成电路引脚图

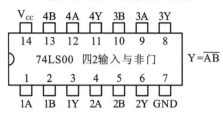

74LS00　四2输入与非门　$Y=\overline{AB}$

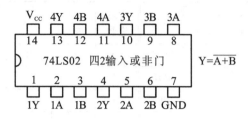

74LS02　四2输入或非门　$Y=\overline{A+B}$

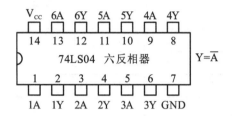

74LS04　六反相器　$Y=\overline{A}$

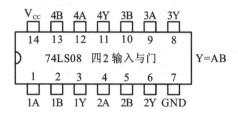

74LS08　四2输入与门　$Y=AB$

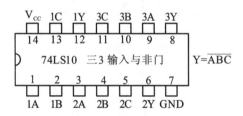

74LS10　三3输入与非门　$Y=\overline{ABC}$

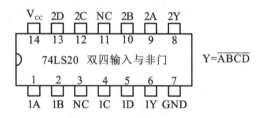

74LS20　双四输入与非门　$Y=\overline{ABCD}$

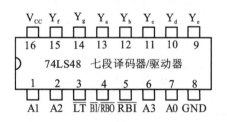

74LS48　七段译码器/驱动器

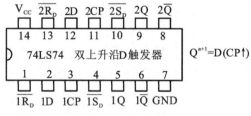

74LS74　双上升沿D触发器　$Q^{n+1}=D(CP\uparrow)$

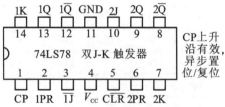

74LS78　双J-K触发器

CP上升沿有效，异步置位/复位

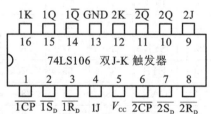

74LS106　双J-K触发器

CP下降沿有效，异步置位/复位

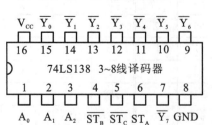

74LS138　3~8线译码器

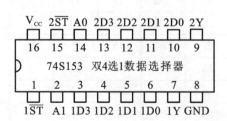

74S153　双4选1数据选择器

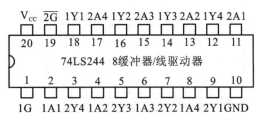

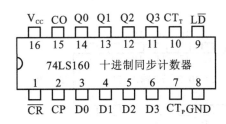

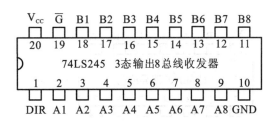

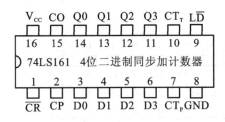

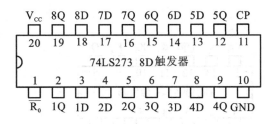

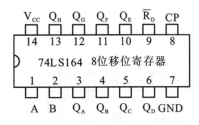

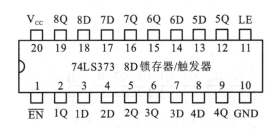

2. CMOS 集成电路引脚图

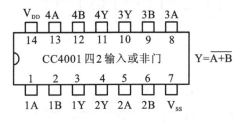

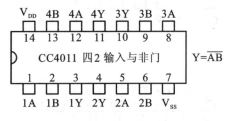

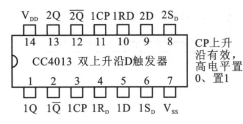

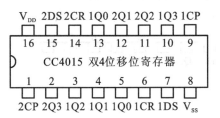

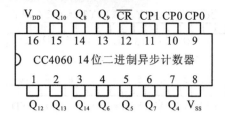

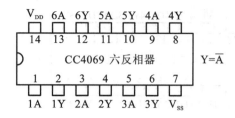

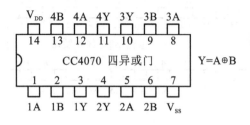

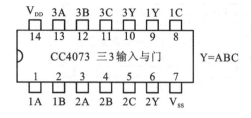

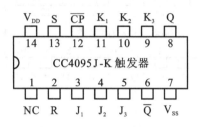

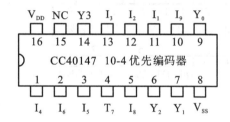

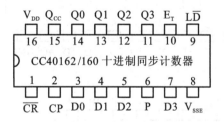

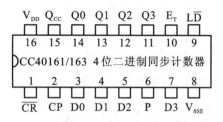

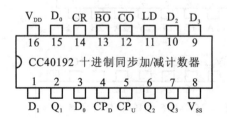

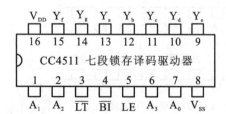

3. 常用集成运算放大器引脚图

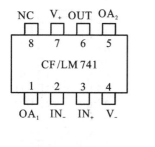

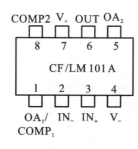

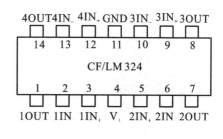

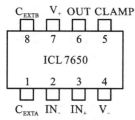

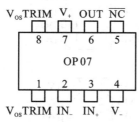

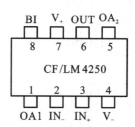

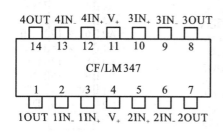

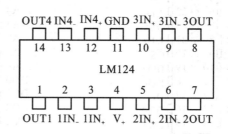

4. 常用 A/D 和 D/A 集成电路引脚图

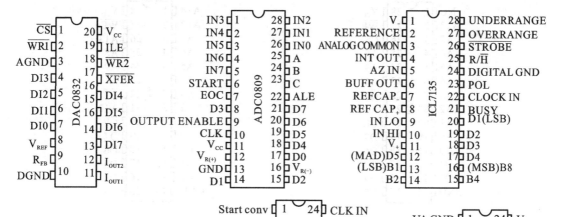

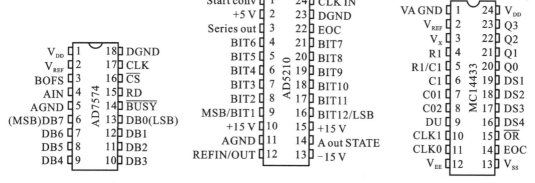

5. 常用存储器芯片引脚图

2716/27C16

引脚			引脚
A7	1	24	V_{DD}
A6	2	23	A8
A5	3	22	A9
A4	4	21	V_{PP}
A3	5	20	$\overline{OE}$
A2	6	19	A10
A1	7	18	$\overline{CE}$/RGM
A0	8	17	DO7
DO0	9	16	DO6
DO1	10	15	DO5
DO2	11	14	DO4
V_{SS}	12	13	DO3

2732/27C32

引脚			引脚
A7	1	24	V_{CC}
A6	2	23	A8
A5	3	22	A9
A4	4	21	V_{PP}
A3	5	20	$\overline{OE}$
A2	6	19	A10
A1	7	18	$\overline{CE}$
A0	8	17	DO7
DO0	9	16	DO6
DO1	10	15	DO5
DO2	11	14	DO4
GND	12	13	DO3

2764/27C64

引脚			引脚
V_{PP}	1	28	V_{DD}
A12	2	27	$\overline{PGM}$
A7	3	26	NC
A6	4	25	A8
A5	5	24	A9
A4	6	23	A11
A3	7	22	$\overline{OE}$
A2	8	21	A10
A1	9	20	$\overline{CS}$
A0	10	19	D7
D0	11	18	D6
D1	12	17	D5
D2	13	16	D4
V_{SS}	14	15	D3

27256/27C256

引脚			引脚
V_{PP}	1	28	V_{DD}
A12	2	27	A14
A7	3	26	A13
A6	4	25	A8
A5	5	24	A9
A4	6	23	A11
A3	7	22	$\overline{OE}$
A2	8	21	A10
A1	9	20	$\overline{CS}$
A0	10	19	DO7
DO0	11	18	DO6
DO1	12	17	DO5
DO2	13	16	DO4
V_{SS}	14	15	DO3

27512/27C512

引脚			引脚
A15	1	28	V_{DD}
A12	2	27	A14
A7	3	26	A13
A6	4	25	A8
A5	5	24	A9
A4	6	23	A11
A3	7	22	$\overline{OE}$/V_{PP}
A2	8	21	A10
A1	9	20	$\overline{CS}$
A0	10	19	DO7
DO0	11	18	DO6
DO1	12	17	DO5
DO2	13	16	DO4
V_{SS}	14	15	DO3

6116

引脚			引脚
A7	1	24	V_{CC}
A6	2	23	A8
A5	3	22	A9
A4	4	21	$\overline{WE}$
A3	5	20	$\overline{OE}$
A2	6	19	A10
A1	7	18	$\overline{CE}$
A0	8	17	D7
D0	9	16	D6
D1	10	15	D5
D2	11	14	D4
GND	12	13	D3

6264

引脚			引脚
NC	1	28	V_{CC}
A12	2	27	$\overline{WE}$
A7	3	26	CS
A6	4	25	A8
A5	5	24	A9
A4	6	23	A11
A3	7	22	$\overline{OE}$
A2	8	21	A10
A1	9	20	$\overline{CE}$
A0	10	19	D7
D0	11	18	D6
D1	12	17	D5
D2	13	16	D4
GND	14	15	D3

62256

引脚			引脚
A14	1	28	V_{DD}
A12	2	27	$\overline{WE}$
A7	3	26	A13
A6	4	25	A8
A5	5	24	A9
A4	6	23	A11
A3	7	22	$\overline{OE}$
A2	8	21	A10
A1	9	20	$\overline{CE}$
A0	10	19	D7
D0	11	18	D6
D1	12	17	D5
D2	13	16	D4
GND	14	15	D3

参 考 文 献

[1] 张毅刚.单片机原理及应用[M].北京:高等教育出版社,2003.

[2] 张齐,朱宁西.单片机应用系统设计技术:基于C51的Proteus仿真.[M].2版.北京:电子工业出版社,2009.

[3] 朱清慧,张凤蕊,翟天嵩,等.Proteus教程[M].北京:清华大学出版社,2008.

[4] 刘剑,刘奇穗.51单片机开发与应用基础教程(C语言版)[M].北京:中国电力出版社,2012.

[5] 江力.单片机原理与应用技术[M].北京:清华大学出版社,2006.

[6] 闫玉德,俞虹.MC-S51单片机原理与应用(C语言版)[M].北京:机械工业出版社,2004.

[7] 张志良.单片机原理与控制技术[M].2版.北京:机械工业出版社,2005.

[8] 江世明.基于Proteus的单片机应用技术[M].北京:电子工业出版社,2009.

[9] 霍孟友.单片机原理与应用[M].北京:机械工业出版社,2007.

[10] 李刚民.单片机原理及实用技术[M].北京:高等教育出版社,2008.

[11] 林毓梁.单片机原理及应用[M].北京:机械工业出版社,2009.

[12] 潘永雄.STM8S系列单片机原理与应用[M].西安:西安电子科技大学出版社,2012.

[13] 柴钰.单片机原理及应用[M].西安:西安电子科技大学出版社,2009.

[14] 王东峰,王会良,董冠强.单片机C语言应用100例[M].北京:电子工业出版社,2009.

[15] 陈海宴.51单片机原理及应用:基于Keli与Protues[M].北京:北京航空航天大学出版社.2010.

[16] 胡汉才.单片机原理及其接口技术[M].北京:清华大学出版社.1996.

[17] 高稚允,高岳.光电检测技术[M].北京:国防工业出版社.1983.

[18] 钟富昭.8051单片机典型模块设计与应用[M].北京:人民邮电出版社.2007.

[19] 李平,杜涛,王婧.单片机入门与开发[M].北京:机械工业出版社.2008.

[20] 梁森,王侃夫,黄杭美.自动检测与转换技术[M].北京:机械工业出版社.2004.

[21] Meehan Joanne,Muir Lindsey. SCM in merseyside SMEs:benefits and barriers[J]. the TQM Journal. 2008,20(3):223-232.

[22] Yeager Brent. How to troubleshoot your electronic scale[J]. Powder and Bulk Engineering. 1995,43(5):77-81.

[23] 杨清梅,孙建民.传感器与测试技术[M].哈尔滨:哈尔滨工程大学出版社.2005.

[24] 康华光.电子技术基础:模拟部分[M].5版.北京:高等教育出版社.2006.

[25] 高吉祥.全国大学生电子设计竞赛培训系列教程[M].北京:电子工业出版社.2007.

[26] 李增国.传感器与检测技术[M].北京:北京航空航天大学出版社.2009.

[27] 秦龙.MSP430单片机常用模块与综合系统实例精讲[M].北京:电子工业出版社.2007.

[28] 宋文绪,杨帆.自动检测技术[M].北京:高等教育出版社.2000.

[29] 王俊峰,孟令启,等.现代传感器应用技术[M].北京:机械工业出版社.2007.

[30] 魏小龙.MSP430系列单片机接口技术及系统设计实例[M].北京:北京航空航天大学出版.2002.